海洋环境治理：理论与案例

龚虹波　著

ZHEJIANG UNIVERSITY PRESS
浙江大学出版社
·杭州·

图书在版编目（CIP）数据

海洋环境治理：理论与案例 / 龚虹波著. —杭州：浙江大学出版社，2022.12

ISBN 978-7-308-23031-5

Ⅰ. ①海… Ⅱ. ①龚… Ⅲ. ①海洋环境－环境综合整治－研究－中国 Ⅳ. ①X834

中国版本图书馆 CIP 数据核字（2022）第 170691 号

海洋环境治理：理论与案例

龚虹波　著

责任编辑　杜希武
责任校对　董雯兰
封面设计　刘依群
出版发行　浙江大学出版社
（杭州市天目山路 148 号　邮政编码 310007）
（网址：http://www.zjupress.com）
排　　版　杭州好友排版工作室
印　　刷　杭州高腾印务有限公司
开　　本　787mm×1092mm　1/16
印　　张　14
字　　数　332 千
版 印 次　2022 年 12 月第 1 版　2022 年 12 月第 1 次印刷
书　　号　ISBN 978-7-308-23031-5
定　　价　59.00 元

国家自然科学基金治理网络对海湾环境治理绩效的影响机制及制度重构(71874091)项目成果

前　言

地球的别名是“蓝色星球”，因为地球表面的70％被海洋覆盖。海洋为我们提供食物和工作机会，调节气候，生产氧气。海洋是地球上最大的生态系统，对生活在地球上的生物具有重要的作用。海洋拥有丰富的生物多样性，据估计是100万种海洋生物的家，虽然目前只有25万物种被发现。我们呼吸的氧气有一半以上是海洋的浮游生物生产的，它们每年吸收100亿吨的二氧化碳，对全球的碳循环起到关键作用。海洋对地球的气候进行调节，储存了大量的热量，缓解了气候变化的影响。有超过10亿人的食物主要来自大海，主要包括鱼类和藻类。海洋还为人类提供大量的工作机会，有30亿人依靠海洋为生。

近年来，海洋环境面临前所未有的挑战。陆源污染严重，近海富营养化加剧，赤潮、绿潮等海洋生态灾害频发，滨海湿地面积缩减，海水自然净化及修复能力不断下降，自然岸线减少，海岛岛体受损，以及生态系统受到威胁，气候变化和污染等，气温升高带来海平面上升，极端天气事件（如飓风）增加，这些都给海岸沿线的保护（如防洪设施）带来了危险和压力，受其影响的还有水产业、航运、旅游业等。2℃的升温将造成15％～40％的生物多样性损失，带来诸如珊瑚白化等问题。二氧化碳导致的海洋酸化对海洋生物的生存造成威胁，使一些甲壳类生物的壳溶解。[①] 塑料污染、过度捕捞、频发海上漏油事件等都严重地危害着海洋环境保护。

在当今世界，海洋环境治理对大多数国家来说是一大难题。海洋具有流动性、开放性、三维性等自然特征，这使得其区域自然环境与地方行政边界缺乏有机联系，而且在海洋环境治理中自然环境和人类社会两者都具有不确定性、复杂动态和区域互赖等特征。因此，海洋环境治理不遵循人为的司法、行政界限，也不可能将它划分为独立的、自供自足的部分。同时，海洋往往是公共池塘资源，有多样化的互相竞争的行动者共同使用，且经常导致资源耗竭和管理冲突。随着海洋开发利用程度的日益提高，利益主体日益多元，利益关系日趋复杂，传统的管理方式已与社会经济发展明显不适应。大量研究表明，海洋环境治理的行动者就规则和行为达成共识、共同致力于矛盾的解决、协商权衡、共享信息和资源都将有助于海洋环境的保护与可持续发展。从总体上看，这是从国家命令—控制式管理不断地向治理转变的过程。

我国是一个海洋大国，拥有狭长的海岸线和丰富的海洋资源。2018年，根据《深化党和国家机构改革方案》，国家海洋局海洋环境保护职责整合到生态环境部。近几年，生态

---

① 王姣.海洋环境治理[J].世界环境，2020(04)：34－35.

环境部坚持点面结合，在全国近岸海域污染防治、渤海综合治理等方面展开海洋生态环境治理。随着海洋环境治理实践的不断推进，近年来关于海洋环境治理的研究逐渐增多，各种各样的理论被用来解释海洋环境治理现象，同时学者们也越来越关注海洋环境治理中产生的鲜活案例。本书梳理了目前海洋环境治理研究中学者运用较多的理论，同时也撰写了5个海洋环境治理案例，供关注海洋环境治理的学者和学生批评使用。在本书的撰写过程中，宁波大学公共管理一级硕士点行政管理专业的研究生陈金阳、林初肖、龚钱斌、阮怡清等同学在资料收集、整理、案例调研和撰写中做了大量的工作。

目　录

第一篇：理论篇

第二篇:案例篇

第一篇　理论篇

第一章　海洋环境及治理背景

海洋为人类生存提供了丰富的资源和广阔的活动场所，为人类社会经济可持续发展创造了优越的自然条件。海洋环境不仅包括生态环境，而且包括生存环境。生存环境是人类生活及进行各种经济活动的场所。海洋各部分是相互联系的统一整体，可统称为海洋大环境。人们在不断进行海洋开发和向海洋索取的过程中，也自觉或不自觉地在破坏海洋大环境。特别是工业革命以后，人类对海岸带的干预在强度、广度和速度上也都已接近或超过了自然变化，人类活动已经成为地表系统仅次于太阳能、地球系统内部能量的“第三驱动力”[①]。人类对于海洋环境的破坏，不仅仅是由于海水污染而导致的海洋生态环境的破坏，更有诸如大河干流水利工程建设[②]、围填海工程、海岸区采矿[③]、海岸工程[④]、海水养殖[⑤]等众多人类活动都给海洋环境带来了不同程度的负面影响，这也为实现可持续发展战略带来了很大的困难，因此，研究如何保护海洋环境对于人类实现可持续发展具有重要的意义。

第一节　海洋环境与人类活动

海洋面积广大，占地球水体总量九成之多，为一切生命的孕育和成长提供了最基本的物质保障。首先，海洋环境对地球气候产生影响。海洋是大气水源的主要输送者，参与各圈层的物质和能量交换，而大洋环流又推动着地球高低纬度间的热量传递，协调地球整体的热量分布[⑥]。海洋能够调节气温与降水量，使地球更加适宜人类生存；海洋洋流影响沿海区域气候，暖流流经处气候较为湿润温暖，寒流流经处气候则较为干燥寒冷，从而影响当地人们的生产活动。其次，海洋环境对人类生活用地产生影响。由于海水流向陆地时水流速度骤减，大量泥沙堆积于入海口，塑造了临海区域平坦广阔的三角洲和滨海平原，

---

① 李天杰，宁大同，薛纪渝，等. 环境地学原理[M]. 北京：化学工业出版社，2004.

② 李凡，张秀荣. 人类活动对海洋大环境的影响和保护策略[J]. 海洋科学，2000，24(3)：6-8.

③ 李萍，李培英，徐兴永，等. 人类活动对海岸带灾害环境的影响[J]. 海岸工程，2004，23(4)：45-49.

④ 聂红涛，陶建华. 渤海湾海岸带开发对近海水环境影响分析[J]. 海洋工程，2008，26(3)：44-50.

⑤ 毛龙江，张永战，张振克，等. 人类活动对海岸海洋环境的影响——以海南岛为例[J]. 海洋开发与管理，2009，26(7)：96-100.

⑥ 赵宗金，谢玉亮. 我国涉海人类活动与海洋环境污染关系的研究[J]. 中国海洋社会学研究，2015，3：89-98.

当前全球有一半以上的人口生活于近海 60 千米的范围内[①]，这里土地肥沃，海洋资源丰富，适宜人类生存与发展，经济往往也比较发达。再次，海洋环境对交通运输、通信行业也产生了影响。海洋为人类提供了广阔的运输空间，使更加便捷的信息传输方式成为可能。人类通过修建港口、运河甚至是海底隧道等基建设施，不断拓宽海运范围，提高运输效率，缓解了陆上运输压力，降低了运输成本。同时，人类通过铺设于海底的光纤、电缆，实现了跨洋通信与信息交流。海洋环境对全球变化以及人类自身发展都具有重大意义。

随着沿海人口的增长、经济的高速发展以及现代工业进程的不断推进，陆地和海洋上的人类活动也越来越可能对沿海海洋环境产生影响。海岸带开发和城市建设日益增多，特别是海岸带所面临的问题也日益突出，如海岸带污水排放和垃圾处理、海岸侵蚀、海岸带淡水资源、风暴潮灾害、海岸带的开发与保护等。一方面海岸带受到自然因素的影响，如气候变化引起海平面变化，从而改变海岸带的动力条件和泥沙运动，最后决定海岸带的侵蚀与堆积状况；另一方面是人类活动对海岸带的影响，如海岸带生活与生产垃圾、废水排放以及资源的开发与保护等。从总体看，人类活动对海洋环境既有负面影响也有正面效应。

在促进海洋环境正向发展上人类做出了很多努力。以人工海滩建设为例，它在部分海岸段通过人工方法促使沉淀物堆积，形成人工海滩。海岸带是海陆间的分界地带，是海洋、陆地和大气间活动作用最活跃的接合部，集结了优质的海洋生物资源和强大的自然能量，是人类生存和经济发展的重要驱动力。而海滩则是海岸带内极具动态性的地貌单元，能有效维持海岸带的平衡，保护海岸免受海浪、潮水的冲蚀，是海岸带的天然屏障。为抵御海岸侵蚀，人类过去常采用修筑堤坝等方式，然而堤脚长期受海浪冲击，轻则泥沙渐移，海滩坡度加大，海岸侵蚀加重，重则堤坝坍塌，海岸迅速侵蚀。因此，人类开始新的研究和探索，尝试在自然泥沙量不足的海滩上进行人工填沙，而将建筑堤坝作为辅助手段。实践证明，这种补沙方式（称为海滩喂养[②]）能够有效增加海岸带宽度，防止海滩侵蚀，还能大大降低风暴潮带来的次生灾害。随着研究工作和相关工程建设的不断进行，各地开始在没有海滩的海岸引入人工填沙方式建造海滩。人工海滩一方面能保护海岸带免受侵蚀以有效改善海洋海岸环境，另一方面也能够打造海滩风景带，带动滨海城市旅游业的发展，使海洋环境和社会经济相互促进，实现可持续发展。

然而，人类在海洋资源开发利用的同时，由于对客观规律认识不足[③]，不可避免地会对海洋环境造成负面影响。

---

① 罗华明．海洋环境与人类活动[J]．地理教育，2004，6：73.

② 季小梅，张永战，朱大奎．人工海滩研究进展[J]．海洋地质前沿，2006，22(7)：21-25.

③ 梁松，钱宏林．人类与海洋——讨论海洋生态环境的有关问题[J]．生态科学，1992 (1)：170-173.

一、陆源污染物过度排放引起近海水质下降

富营养化是指营养盐等元素随地球上的化学循环进入水体环境后，在适当的光照、温度等条件下，引发诸如藻类等生物增殖的自然过程①。近几十年来，由于人类频繁进行农药驱虫、燃烧化石燃料等活动，加快了氮、磷、钾等营养元素随着地表径流或大气沉降向近海疏移，近海水体富营养化已成为突出的海洋环境问题。同时，由于人口规模扩大，且城镇化水平不断提升，生活污水、现代工业、农业废水排放量急增，水体营养盐类、耗氧有机物的输入量超出输出量，水质平衡被打破，从而引起海洋环境的一系列变化，也为其他海洋污染灾害事故的发生提供了条件。根据国家海洋局发布的公报，2014 年以来，我国近岸以外海域海水质量良好，但近岸局部海域污染严重、陆源排污压力巨大、海洋环境灾害多发等问题越发突出②，海水水质情况不容乐观，局部渔业水域污染仍比较严重，主要污染物为氮、磷和石油类③。

二、不合理工程开发活动致使海域生态环境破坏

由于各类不合理工程项目的开发，海洋环境遭到严重破坏，海洋生态失调，使得系统内部物质无法进行有效循环，也无法与外部物质进行正常交换。④ 海洋生态环境恶化，近海生物栖息场所被破坏，海洋生物种类减少、数量降低，生物多样性正面临严峻挑战。许多国家在国内流域兴建大型水利工程，致使河流干流断流，入海径流量锐减，三角洲处海岸遭受剧烈侵蚀，海水入侵，近岸地区生态环境退化，生态湿地消失无踪，引起海岸带不断后退。失去了海岸带屏障的保护，海水倒灌内陆流域，营养盐元素富集于其中，经济鱼类繁衍场所的生态环境发生变化。这种不合理的改变海洋自然属性的开发项目不仅导致整片海域生态环境遭受直接和间接破坏，影响海洋生物资源的可持续利用，还令海域近岸的自然环境发生不良改变，同时，对港口、油田建设、海滩养殖、三角洲生物多样性保护等均产生很大的负面影响。

三、过度捕捞导致渔业资源衰退

有研究表明，早在 19 世纪人们就已经开始在很大程度上造成了某些海域海洋生物资源的衰减，捕鲸业的发展引起了整个南大洋食物网络的改变，现代渔业活动更是影响到全球海洋生态系统，海洋捕捞正呈现一种“向下捕捞”的趋势⑤。由于整个海洋生态网络上

---

① 邓绶林. 地学辞典[M]. 石家庄：河北教育出版社，1992.

② 温源远. 借鉴国际经验技术加强我国海洋环境治理[J]. 世界环境，2016 (1)：72-73.

③ 王培霞. 人类活动对海洋渔业环境及其生物影响[J]. 魅力中国，2014 (13)：44.

④ 陆州舜，卢静，张元和. 浙江海洋环境保护与管理中存在的问题及对策初探[J]. 海洋开发与管理，2003(6)：75-78.

⑤ 孙松. 人类活动对海洋生态系统的影响[J]. 科学对社会的影响，2002(1)：22-26.

层捕食者数量的减少而使得捕捞物的平均营养层向下降级。非科学的、高强度的过度捕捞，如大型拖网捕捞使得传统渔业资源大大衰退，而更多小型低值品种生物的比重增加，严重破坏了海洋生态系统的自然环境、物种种群及食物链。然而，研究滞后性的存在导致这一情况没有及时得到重点关注，变化还在继续。比如我国舟山渔场自 19 世纪 70 年代至今，生态系统及渔业环境均发生了巨大变化，年产值曾高达 20 万吨的大黄鱼，现如今只有几千吨，捕捞所得渔获以小型低值品种和无脊椎动物为主，近占渔获总量七成。过度捕捞致使全球渔业衰退，海洋环境脆弱，环境适应力降低。

四、海洋开发利用程度加深致使污染事故及灾害频发

由于人类开发活动的日益增加，近海污染事故和灾害频发，具有污染范围大、影响程度大、难以防范与处理等特点。随着海洋石油开采及远洋石油运输业的发展，海洋石油泄漏事故频繁发生，使海洋环境遭受巨大污染。大片海湾被油膜覆盖，海水中细菌滋生，原油随海水渗入沿海土地，造成土壤污染。同样，作为海洋污染信号之一的赤潮现象，近年来也屡屡发生，陆源污染物排放、海洋养殖污染、海洋运输发展都是诱发赤潮的原因[①]。赤潮的发生直接影响到海洋水产养殖和渔业生态资源，大量海洋生物死亡，海洋营养循环及生物生产出现严重问题。赤潮带来的贝毒素在类生物体内被放大，经过食物链传递最终进入人体内，不仅危及各种海洋生命，同时也危害人类健康[②]。而人类围海造田、修建人工养殖池塘，大范围砍伐红树林，导致红树林生态面临危机。红树林具有抗风抗潮护堤的作用，是海岸带的“士兵”，也是众多鱼类、鸟类的家园。红树林的土壤富含有机质，具有较强生产力。红树林面积缩小使得沿海地区直面风、沙、潮等天然灾害，海岸带生态环境受损。

海洋大环境与陆上人类活动密切相关，海洋环境破坏最终会导致人类生态健康受到威胁。由于当前海洋环境存在的一系列问题，保护海洋生态环境的工作十分重要和紧迫。为防止和控制海洋环境的持续恶化，海洋环境管理已成为全人类的一项共同的重大任务。

第二节　海洋环境管理中存在的问题

在当今世界，海洋环境管理对大多数国家来说仍是一大难题。海洋环境具有流动性、开放性、三维性等自然特征，这使得其区域自然环境与地方行政边界缺乏有机联系[③]，而且海洋环境管理中自然环境和人类社会两者都具有不确定性、复杂动态和区域互赖等特征。因此，海洋环境管理不遵循人为的司法、行政界限，也不可能将它划分为独立的，自供

① 梁松，钱宏林．人类与海洋——讨论海洋生态环境的有关问题[J]．生态科学，1992 (1)：170-173．

② 吴敏．浅谈我国海洋发展利用中的环境问题与对策[J]．前进论坛，2012(8)：54-55．

③ 鲍基斯，M．B，孙清．海洋管理与联合国[M]．北京：海洋出版社，1996．

自足的部分。同时,海洋往往是公共池塘资源,有多样化的互相竞争的行动者共同使用,且经常导致资源耗竭和管理冲突。[①] 随着海洋开发利用程度的日益提高,利益主体日益多元,利益关系日趋复杂,传统的管理方式已与社会经济发展明显不适应。

近几十年来,针对海洋环境如何管理这一问题,国内外学者进行了深入的探讨,世界海洋国家纷纷提出海洋保护立法倡议。20 世纪 50 年代末,国际海洋环境立法工作逐步走向高潮。为了更全面地解决海洋环境问题,专家学者不断提出自己的看法和研究角度。J. M. 阿姆斯特朗和 P. C. 赖纳强调了政府在解决海洋环境问题中的重要作用,提出了"海洋环境管理"的概念,以及政府对于海洋开发和利用采取的干预活动,通过法律和行政行为进行海洋环境管理。他们将海洋环境管理定义为国家对海洋水质、入海物质、渔业活动、船舶运输、外大陆架油气生产及其他相关事务所采取的法律的、行政的行为控制。[②] 鹿守本将海洋环境管理定义为以海洋环境自然平衡和持续利用为宗旨,运用行政管理、法律制度、经济手段、科技政策和国际合作等方式,维持海洋环境的良好状况,防止、减轻和控制海洋环境破坏、损害或退化的行政行为。[③] 在海洋环境管理范式中,强调政府的主体地位,依赖政府相关管理部门综合运用各种方式实施对海洋环境调节和保护的政策。然而,随着海洋环境日益复杂化,海洋资源开发利用程度日益加强,强调自上而下命令式控制的单一主体的政府管理在与海洋环境现实困境的碰撞中出现了一系列问题。

一、我国海洋环境管理发展历史

从海域管辖面积来看,我国是一个海洋大国。党的十八大报告明确提出要将我国建设成为海洋强国。要把海洋大国建设成为一个海洋强国,海洋环境保护至关重要。自新中国成立以来,我国对海洋环境管理的改革与探索一直在路上,从发展历史来看,大致可分为以下几个阶段。

(一)1949—1979 年:管理起步探索时期

新中国成立之初,"海防"是我国海洋事务的核心工作,海洋环境事务则长期处在政府议事安排中的次要或从属地位。[④] 海洋管理采用行业管理模式[⑤],以发展海洋各行业开发利用工作为主要目标,对海洋环境问题关注不多。1964 年,我国成立了第一个海洋事务管理的专门机构——国家海洋局(SOA)。作为专门的海洋行政领导部门,其主要职能是

① Hardin G. The Tragedy of the Commons Science[J]. Journal of Natural Resources Policy Research, 1968, 162(13)(3): 243-253.

② John M A and Peter C R. Ocean Management: Seeking a New Perspective[M]. Traverse GroupInc, 1980.

③ 鹿守本. 海洋管理通论[M]. 北京:海洋出版社,1997.

④ 张海柱. 国家海洋局重组的制度逻辑:基于历史制度主义的分析[J]. 中国海洋大学学报(社会科学版),2017(1):9-15.

⑤ 王刚,宋锴业. 中国海洋环境管理体制:变迁、困境及其改革[J]. 中国海洋大学学报(社会科学版),2017(2):22-31.

负责海洋科研调查、海洋资源勘探等，并没有被赋予专门的海洋环境管理职能。[①] 1978年后，国务院命国家海洋局为海洋管理专门机构，但由于受到行政包干制及“重陆”思想的深刻影响，海洋环境管理体制仍旧以部门间的协调配合为主，主要涉及国土资源部、农业部、交通运输部等陆上管理部门，海上部门的作用被大大忽视。这一时期缺乏整体统筹意识，具有浓烈的行政包干色彩。

（二）1980—2005年：管理发展成熟时期

1980年初，中央出台相关建议，明确中国科学院、石油工业部、地质部等十几个部门的管理职能，各部门分工合作，并由国家科委领导统一组织协调。1982年第五届全国人大常委会通过了我国第一部真正意义上的海洋环境保护法——《中华人民共和国海洋环境保护法》，标志着致力于保护海洋资源环境的法律和政策体系开始建立[②]。同时，国家海洋局也被正式赋予综合管理中国管辖海域的管理职能，负责全国海洋环境保护与监督工作。1995年国务院在将国家海洋局划归国土资源部管理的同时，也进一步明确了国家海洋局六大范畴的职能内容，推动海洋环境管理体制向海洋生态环境综合管理体制转变。[③] 至此，我国海洋环境管理逐步从分散管理走向集中统一管理。然而，这一时期经济发展仍然是政府的工作重心，政府对海洋发展的工作重心集中在海洋资源开发与海洋环境保护上，但对海洋资源的合理开发利用仍是当时涉海工作的重点。这一时期的海洋环境管理仍旧带有较浓的行业管理色彩，整体性的协调机制尚未完善。

（三）2006—2017年：管理深化调整时期

随着经济体制改革的深化，新问题不断出现。海洋环境问题的数量增加、类型多样，问题的复杂程度与问题解决的困难程度也在加深，因此政府必须完善政策体系这一直接的环境管理工具，来缓和经济发展与资源环境之间的矛盾。2006年国务院出台《国家海洋事业发展规划纲要》，对各类涉海议题做出明确的战略规划，并明确具体的实行措施。政府注意力开始向海洋环境保护工作转移，海洋环境问题得到高度重视。同时，随着治理理念逐渐被引介于海洋环境领域，以2013年为界线，相当一部分学者开始就“海洋环境治理”进行理论上的探讨，并将治理的理念应用于海洋环境管理之中。[④] 面对海洋环境问题，各部门各司其职又互相联系，共同负责海洋环境的治理与保护。这一时期，海洋环境治理的研究命题不断丰富。但是，从实际治理过程来看，这种分散大于集中的职能配置带来分工不合理、利益协调难、职责交叉多等众多问题，阻碍了海洋环境治理工作的推进，还需加强区域间协调、府际间协同和多元主体间统筹联动。

---

① 刘亚文，于洪波．新体制下海洋环境治理的逻辑探析[J]．青岛行政学院学报．2020，(5)：39-46

② 许阳．中国海洋环境治理政策的概览，变迁及演进趋势——基于1982—2015年161项政策文本的实证研究[J]．中国人口·资源环境，2018(1)：165-176.

③ 关道明，梁斌，张志锋．我国海洋生态环境保护：历史，现状与未来[J]．环境保护，2019(17)：29-33.

④ 王刚，毛杨．海洋环境治理的注意力变迁：基于政策内容与社会网络的分析[J]．中国海洋大学学报(社会科学版)，2019，165(1)：35-43.

二、海洋环境管理中存在的主要问题

(一)海洋环境管理过程中多元主体的协调问题

从管理主体上看,传统海洋环境管理主要以政府为中心的社会公共机构为主体[①]。以我国为例,从纵向、横向两条线来划分,从纵向看,在中央层面,海洋环境管理涉及国家环境保护部、国家海洋局、农业部、交通运输部、公安部等多个国家部委;在地方层面,一方面有国家部委相关部门的派出机构,如国家海洋局北海、东海、南海分局,环境保护部华北、华东、华南、东北环境保护督查中心等;另一方面,有各地区政府负责的相关部门。从横向看,根据现实管理需要,将管理活动分为不同的要素和单元,并据此设置相应的职能管理部门[②]。我国大部分地方政府把海洋管理职能与当地渔业、国土等管理职能相结合,形成海洋与渔业厅(或局)、国土资源厅(或局)等管理机构。然而,由于海水的流动性和海域边界的模糊性,导致海洋环境问题涉及的主体具有动态性[③],无法仅以行政区域作为划分依据来要求各国对领海范围内的海洋环境问题进行管理,需要各国各区域进行跨地区、跨行业、跨部门且涉及多产业、多学科和多领域大系统协调,以共同应对海洋环境问题。

(二)海洋环境管理过程中主体间信息、资源共享问题

海洋环境问题处理过程需要调动各地区各部门的信息、资源,然而传统海洋环境管理却存在信息传递链条长、地方部门利益导向问题,导致信息、资源共享困难。海洋环境管理部门在其职能范围内进行管理时,通过向上级反映的这种纵向沟通机制可以在一定程度上实现有效地沟通和协调;但一旦其管理活动超出职能范畴,这种注重纵向控制与沟通的模式就会使得沟通成本增加,而实际沟通效果不尽如人意。当海洋环境问题发生后,国家层面往往会从整体、全局利益出发,制定出相应的管理方案。在政策信息自上往下层层传递进行落实时,一方面,由于各级政府部门对政策理解存在差异,导致基层政府获得的信息与本意存在偏差,最终结果往往也不如预期;另一方面,沿海地区经济发展很大程度上要依靠海洋开发项目和生产经营活动,地方政府会从自身、局部利益出发,“变通”落实,姑息甚至包庇造成海洋环境污染的行为。在信息上报时,出于对政绩考核的考虑,地方管理部门往往刻意逃避关键问题,报喜不报忧,上级看到的总是地方部门给他们看的,其中内容的真实性大打折扣,使得中央政府与地方政府之间、各政府部门之间存在信息不对称问题。同时,现代社会加强对海洋资源的开发利用,各类海洋环境问题成因复杂,涉及多学科领域的专业背景知识,传统海洋管理模式无法调动社会资源,单靠政府部门间的信息远不足以解决这样的问题。

(三)海洋环境管理体制不顺,监督管理无法有效落实

海洋的整体性和海水的流动性,使得单要素的职能管理不可避免地涉及海洋环境管

---

① 王琪,刘芳.海洋环境管理:从管理到治理的变革[J].中国海洋大学学报(社会科学版),2006(4):1-5.

② 吕建华,高娜.整体性治理对我国海洋环境管理体制改革的启示[J].中国行政管理,2012(5):19-22.

③ 王琪,赵璟.海洋环境突发事件应急管理中的政府协调问题探析[J].海洋信息,2009(4):27-30.

理相关的其他职能，因此，在海洋管理中，职能很难被泾渭分明地分割清楚。当前，我国海洋管理存在政出多门、多头管理的现象，很多部门之间或单位之间权限交叉，职能重叠，责任空缺，在很大程度上影响管理工作的效率。以机构改革前的国家环保部和国家海洋局为例，两者在中央和地方层面都出现了职能严重重叠的问题。在中央层面，两个机构都规定了其在海洋环境保护和海洋污染事件中的统筹协调职能；在派出机构层面，两者不仅在职能上存在重叠，甚至连管辖范围都有交叉。权责不清、职能重叠的后果便是部门间相互推诿扯皮，谁都想拥有管理权限，谁都不想承担管理责任。同时，缺乏完善的海洋环境监管制度，无法对各涉海部门进行管理约束。有些地方海洋环境管理部门随意简化管理流程和内容，使得许多必要环节的监督管理流于形式，对其行政责任区下属部门监管不力，不仅无法完成管理目标，甚至还为日后的海洋环境问题埋下隐患。

（四）海洋环境管理存在结构性缺陷，社会参与程度低

传统的海洋环境管理仅强调政府的主导作用，忽视了参与海洋活动的其他主体的作用，使得环境保护和治污管理这一本来影响到所有人利益，应该由公众广泛关注的活动变成政府单方面的行动。久而久之，各个利益主体对于“环境权利”的意识越来越淡薄，缺乏保护海洋环境的社会责任感和参与意识。[①] 长此以往的政府主导管理模式，使其他主体习惯性地把权利交由政府执行，置身事外，被动接受。然而，海洋环境问题极为复杂，涉及范围广，管理过程会对政府、企业、社会等多方主体的利益产生影响，不同利益主体出于自身发展的利益考量会做出截然不同的行为选择。尤其当利益主体自身利益受到损害时，往往会拒绝配合，甚至以各种手段逃避责任，从而导致管理工作难以展开。这种单纯依赖政府主体的管理方式效率低、效果差，政府失灵现象不可避免。[②] 海洋环境作为一种公共产品，会出现产出低、成本高、资源耗费量大的问题，非排他性和非竞争性的制度类海洋环境公共产品执行失灵，海洋环境公共产品供给不足，并且存在搭便车现象。应使企业、社会充分参与海洋环境管理，调动多元主体主动性、积极性，提高环境保护的责任感，整合力量以形成合力，发挥各主体积极作用。

（五）海洋环境管理体制机制不完善，监管执法难以进行

海洋环境管理手段主要有法律政策手段、行政手段和经济手段。在法律政策层面，尽管目前我国海洋资源环境管理法律体系已基本形成，并建立了国家、省、市、县四级海上执法力量，但以部门、行业管理为主的海洋管理政策体系仍存在着结构性缺陷[③]。现行法律法规缺乏统一的协调管理机制，涉海部门彼此独立、缺少配合，几乎没有受到约束，造成陆、海环境管理严重脱节。地方环保部门普遍存在“重陆轻海”的观念，在存有选择时往往

---

① 杨振姣．我国海洋环境突发事件应急管理中存在的问题及对策[J]．山东农业大学学报（自然科学版），2010，041(003)：420-423.

② 宁凌，毛海玲．海洋环境治理中政府，企业与公众定位分析[J]．海洋开发与管理，2017(4)：13-20.

③ 孙吉亭，周乐萍．新常态下我国海洋环境治理问题的若干思考[J]．中国海洋大学学报（社会科学版），2021(1)：32-39.

会将陆地污染转移向海洋,忽视海上环境管理部门,直接跨部门开展工作;由于信息传递与反馈渠道不畅通,海上部门缺乏准确、完整的陆源排污资料,无法针对实际污染情况采取措施进行直接而有效的监督管理,也难以及时向上反馈监管过程发现的问题。现有海洋环境管理体制使海上监督执法力量受到限制,无法发挥其真正作用,监管部门在实际执法中有权无力、有责无权,在很大程度上削减了海洋监督执法的权威性。①

我们应该承认,以政府部门为主体的海洋环境管理模式在实际运行过程中凸显出了问题,并随着海洋开发的持续推进将进一步显现出其缺陷,传统海洋环境管理模式已难以为继,迫切需要新的模式以更好解决当前面临的严峻的环境问题。

第三节 海洋环境问题的治理背景

近几十年来,全球海洋环境问题日益突出,人们逐渐意识到人类的海洋开发活动对海洋发展变化的进程产生了深刻影响,开始探索海洋环境问题的解决之道。从时间上来看,对于海洋环境管理研究的历史还比较短暂,但在研究发展上来看,一切变革都是在螺旋上升发展的,海洋环境管理也经历了不断的变革。海洋环境管理作为公共管理的一个分支,深受公共管理研究发展的影响。在全球治理理论蓬勃发展的背景下,海洋环境管理研究也积极吸收治理理论的新知识。同时,海洋资源开发利用程度加大,涉海活动主体多元化,多元主体利益协调的困境也亟须海洋环境管理范式向治理范式转变。20 世纪 90 年代,詹姆斯·罗西瑙提出了"治理"理念,"政府管理"逐步被取代。奥斯特罗姆夫妇则基于实践研究发展出"多中心"治理理论,该理论及其治理理念被应用于环境管理领域。而后,海洋环境管理逐步从政府主导管理到多主体参与式管理,再到治理转变。近年来,海洋环境治理已经成为诸多学者研究海洋环境保护的一种新理念,成为各国解决海洋环境问题的实践基础,是针对海洋环境问题日益突出问题的有效应对措施,是推动海洋环境可持续发展的路径选择。②

一、海洋管理与海洋治理的区别

一般而言,海洋治理是指政府、企业、公众等主体为实现海洋可持续发展和自然平衡所进行的相互协商、分享权力、通力合作的实践活动。从公共管理背景出发,海洋治理模式相较于过去传统的管理模式,主要存在这四个方面的区别:第一,从参与主体角度来看,海洋管理主体单一,主要是指以政府部门为核心的公共组织;海洋治理则由多元主体共同参与,涉及所有公共事务利益相关者,不仅有公共组织参与,私人组织也可以是治理的参与者,主体范围可以包括全球层面、国家层面和地方性的各种非政府非营利组织、政府间

---

① 王琪.海洋环境问题及其政府管理[J].中国海洋大学学报(社会科学版),2002(4):91-96.

② 马午萱.海洋环境治理基本问题研究[J].世界环境,2020(4):87.

和非政府间组织、各种社会团体甚至私人部门在内的多元主体。第二，从管理范围来看，海洋管理主要关注的是具体的时间和确定的组织，以实现海洋问题管理为唯一目的；而海洋治理范围则进一步扩大，是在开放系统中，以长远的战略目标为主要导向，没有固定的管理范围，整个管理过程具有动态性。第三，从管理过程来看，海洋管理是上级发布命令，下级传达并执行的过程，其权力运行也是自上而下单向的；海洋治理则是通过多元主体间协调、合作达成共同目标并为之努力的过程。第四，从管理方式与手段来看，海洋管理的运作模式是单向的、强制的、刚性的，仅依靠公共部门强制性、权威性管理手段，因而管理行为的合法性常受质疑，其有效性常难保证；海洋治理的运作模式是复合的、合作的、包容的，积极引入私人部门管理方式和手段，包括市场化的管理理论、方法和管理技术，可以提高管理效率，更好地提供管理服务。[①]

二、从海洋环境管理向海洋环境治理转变的表现

海洋环境管理由传统管理模式向治理模式转变主要可以体现在以下几个方面：(1)管理主体多元化。海洋环境治理主体的范围大大拓展，由过去以国家、地方层面的环境保护机构为主体，强调发挥政府的核心主导作用，忽视市场和社会的力量的情况，向积极鼓励企业、非政府组织、第三部门以及广大公众参与转变，主体呈多元化发展。(2)管理客体范围扩大。原先，海洋环境管理客体仅关注海洋环境本身，割裂地看待海洋环境问题；而随着人类海洋开发利用活动强度的不断增加，人类行为活动是海洋环境问题的主要成因。行为活动包括政府行为、市场行为和公众行为。因此，海洋环境治理模式从全局角度出发，扩大了管理客体的范围，一切海洋环境问题以及影响海洋环境的人类活动都包括在内。(3)管理手段多样化。海洋环境模式治理在传统管理模式采取的强制性、权威性的法律、行政和经济手段的基础上，将市场化管理方法积极引入公共性的海洋环境管理领域，借鉴私人部门的成功管理经验，极大地丰富了管理手段，并使管理方式弹性发展，根据具体环境问题采取不同的方式，各主体间通过合作方式共同应对环境问题。同时，意识到海洋科技创新与发展的重要性，加大科技研发投入，利用技术手段提升海洋环境治理能力。(4)管理目标更具战略性。传统海洋管理以结果为导向，仅关注直接的环境污染问题，将控制污染范围、程度作为主要目标；海洋治理关注污染产生的原因，采取源头治理，同时关注治理后的环境维持与环境保护，以实现海洋生态可持续发展为目标，由原先的“问题导向”发展为“综合治理”，具有战略性意义。(5)管理过程强调协调合作。“多元化的公共治理主体发展出相互依存的关系，推动着公共管理朝着网络化的方向发展”。[②] 治理过程中主体为点、主体间互动合作关系为线，构成治理网络的面，这种网络治理模式是治理模式的重要表现形式。它注重管理过程中的协调合作，一方面强调加强环境、社会、经济、资源

① 江必新. 管理与治理的区别[J]. 山东人大工作，2014(1)：60.

② 托尼·麦克格鲁. 走向真正的全球治理[J]. 马克思主义与现实，2002(1)：36.

等多方面的协调发展,另一方面也强调政府、市场、社会等多元治理主体间的互动合作,强调不同区域间的环境整体性治理。

三、我国海洋环境管理向治理转型的时期

我国海洋环境管理向治理转型的标志性事件是2018年国家机构改革中生态环境部的成立。2018年全国人大通过《深化党和国家机构改革方案》,依据新时代国家治理能力和治理现代化的要求,进行了部分党和国家机构的改革。其中涉及海洋环境管理问题的是成立生态环境部,将海洋环境保护职能整合,海洋综合治理成为最主要的政策目标和决策原则。海洋环境综合治理着眼于生态大环境,将海洋环境保护作为其中的一部分进行全局治理,强调陆海统一,实现统筹治理、整体推进。其中,生态环境部由国家海洋局发展而来,原国家海洋局的职能被整合到两大主管部门,并由一个部门进行统一部署,避免了多头领导、权责不清的现象,有效提升了治理效率。自然资源部和生态环境部则将原先分散于多部门的职责统一,避免了部门间交叉出现的推诿扯皮现象,有利于从分散治理向协同治理稳步推进。这一时期,海洋环境治理处于深刻转型的过程,已逐步实现了从"污染减排型"向"质量改善型"、从"条块分割型"向"陆海统筹型"、从"事后决策型"向"全程监管型"、从"单一行政型"向"统筹综合型"的四大转型,海洋环境治理正迈向新的发展阶段。

四、以美国、日本为例的全球海洋环境治理经验及对我国海洋环境治理的启示

相比于以美国、日本为例的发达国家,我国海洋环境管理工作起步较晚,海洋环境管理向治理的转型则更晚。党的十八大后,新时代的挑战带来了新的问题,当前海洋环境治理正处在关键转折点上,治理模式探索之路仍然漫长。20世纪中叶,国际上便已有国家开始海洋环境治理研究,这些年来,已初步形成了较为完备的海洋环境治理体系,可以为处于治理转折点上的我们提供借鉴性经验。

(一)美国海洋环境治理经验

美国海洋环境保护工作起步较早,从20世纪60年代起便相继制定了一系列法律法规、规划计划等,并在多年实践中不断检验与完善,形成了现代化的海洋环境治理体系,值得我国借鉴学习。[①]

首先,在海洋环境治理中建立了统一协调的部门协作治理体系。[②] 从总体上看,美国的海洋环境治理由联邦政府与地方联合治理,以国家海洋和大气管理局为统一的行政管理机构,统属国家海洋局、国家海洋渔业局、海洋大气研究中心等六个部门,职责清晰,分工合作。其次,有严格的法规制度及监管体系。一是从法律上明确规定联邦对地方的干

① 朱晖. 论美国海洋环境执法对我国的启示[J]. 法学杂志,2017(1):72-83.

② 吕建华,罗颖. 我国海洋环境管理体制创新研究[J]. 环境保护,2017(21):36-41.

预权，二是以法律权威鼓励并保障多元主体参与。同时，法律给予地方政府因地制宜制定政策的权力，并建立了相关监督机制以保证治理工作的顺利进行。最后，积极调动社会力量，保障决策的科学性、民主性。美国每隔五年便会对制定的海洋相关规划进行修订或者推出新的计划。允许并鼓励民众与专家共同参与政策法规制定的过程，不仅能够提升民众的参与积极性，还能够获得社会各界的人力、物力、财力支持。

（二）日本海洋环境治理经验

日本是一个典型的临海国家，海洋资源对其自身发展的意义十分重大，因此，日本较早就开始了海洋环境治理的研究，在解决海洋环境问题方面积累了大量经验。以濑户内海为例，第一，濑户内海在治理中采取区域联防联治的方法。[①] 针对濑户内海海域的特定环境情况设定法律，并将该区域海洋环境与周边地区环境作为一个整体，从全局角度实行海陆联防联治。第二，日本在海洋环境上利用科技手段进行治理，重视海洋环境监测技术发展，并且针对不同海洋污染问题在对应领域投入研发，随着研究的深入，在海洋科技开发领域作出了一定贡献，也为海洋环境治理提供了参考与基础。第三，注重海洋环境保护教育。通过对民众进行环保教育、宣传，使环保意识深入人心，使公民自愿并且主动参与海洋环境保护工作，并颁布了《环境教育推进法》《日本海洋基本计划》等法律法规，为国民参与环保教育提供法律依据。

（三）全球海洋治理经验对我国海洋治理发展的启示

当前，中国海洋环境治理初见成效，海洋环境状况有所好转，治理呈现出不断改革的良好势头。然而，治理现代化程度不高，在海洋环境治理体系和治理能力方面都有待提升。尽管各个国家国情不同，海洋环境问题也存在差异，但仍存在一些共性上的治理经验。结合我国实际情况，在当前的海洋治理战略和方针指导下，有以下几点启示：首先，进一步完善海洋环境治理体系。党的十九大提出要构建多元化的环境治理体系。相比于国际海洋环境治理体系建构经验，我国海洋环境治理体系尚不健全，尤其是多元主体参与度低，在治理过程无法中将社会力量有效凝聚起来。同时，配套的监督、补偿机制滞后，部门间评价考核机制存在隔阂，使得海洋环境治理实施机制的执行效率较低。因此，需要进一步明晰职能分工与协调部门间行动，以提升海洋环境治理的职能效率。其次，要加强科学技术在海洋环境治理工作中的应用。从国际海洋环境治理经验来看，海洋科学技术是海洋环境保护工作的根本动力。一方面，强化信息化技术开发与创新，综合利用多种信息传递手段，有助于实现治理网络之间的信息共享；另一方面，加大科研投入力度，提高海洋环境监测技术，提升环境治理能力。再次，健全海洋环境法律体系，提高中国在全球海洋环境治理的参与性。“海洋命运共同体”已成为全球海洋治理工作的共同理念，在外部环境不断变化的情况下，我国应努力调整和完善现行法规、政策，使治理工作得到法律的支持，促进治理效果提升。同时，加强对我国对接相关全球型或大洋型海洋环境治理组织的现

① 杨振姣，闫海楠，王斌．中国海洋生态环境治理现代化的国际经验与启示[J]．太平洋学报，2017(4)：81-93.

状体系的研究，[1]与国际相关法律法规相结合，为更好地参与全球海洋环境治理奠定基础。最后，寻求治理新模式，进一步加强跨区域、跨政府协同水平。海洋环境问题和其他环境问题一样，也具有跨区域的特性，“区域海”为跨区域海洋环境治理提供了范式，跨区域治理模式[2]可以成为海洋环境治理领域的可行路径，可以有效提升治理协同水平。借鉴国际海洋环境治理经验，可以将我国现行的“湾长制”和“河长制”衔接为一个整体，在共同利益的导向下，打破府际行政界线，陆海合一，通过协商与合作，更好地解决海洋环境治理难题。

---

① 龚虹波.海洋环境治理研究综述[J].浙江社会科学，2018 (1)：102-111.

② 郁建兴.跨区域治理：海洋环境治理的范式创新——评全永波等著《海洋环境跨区域治理研究》[J].海洋开发与管理，37(7)：1.

第二章　海洋环境治理概述

随着社会经济的发展及陆域资源的不断耗竭，人类对地球资源的开发利用重心逐渐由陆域转向海洋，海岸带及海洋资源的开发利用已引起沿海国家的普遍重视。随着全球化进程的进一步发展，以经济全球化为海洋环境治理问题远未解决。针对海洋环境问题日益加剧的现状，全球治理理论被引入海洋领域，不同学科的学者对此开展了大量研究，有力地促进了海洋环境治理实践的发展。本研究从海洋环境治理的理论基础、海洋环境治理基本构成要素、海洋环境治理的法律制度建设及海洋环境跨区域治理与模式研究等方面对已有研究进行综述，旨在为海洋环境治理的理论研究与实践应用提供启示。

第一节　海洋环境治理的概念

1982 年《联合国海洋法公约》的签署是国际海洋管理领域划时代的重大事件，海洋环境管理正是在此基础上发展起来的。J. M. 阿姆斯特朗和 P. C. 赖纳在《美国海洋管理》中认为海洋环境管理是法律和行政的控制，包括国家对海洋水质和各种物质的入海处置、一定区域范围内的渔业活动、某些水域中船舶运输方式、外大陆架油气生产以及其他许多事务。目前国内多采用鹿守本归纳的定义：海洋环境管理是以海洋环境自然平衡和持续利用为宗旨，运用行政管理、法律制度、经济手段、科技政策和国际合作等方式，维持海洋环境的良好状况，防止、减轻和控制海洋环境破坏、损害或退化的行政行为。[①] 龚虹波认为海洋环境管理可从狭义和广义两个层次进行理解：从狭义的角度，海洋环境管理是海洋环境保护部门采取各种有效措施和手段控制海洋污染的行为；从广义的角度，海洋环境管理是以政府为核心主体的涉海组织为协调社会发展与海洋环境关系，保持海洋环境的自然平衡和持续利用，而综合运用各种手段，依法对影响海洋环境的各种行为进行的调节和调控活动。具体而言，海洋环境管理是以海洋环境自然平衡和持续利用为宗旨，运用行政管理、法律制度、经济手段、科技政策和国际合作等方式，维持海洋环境的良好状况，防止、减轻和控制海洋环境破坏、损害或退化的行为，保持海洋环境的自然平衡和持续利用，而综合运用各种有效手段，依法对影响海洋环境的各种行为进行的调节和控制活动。[②] 对于

① 鹿守本. 海洋管理通论[M]. 北京：海洋出版社，1997.

② 龚虹波. 海洋政策与海洋管理概论[M]. 北京：海洋出版社，2015.

海洋环境管理的研究，多强调政府的主体地位。

随着海洋资源开发利用程度日益提高，利益主体日益多元，利益关系日趋复杂，传统的管理方式已与社会经济发展明显不适应。如何解决管理实体繁杂、利益主体众多而导致的既相互依赖又互相冲突的海洋问题？在治理理念兴起下，海洋治理便成为一种有效的管理手段。[①②③] 治理是一种多中心、高参与度的管理模式，要想达到治理目标必须实现治理主体多元化，最终建立一种公共事务的管理联合体。海洋治理是指为了维护海洋生态平衡、实现海洋可持续开发，涉海国际组织或国家、政府部门、私营部门和公民个人等海洋管理主体通过协作，依法行使涉海权力、履行涉海责任，共同管理海洋及其实践活动的过程。[④] 我国海洋环境治理是指在国际层面，各个国家及国际组织作为海洋管理者，通过国际合作和协商，制定和实施具有国际法约束力的法律以及其他具有软法性质的政策、计划、战略等，以实现海洋可持续发展的目标，解决在海洋开发和利用过程中出现的各类问题。[⑤]

随着海洋治理理念的兴起，海洋治理框架日趋成熟。海洋治理框架由管理体制、法律法规及实施机制构成。[⑥⑦] 其中，管理体制是指确保海洋管理中所有利益相关者之间能够协调与合作的行政机制；法律法规包括国际和区域性公约、协定、行动计划及与之紧密关联的国家相关法律法规；实施机制是指制度内部各要素之间彼此依存、有机结合和自动调节而形成的内在关联和运行方式。目前，这一治理框架已广泛而明确地存在于国际、区域及国家层面的海洋治理实践之中。

海洋治理的基本特征包括治理主体多元化、依法治海、治理主体之间的伙伴关系、自治模式和元治理等 5 个方面。海洋环境治理是指政府、企业和公众等主体，为实现海洋环境的自然平衡和可持续发展，相互协商、良好合作、分享权力、共同整治海洋环境事务，以期达到调整效果的过程。[⑧]

从海洋环境管理到海洋环境治理，体现了主体特征、工作方法与权力运行向度的变

---

① 王琪，刘芳. 海洋环境管理：从管理到治理的变革[J]. 中国海洋大学学报（社会科学版），2006(4)：1-5.

② 初建松，朱玉贵. 中国海洋治理的困境及其应对策略研究[J]. 中国海洋大学学报（社会科学版），2016(5)：24-29.

③ Vince J，Brierley E，Stevenson S，et al. Ocean governance in the South Pacific region：progress and plans for action[J]. Marine Policy，2017，79：40-45.

④ 孙悦民. 海洋治理概念内涵的演化研究[J]. 广东海洋大学学报，2015，35(2)：1-5.

⑤ Long R. Legal aspects of ecosystem-based marine management in Europe[J]. Ocean Yearbook Online，2011，26 (1)：417-484.

⑥ Francois B. Ocean governance and human security：ocean and sustainable development international regimen，current trends and available tools [R]. UNITAR Workshop on human security and the sea. Hiroshima，Japan，2005.

⑦ Vivero J L S D and Mateos J C R. New factors in ocean governance：From economic to security-based boundaries[J]. Marine Policy，2004，28(2)：185-188.

⑧ 宁凌，毛海玲. 海洋环境治理中政府、企业与公众定位分析[J]. 海洋开发与管理，2017，34(4)：13-20.

化。①海洋管理大多以政府及其行政管理部门或其他具有国家公权力的部门为主体。而海洋治理的主体则呈现多元化趋势，还包括除政府外的各种机构、公众等，并形成多元合作、互动互通的新型关系。在工作方法上，海洋管理带有明显的“管”的特征和强制性。而海洋治理则由多元治理主体通过法律和各种非国家强制性契约，具有明显的民主协商性特征。从权力运行向度上来看，海洋管理的权力运行向度是一元的，即是“自上而下”的，由海洋管理的主体发号施令，下属机构和个人根据指示行事。而海洋治理的权力运行是多向度的，即在更为宽广的海洋公共领域中既可自上而下、又可自下而上或是平行等多向度开展海洋治理工作。

从我国海洋环境治理的层级看，海洋环境治理可分为国际海洋治理、国家海洋治理和全民参与海洋治理等3个层次。②国际海洋治理强调涉海国家和实践主体自觉维护海洋生态平衡，相互尊重海洋权益，综合协调海洋渔业资源配置等，通过协商、合作来共同建设和谐海洋。国家海洋治理就需要通过建立健全涉海法律制度，依法治海，形成良性的海洋治理机制，实现这一治理系统的自我运行、自我制约以及自我修正。公民参与海洋治理能够提高全民的海洋意识和责任，促使公民自觉维护海洋权益和环境等。

目前，全球海洋治理的概念逐渐得到广泛应用，在很多国际文件中，对海洋治理模式有着各式各样的表述或称谓，例如综合海洋管理(Integrated Oceans Management)、生态方法(Ecosystem Approach)、基于生态的治理(Ecosystem Based Management)、海洋保护区域(Marine Protected Areas)、海洋空间规划(Marine Spatial Planning)。它们的核心理念都是各种人类活动对海洋环境所累积的压力促使一项综合治理方式的生成，因此它们都可以被认为是基于海洋生态系统下人类采取的一种综合的治理模式。③④

第二节　海洋环境治理的理论基础

海洋环境治理的经济学理论基础主要体现在外部性理论和公共物品理论。外部性理论一方面揭示了市场经济活动中一些低效率资源配置的根源，另一方面又为解决环境外部不经济性问题提供了可供选择的思路。⑤海洋环境污染是一种典型的外部不经济现象，探讨海洋环境外部不经济性产生的原因以及分类、外部性理论对海洋环境治理的作

① 全永波，尹李梅，王天鸽. 海洋环境治理中的利益逻辑与解决机制[J]. 浙江海洋学院学报(人文科学版)，2017，34(1)：1-6.

② 孙悦民. 海洋治理概念内涵的演化研究[J]. 广东海洋大学学报，2015，35(2)：1-5.

③ Long R. Legal aspects of ecosystem-based marine management in Europe[J]. Ocean Yearbook Online, 2011, 26 (1): 417-484.

④ Boesch D F. The role of science in ocean governance [J]. Ecological conomics, 1999, 31(2): 189-198.

⑤ 赵淑玲，张丽莉. 外部性理论与我国海洋环境管理的探讨[J]. 海洋开发与管理，2007(4)：84-91.

用,对海洋资源环境的可持续利用具有重要意义。[①②]

公共物品的非竞争性和非排他性特征导致公共物品的供给不足或“公地的悲剧”。[③]海洋生态系统与海洋环境资源属公共资源,海洋生态环境的污染或破坏具有极端的外部性特征。[④] 个人或单位在对海洋资源环境使用过程中造成了海洋生态环境的破坏和生态环境的退化,而这部分损失却被其他社会成员共同分摊。

公共物品与外部性是构成环境经济学理论基石的两大重要概念。海洋环境具有公共物品的供给普遍性和消费非排他性两大特征,而任何改善或破坏公共物品的行为都会产生外部性。因此,从经济学角度分析,这是海洋生态资源作为公共物品的负外部性的结果,也是海洋生态环境问题产生的根源。因此,亟须从外部性理论出发,探讨海洋环境外部不经济性产生的原因及分类。而从资源环境约束的角度出发,海洋环境治理对于海洋生态资源保护以及海洋的可持续利用具有重要的现实意义。[⑤]

环境权与区域环境公正理论是海洋环境治理的法学理论依据。环境权是我国宪法赋予公民的一项基本人权,为公民环境权益保护制度的设立提供了宪法上的依据。[⑥] 它要求任何主体在发展经济和从事其他活动时从保护公民权利的角度出发,保护环境,防止环境污染和破坏。环境公正作为一种新兴的正义观在一定程度上突破了传统正义观念的范畴,其更多地关注由于环境问题而导致的整体环境不公正现象,[⑦]即在所有与环境有关的行为和实践中不同国家、民族、阶层的人都享有合理的权利,承担合理的义务,受到公正的待遇。然而在实际的海洋开发利用过程中,不同国家、不同区域、不同利益主体之间在获取海洋所带来的经济利益与生态利益时必然存在各种矛盾冲突。[⑧] 因此,法学视角下的海洋环境治理势必关注不同主体间在利用与保护海洋环境时所形成的国家关系、社会关系、利益关系与法律关系的博弈与调整,以保护公民的环境权并达到区域环境公正。

海洋环境治理的管理学理论基础主要是治理理论。环境治理是当代公共管理研究领域的一个重要议题,也是当代政治生态学、生态经济学、环境与资源经济学、环境政策以及

---

① 毛显强,钟瑜,张胜.生态补偿的理论探讨[J].中国人口·资源与环境,2002(4):40-43.

② 沈满洪,何灵巧.外部性的分类及外部性理论的演化[J].浙江大学学报(人文社会科学版),2002(1):152-160.

③ 王金南.环境经济学:理论、方法、政策[M].北京:清华大学出版社,1994.

④ 汪劲.环境法学[M].北京:北京大学出版社,2014.

⑤ 纪玉俊.资源环境约束、制度创新与海洋产业可持续发展——基于海洋经济管理体制和海洋生态补偿机制的分析[J].中国渔业经济,2014(4):20-27.

⑥ 刘乃忠.跨区域海洋环境治理的法律论证维度[J].中外企业家,2015(34):215-216.

⑦ 李小苹.生态补偿的法理分析[J].西部法学评论,2009(5):13-16.

⑧ 罗汉高.关于构建海洋环境保护中生态补偿法律机制的思考[J].中共山西省直机关党校学报,2015(2):63-67.

可持续性科学等诸多交叉研究领域的一个核心概念。[1][2][3] 通过对国际和国内环境管理研究的宏观考察，可以发现，环境管理范式实际上经历了从环境管理到参与式管理，再到治理的变迁过程。传统环境管理着重关注具体管理技术、政府规制行为以及产权划分等对环境问题的影响，而参与式管理突出地方知识的重要性和公众参与环保的力量，环境治理则强调通过多元组织参与解决复杂环境问题。[4][5][6][7][8] "管理"与"治理"在参与者、目标、过程等方面都有本质不同，由管理迈向治理是政府治道的升华和趋势。改革政府主导模式、转变政府职能是从管理到治理的核心和关键。[9]

第三节　海洋环境治理的基本要素

传统管理的主体是指社会公共机构，而治理的主体已不只是社会公共机构，也可以是私人机构，还可以是公共机构和私人机构的合作，范围涉及全球层面、国家层面和地方性的各种非政府非营利组织、政府间和非政府间组织、各种社会团体甚至私人部门在内的多元主体的分层治理。[10]

海洋环境治理强调政府与公众的合作和社会参与主体的多元化。因此，为了有效治理海洋环境、实现海洋环境的可持续发展，必须处理好海洋环境治理主体间的矛盾，建立有效的、多元主体共同参与的海洋环境治理模式。[11] 政府作为海洋环境治理的核心主体，承担着掌舵者、服务者和调节者的角色。政府需要协调与企业、公众的关系，将企业、公众

---

① Brandes O M and Brooks D B. The soft path for water in a nutshell [R]. A joint publication of Friends of the earth Canada, Ottawa, ON, and the POLIS project on ecological governance, University of Victoria, Victoria, BC Revised Edition August 2007.

② UNEP (2008). International environmental governance and the reform of the United Nations. Meeting of the forum of environment ministers of Latin America and the Caribbean, Santo Domingo, Dominican republic: http: / / www. pnuma. org/forumofministers/16-dominicanrep/rdm07 tri _ International Environmental Governance _ 29 Oct2007. pdf.

③ Yang L. Scholar-participated governance: Combating desertification and other dilemmas of collective action [J]. Journal of Policy Analysis & Management, 2009, 29 (3):672-674.

④ 杨立华.构建多元协作性社区治理机制解决集体行动困境——一个"产品—制度"分析(PIA)框架[J].公共管理学报,2007(2):6-15+17-23+121-122.

⑤ Di C A, Marzia B, Stefania M, et al. NGO diplomacy: the influence of nongovernmental organizations in international environmental negotiations[J]. Global Environmental Politics, 2008, 8(4):146-148.

⑥ Hukkinen J. Institutions, environmental management and long-term ecological sustenance[J]. Ambio, 1998, 27(2): 112-117.

⑦ Brady G L. Governing the Commons: The Evolution of institutions for collective action[J]. American Political Science Association, 1993, 8(86): 569-569.

⑧ Smith Z A. The environmental policy paradox[M]. Routledge, 2017.

⑨ 王琛伟.我国行政体制改革演进轨迹:从"管理"到"治理"[J].改革,2014(6):52-58.

⑩ 王琪,刘芳.海洋环境管理:从管理到治理的变革[J].中国海洋大学学报(社会科学版),2006(4):1-5.

⑪ 宁凌,毛海玲.海洋环境治理中政府、企业与公众定位分析[J].海洋开发与管理,2017,34(4):13-20.

的个体行为目标引向政府总体目标的发展方向。[①] 企业作为治理的重要主体之一，承担着积极参与者的角色。企业作为海洋环境污染的主要影响者，是政府的主要干预对象，同时也是海洋环境保护的重要支撑力量和生产力量。公众参与是社会治理的主流趋势，公众承担着参与者和监督者的角色。公众作为环境负外部性发生时的直接受害者，其改变环境状况的内在动力强烈，能够与政府、企业一起分担保护环境的责任和目标，积极参与海洋环境的治理活动。政府与企业、政府与公众、公众与企业间存在相互作用的关系，三者相互依赖、相互影响、相互合作，共同组成规范运转的海洋环境治理网络。政策网络的结构安排、成员间的作用方式直接影响着政策的执行。只有结构合理、行为适当，政策网络才能发挥出应有的功效。根据治理主体地位的不同，形成不同的海洋环境治理模式。杜辉认为若从政府与公众的关系角度看，主要有权威型环境治理和合作公共治理2种模式。[②] 传统的海洋环境治理模式包括末端治理模式、循环回收利用模式、清洁生产模式。[③] 传统海洋环境治理模式是在工业文明视角下过度追求经济利润造成严重海洋环境污染和生态破坏的情况下所形成的被动海洋环境治理，在治理目标、治理手段和治理主体方面都不符合生态文明要求的海洋环境主动治理。由于海洋环境治理涉及政府、企业和公众等多方力量，加之海洋环境政策作用的对象复杂多变，其需求的内容、形式存在着诸多不同，这就要求海洋环境政策在供给方式、手段安排上要形式多样，使各经济主体有选择的余地。当前运用较多的海洋环境治理模式为以政府为主导的命令—控制型管理模式、政府主动引导型管理模式和政府与企业协商合作型管理模式。

由于海洋自身的流动性、开放性等特征，全球海洋治理的主体主要包括各国政府、企业、非政府组织、国际组织、国际非政府组织、跨国企业、个人等，上述各类主体根据自身的角色、地位对于全球海洋治理发挥不同的作用。[④] 王琪等将全球海洋环境治理的主体概括为主权国家、国际政府间组织、跨国公司与普通公民等4类。[⑤] 主权国家是全球海洋治理的基本主体，各种国际涉海政策和行动最终主权国家来加以落实。国际政府间组织在确定治理目标、协调各国行动、调解国际争端等活动中起着基础性的作用，有效弥补主权国家治理能力的不足。跨国公司与普通民众分布分散且力量有限性，往往需要借助或依附于其他主体。在全球海洋环境治理中，发挥治理主体多元化的特色，不仅依靠主权国家政府，还需要发挥国际各种组织的作用，通过强制性的法律和软法性质的文件，作用于多元化的客体内容。

传统的海洋环境管理把客体看作海洋环境。而海洋环境治理理念的出现，其客体内

---

① 王琪，何广顺．海洋环境治理的政策选择[J]．海洋通报，2004(3)：73-80.

② 杜辉．论制度逻辑框架下环境治理模式之转换[J]．法商研究，2013，30(1)：69-76.

③ 赵志燕．生态文明视阈下海洋环境治理模式变革研究[D]．青岛：中国海洋大学，2015.

④ 黄任望．全球海洋治理问题初探[J]．海洋开发与管理，2014，31(3)：48-56.

⑤ 王琪，崔野．将全球治理引入海洋领域——论全球海洋治理的基本问题与我国的应对策略[J]．太平洋学报，2015，23(6)：17-27.

容和范围都发生了根本变化。[①] 海洋环境治理的客体不再是指单一的海洋环境，而是指影响海洋环境的各种人类活动与行为。影响海洋环境的行为主要有政府行为、市场行为和公众行为。政府行为是国家的管理行为，包括制定海洋环境管理的政策、法律、法令、规划并组织实施等。市场行为是指各种市场主体包括企业和生产者个人在市场规律支配下，进行商品生产和交换的行为。公众行为则是指公众在日常生产中诸如消费、居家休闲、旅游等方面的行为。全球海洋治理的客体是全球海洋治理所指向的对象，即全球海洋治理要治理什么。从总体上看，全球海洋治理的客体是已经影响或者将要影响全人类共同利益的全球海洋问题，主要包括海洋安全、海洋环境、海洋资源的开发与利用、全球气候变化、海洋突发事件的应急处理等五个方面的问题。这些问题很难依靠单个国家得以解决，而必须依靠双边、多边乃至国际社会的共同努力。

第四节　海洋环境治理的法律制度

海洋法的理论基础源于历史发展过程中形成的区域性管理方式。因此，海洋治理主要基于主权原则和自由原则。[②③④] 主权原则是促使沿海国家管辖权的扩张，而自由原则则确保海洋的公共区域不被占用且可自由使用。基于这两个原则，海洋被分成两个部分，第一部分是临近沿岸的海洋空间，它服从于国家领土主权的约束。第二部分则是超出国家管辖权的海洋区域，它适用于自由原则。[⑤] 前者明确存在于领海、专属经济区之中，而后者位于公海范围之内。这种区分方式在国家实践中固定下来，并且这种海洋的二分法被 1930 年国际法编纂会议所确认，符合现在海洋法一般秩序要求。1982 年的《联合国海洋法公约》是海洋综合治理理念出现的开端，《海洋法公约》将全球海洋划分为五种不同的类别，即内水、领海、群岛水域、专属经济区和公海，另外也创设了海洋领域的其他制度。因此服从于国家主权原则，整个海洋区域被联合国以《海洋法公约》为表现的法律文件，划分成多种类型的海洋空间加以管理和开发。尽管《海洋法公约》对于综合治理的规定也仅局限于原则性的提倡，无法用强制性的规范进行监督。此后，1992 年颁布的《二十一世纪议程》、《生物多样性公约》、《保护东北大西洋海洋环境公约》和 1995 年颁布的《鱼类种群协定》等国际性文件或条约[⑥]，其条款内部都一定程度上强调海洋环境治理的重要性，但

---

① 王琪，刘芳. 海洋环境管理：从管理到治理的变革[J]. 中国海洋大学学报(社会科学版)，2006(4)：1-5.

② O'Connell B D P and Shear E B I A. The international law of the sea[M]. Clarendon Press, 1982.

③ Katherine H. Identifying new pathways for ocean governance: The role of legal principles in areas beyond national jurisdiction[J]. Marine Policy, 2014, 49: 118-126.

④ Nina M and Till M. Dividing the common pond: regionalizing EU ocean governance[J]. Marine Pollution Bulletin, 2013, 67: 66-74.

⑤ Rosenne S. League of nations conference for thecodification of international law (1930)[J]. American Journal of International Law, 1975, 70(4): 894.

⑥ 刘峻华. 国际海洋综合治理的立法研究[D]. 济南：山东大学，2016.

由于不是专门立法，在适用范围上有着很大的限制。

全球海洋治理立法注重国际习惯与公约相结合，如在海洋环境治理方面，不得允许本国排放入海的污染物对其他国家的海洋利益造成损害。[①②③] 虽然在实际执行上，国际习惯法对于管辖权的规定不足以维持有效的污染防治行为。正是因为国际习惯本身属性的缺失，国际社会更多的还是依赖具有法律约束力的条约形式来执行。尽管我们有大量的国际海洋协定，但缔约方数量有限，所以协议的影响也是有限的。而建立秘书处执行报告制度、委员会审查、同行评审、专家审评组、协助执行的特别基金等都有助于提高国际海洋条约的执行效力。[④] 此外，全球海洋治理立法注重生态保护与预防损害相结合、注重立法执行与监督相结合，海洋综合治理模式在立法中需要考虑相关联制度的统一和实施。避免制度层面的重叠、分歧就需要通过缔约国大会这样的机构统一相关法律规则，建立由大会主导的制度协调机制。[⑤] 综合治理的立法工作同样需要考虑制度的可执行性，它关系到综合性海洋治理制度在实施层面的效力。应该说，国际海事组织、粮农组织、联合国教科文组织和联合国环境署等组织在海洋治理方面发挥的作用已越来越明显。[⑥] 传统模式的国家主权属性仍然是海洋法的理论核心，而另一方面综合治理机制也展现了有效性的一面，有助于弥补传统模式的缺点，也是《海洋法公约》所要求的方式，因此在海洋法体系中这两种制度是并列存在的，只有充分考虑传统模式的利益争夺点，才可以恰到好处地采取综合模式，它的作用是传统机制无法达到的。

尽管海洋治理国际立法实践存在碎片化现象，法律效力薄弱，但世界各国在海洋环境治理法制建设研究方面仍取得了大量研究成果。Annick 认为海洋治理作为一种新兴理念，拥有法律要素、政治要素、组织要素和能力要素四个方面。它们分别起着政策、行动实施的保障，国家层面的合作和协调，行政管理机制的建设和必要的财政支持等作用。Yoshifumi Tanaka 指出分割式管理制度和综合治理制度截然不同的性质影响着国家和国际社会的行动，认为二者的共存和合作是今后海洋法研究的核心所在。[⑦] Markus 等探讨了欧盟海洋治理实践相关机制的构造和运行特征。[⑧] Lawrence Juda 分析了美国、加拿

---

① Haas P M. Prospects for effective marine governance in the NW Pacific region 1[J]. Marine Policy, 2000, 24(4): 341-348.

② Töpfer K, Tubiana L, Unger S, et al. Charting pragmatic courses for global ocean governance[J]. Marine Policy, 2014, 49(C): 85-86.

③ Robert L F. Ocean governance at the millennium: where we have been-where we should go[J]. Ocean & Coastal Management, 1999, 42(9): 747-765.

④ 邵钰蛟. 论国际海洋环境污染治理立法的有效性[J]. 法制与社会，2016(32)：9-10.

⑤ 林千红，洪华生. 构建海洋综合管理机制的框架[J]. 发展研究，2005(9)：40-41.

⑥ John N M and Myron H. Current maritime issues and the international maritime organization[M]. Martinus Nijhoff Publishers, 1999.

⑦ Tanaka Y. Zonal and integrated management approaches to ocean governance: reflections on a dual approach in international law of the sea[J]. The International Journal of Marine and Coastal Law, 2004, 19(4): 483-514.

⑧ Basil G and Celine G D. Ocean governance and maritime security in a placeful environment: The case of the European Union[J]. Marine Policy, 2016, 66: 124-131.

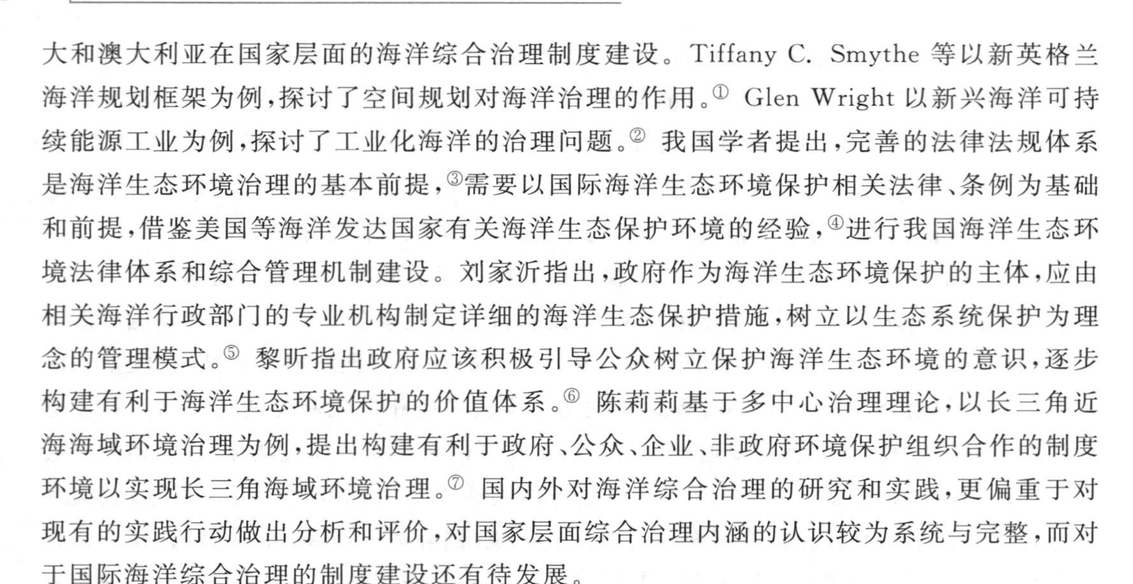

大和澳大利亚在国家层面的海洋综合治理制度建设。Tiffany C. Smythe 等以新英格兰海洋规划框架为例，探讨了空间规划对海洋治理的作用。[1] Glen Wright 以新兴海洋可持续能源工业为例，探讨了工业化海洋的治理问题。[2] 我国学者提出，完善的法律法规体系是海洋生态环境治理的基本前提，[3]需要以国际海洋生态环境保护相关法律、条例为基础和前提，借鉴美国等海洋发达国家有关海洋生态保护环境的经验，[4]进行我国海洋生态环境法律体系和综合管理机制建设。刘家沂指出，政府作为海洋生态环境保护的主体，应由相关海洋行政部门的专业机构制定详细的海洋生态保护措施，树立以生态系统保护为理念的管理模式。[5] 黎昕指出政府应该积极引导公众树立保护海洋生态环境的意识，逐步构建有利于海洋生态环境保护的价值体系。[6] 陈莉莉基于多中心治理理论，以长三角近海海域环境治理为例，提出构建有利于政府、公众、企业、非政府环境保护组织合作的制度环境以实现长三角海域环境治理。[7] 国内外对海洋综合治理的研究和实践，更偏重于对现有的实践行动做出分析和评价，对国家层面综合治理内涵的认识较为系统与完整，而对于国际海洋综合治理的制度建设还有待发展。

第五节　海洋环境治理的运作模式

海洋的流动性、整体性等特点决定了海洋环境治理全球合作的必要性。治理理论也为海洋环境治理的国际合作行为提供了理论基础和可行方案。治理理论的核心之一就是合作，这与海洋环境治理的国际合作精神不谋而合。[8] 重大的公共危机要求全球共同面对，而海洋环境治理天然的全球性和治理的较大难度要求必须实现国际的通力合作。海洋公共危机治理，需要各国在求同存异、互惠互利的基础上构建全球合作的治理框架。第三次联合国海洋法会议(UNCLOS)对国际海洋综合治理有着极其深远的影响。会议规范了国际社会使用海洋区域的多种用途，并且一定程度上促使各国政府更多地按照一体化视角来考量各自的海洋权益。[9] 第三次联合国海洋法会议所推动的谈判进程为之后国

---

① Tiffany C S. Marine spatial planning as a tool for regional ocean governance? An analysis of the New England ocean planning network[J]. Ocean & Coastal Management, 2017, 135: 11-24.

② Glen W. Marine governance in an industrialised ocean: A case study of the emerging marine renewable energy industry[J]. Marine Policy, 2015, 52, 77-84.

③ 张式军.海洋生态安全立法研究[J].山东大学法律评论，2004(00):99-109.

④ 蔡先凤，张式军.我国海洋生态安全法律保障体系的建构[J].宁波经济(三江论坛)，2006(3):40-42.

⑤ 刘家沂.生态文明与海洋生态安全的战略认识[J].太平洋学报，2009(10):68-74.

⑥ 黎昕.社会结构转型与我国生态安全体系的构建[J].福建论坛(人文社会科学版)，2004(12):108-113.

⑦ 陈莉莉.长三角海域海洋环境合作治理之道及制度安排[J].浙江海洋学院学报(人文科学版)，2013，30(3):17-22.

⑧ 陈洁，胡丽.海洋公共危机治理下的国际合作研究[J].海洋开发与管理，2013，30(11):39-43+53.

⑨ Juan L S D V and Juan C R M. Ocean governance in a competitive world. The BRIC countries as emerging maritime powers-building new geopolitical scenarios[J]. Marine Policy, 2010, 34(5): 967-978.

家海洋综合治理之路提供了开创性的思路和阶段性的成果。[①②] 全球海洋治理在实施路径上可通过主体间的信任机制构建、跨国家的“区域海”制度实施、完善海洋污染刑法规范等措施，以推进海洋环境跨区域治理的制度化，如南太平洋地区的海洋环境治理。东南亚海域是一个大国利益聚集、各类海洋挑战凸显、域内国家矛盾重重的区域，海洋治理难度极大。面对诸多挑战，近年来东盟沿着一体化的路径，多渠道入手开展区域海洋治理。东盟的海洋治理行动呈现出三个特点：各成员国协商一致、归属于一体化进程下的功能合作、区域外部大国共同参与。[③] Crutchfield and James 指出，保护海洋环境必须通过有效的国际合作来治理陆源污染。[④] 在全球海洋治理的过程中，以不同类型的主体为区分标准，可将全球海洋治理的实现方式分为以下四种，即主权国家合作方式、国际政府组织主导方式、国际非政府组织补充方式和国际规制的强制作用方式。[⑤] 随着海洋环境问题的日益突显，海洋环境治理逐渐成为国际组织、政府和社会关注的政治话题，并且已经上升为国家安全治理的重要组成部分。从海洋生态安全治理的外部性特征出发，将海洋生态安全治理与国家发展战略相结合，对海洋生态安全治理现代化具有重要意义。[⑥] 当然，在海洋环境治理中，非政府组织凭借自己的灵活性、民间性、非营利性等特点能代替政府提供部分职能，与政府优势互补，提供无缝隙的海洋公共服务，形成多元治理主体格局。[⑦] 在实际过程中，全球治理各主体之间的利益博弈、国际合作主体间的协调问题、国际合作主体间的不平等、国际规制的权威性不足以及国际组织的作用有限等因素严重影响了海洋环境全球治理工作的效果。[⑧⑨]

由于海洋环境污染的跨区域性，跨区域政府间协调治理理论被引入海洋环境治理法制建设中。[⑩⑪] 协同治理理论在理论与现实中的运用为解决海洋环境治理领域的政府职责“碎片化”问题提供了一条新的思路，海洋环境治理的整体性要求分散化治理主体之间

① Tanaka Y. Zonal and integrated management approaches to ocean governance: reflections on a dual approach in international law of the sea[J]. The International Journal of Marine and Coastal Law, 2004, 19(4): 483-514.

② Julien R, Raphaél B and Erik J M. Regional oceans governance mechanisms: A review[J]. Marine Policy, 2015, 60: 9-19.

③ 王光厚，王媛. 东盟与东南亚的海洋治理[J]. 国际论坛，2017，19(1)：14-19+79.

④ Crutchfield J. The narine fisheries-A problem in international-cooperation[J]. American Economic Review, 1964, 54(3): 207-218.

⑤ 王琪，崔野. 将全球治理引入海洋领域——论全球海洋治理的基本问题与我国的应对策略[J]. 太平洋学报，2015，23(6)：17-27.

⑥ 杨振姣，孙雪敏，罗玲云. 环保 NGO 在我国海洋环境治理中的政策参与研究[J]. 海洋环境科学，2016，35(3)：444-452.

⑦ 俞越鸿. 试论非政府组织在海洋综合治理中的作用[J]. 法制与社会，2015(32)：186-187.

⑧ Basil G and Celine G D. Ocean governance and maritime security in a placeful environment: The case of the European Union[J]. Marine Policy, 2016, 66: 124-131.

⑨ 全永波. 区域合作视阈下的海洋公共危机治理[J]. 社会科学战线，2012(6)：175-179.

⑩ Gunnar K. Human empowerment: Opportunities from ocean governance[J]. Ocean & Coastal Management, 2010, 53(8): 405-420.

⑪ 蒋静. 泛珠三角区域跨界水污染治理地方政府合作模式研究[D]. 贵阳：贵州大学，2009.

的协同。① 鲍尔基曾指出，海洋环境具有流动性、开放性、三维性特征，这使得其自然环境与行政边界缺乏有机联系，从而增加海洋管理的复杂性。② 海洋环境的这种特征使其在开发过程中更易产生连带影响，某一区域海洋的开发利用，不仅影响本区域内的自然生态环境和经济效益，而且必然影响到邻近海域甚至更大范围内的生态环境和经济效益。③ 府际管理突破了建立等级制官职和分类权力层次的层级限制，将整个行政组织体系视为网络状组织。④ 府际管理有利于海洋环境治理观念的更新，海洋治理需要将视野从单一政府扩展到横向和纵向的政府间关系，政府与企业，社会团体和市民之间的关系。府际管理有利于建立海洋公共物品与服务供给的多中心多层次制度，有利于处理好海洋环境治理方面政府间竞争与合作中出现的问题。⑤ 海洋跨区域治理需要参考治理体系中治理主体、功能与手段，明确海洋跨区域的内涵，区分海洋跨区域治理在海域与陆域、国内与国际、政府与社会等视角的治理功能，并在整体性治理理论基础上确定海洋治理的制度性构建，在制度创建上运用"区域海"的概念，确定海洋跨区域治理的制度框架。⑥⑦ 从我国的实际情况看，需要理顺管理体制，建立一个更具权威性的海洋行政管理机构，以加强海洋综合治理。进行有效的海洋综合治理还需要各省、市建立一支强大统一的海洋执法力量，并提高各级政府加强海洋综合治理的自觉性和积极性。⑧

区域海洋管理是适应海洋治理发展的新模式。⑨ 从利益层次角度对区域海洋管理的利益相关者进行利益解构，分析海洋治理中各主体的利益需求，通过海洋管理中的政府间依赖、构建政府与非政府组织间的伙伴关系，发挥各管理主体的功能，形成一种区域海洋管理视域下的海洋管理合作与协调治理的有效模式。Dong Oh Cho 评价了韩国海洋环境治理政策在海洋治理中的作用。⑩ 区域海洋管理过程实际上也是区域利益相关者平衡利益关系的过程。秦磊以海洋区域管理中发生的实际案例为基础，揭示了部门间组织机构职能协调问题的复杂形态和背后的深层原因，认为部门间组织机构职能协调问题的表现类型包括目标差异型、边界争端型、管理重叠型、消极响应型。⑪ 其形成原因主要有碎

---

① 刘爽，徐艳晴. 海洋环境协同治理的需求分析：基于政府部门职责分工的视角[J]. 领导科学论坛，2017(11)：21-23.

② [加]鲍尔基. 海洋管理与联合国[M]. 孙清等译，北京：海洋出版社，1996.

③ 王琪，何广顺. 海洋环境治理的政策选择[J]. 海洋通报，2004(3)：73-80.

④ 戴瑛. 论跨区域海洋环境治理的协作与合作[J]. 经济研究导刊，2014(7)：109-110.

⑤ Sung G K. The impact of institutional arrangementon ocean governance: International trends and the case of Korea[J]. Ocean & Coastal Management, 2012, 64: 47-55.

⑥ Olsen E, Holen S, Hoel A H, et al. How integrated ocean governance in the Barents Sea was created by a drive for increased oil production[J]. Marine Policy, 2016, 71: 293-300.

⑦ 全永波，尹李梅，王天鸽. 海洋环境治理中的利益逻辑与解决机制[J]. 浙江海洋学院学报(人文科学版)，2017，34(1)：1-6.

⑧ 赵淑玲，张丽莉. 外部性理论与我国海洋环境管理的探讨[J]. 海洋开发与管理，2007(4)：84-91.

⑨ 全永波. 区域合作视阈下的海洋公共危机治理[J]. 社会科学战线，2012(6)：175-179.

⑩ Dong O C. Evaluation of the ocean governance system in Korea Marine Policy[J]. Marine Policy, 2006, 30: 570-579.

⑪ 秦磊. 我国海洋区域管理中的行政机构职能协调问题及其治理策略[J]. 太平洋学报，2016，24(4)：81-88.

片化的组织结构、海区层面的跨部门协同机制尚不够有力、海洋管理制度体系有待进一步健全以及部门主义行政文化的消极影响。如何有效构建区域海洋管理机制，对利益相关者进行利益的合理平衡和治理，是当前区域海洋管理的一个重要问题。因此，需要通过确定利益相关者的权利和利益层次、明确利益相关者利益冲突的法律适用、调整公共政策、协调区域政府间的利益关系等方面展开研究。当然，海洋生态环境府际协调治理中仍面临着部分地方政府跨区域合作治理观念严重滞后、跨区域海洋生态环境合作治理体制不完善与跨区域海洋生态环境合作治理法律保护不完善等问题。①

在全球海洋环境治理中，我国逐渐加大了开发利用海洋资源和维护海洋权益的力度。进入 21 世纪后，我国参与全球海洋治理的范围与程度不断扩展，并对全球海洋治理的价值、规制、结果及评判等发挥了一定作用，已经成为"力量有限的核心主体之一"，②以后仍需大力发展我国的海洋实力、竭力提升我国参与全球海洋治理制度设计的能力，持续增强我国在国际海洋事务中的话语权。目前，我国海洋环境治理落后，针对海洋环境治理存在的治理主体权责配置、治理政策执行、治理整合机制和治理信息共享机制的"碎片化"现象，需要对海洋生态环境治理体制的职权结构体系、海洋行政执法体制、沟通协调机制和信息沟通机制进行整体性优化，以实现海洋生态环境治理的高绩效。③ 借鉴西方发达国家海洋环境治理的先进经验，从海洋生态安全基础治理、用海治理、措施治理三大主要方面进行制度改革与完善，探索形成主体多元、手段多样、海陆统筹、多方协调配合的现代化海洋生态安全治理体系。④

尽管当前研究对海洋环境治理的理论基础有了较为明晰的认识，并在海洋环境治理实践中取得了一定成就，但由于海洋环境治理的理论和实践研究历史较短，从不同角度看海洋环境治理研究均存在一些不足之处：从海洋环境治理演化脉络看，对海洋环境管理到参与式管理再到治理的演化脉络仍缺乏深入的分析，对海洋环境治理主体、客体、功能等构成要素的概念及内涵等仍未形成共识；从海洋环境治理的层序体系看，当前对全球范围内海洋环境治理的层级结构及其相互关系的认识仍有不足，特别是对中国参与全球环境治理的参与程度及参与方式等的研究相当缺乏。从环境治理的形成机制看，当前研究缺乏以国家为分析单元的全球海洋环境治理利益相关者博弈机制的分析，这在一定程度上影响着全球海洋环境治理的实施。从中国参与全球海洋环境治理的立法实践看，已有研究更多的是关注国内跨区域的海洋环境治理问题及相关机制体制的建设，对全球海洋环

① 陈莉莉，景栋.海洋生态环境治理中的府际协调研究——以长三角为例[J].浙江海洋学院学报(人文科学版)，2011，28(2)：1-5.

② 王琪，崔野.将全球治理引入海洋领域——论全球海洋治理的基本问题与我国的应对策略[J].太平洋学报，2015，23(6)：17-27.

③ 张江海.整体性治理理论视域下海洋生态环境治理体制优化研究[J].中共福建省委党校学报，2016(2)：58-64.

④ 张继平，熊敏思，顾湘.中澳海洋环境陆源污染治理的政策执行比较[J].上海行政学院学报，2013，14(3)：64-69.

境治理制度的分析研究不足，一定程度上导致中国在参与全球海洋环境治理中的被动局面。

在全球海洋环境治理背景下，我国参与全球海洋环境治理及形成我国特色的海洋环境治理体制机制研究，可在以下几个方面展开，以取得拓展和突破的空间：

第一，全球海洋环境治理演化脉络与类型体系划分。尽管海洋环境管理向海洋环境治理转变已被学术界所接受，并进入实践阶段。但是，当前对全球海洋环境治理的缘起、现状与态势仍需进一步分析，以厘清不同阶段海洋环境治理的主体、互动机制、治理手段等的异同，识别全球海洋环境治理的本质与逻辑。并围绕全球海洋环境治理主体表征地区的尺度性，对全球海洋环境治理类型进行探索性的划分，在此基础上围绕全球海洋环境治理的出发点差异（事前—预防、事中—干预、事后—补偿），划分全球海洋环境治理类型的亚类体系。

第二，全球海洋环境治理的层序体系及中国话语权甄别。我国参与全球海洋治理的范围与程度不断扩展，并对全球海洋治理的价值、规制、结果及评判等发挥了一定作用，但是台湾问题、南海问题、中美关系问题等的存在，使得我国作为新兴大国远未能从根本上改变全球海洋治理体系的现状，发挥重要作用。而这方面的研究也是当前所欠缺的。因此，可进一步通过对全球海洋环境治理的尺度传导性的研究，解析他们的组织结构、功能类型、覆盖地域、成员组织的角色及其变迁等，进而勾勒全球海洋环境治理的层序体系。识别中国在全球型、大洋型、国家型全球海洋环境治理层序体系中的角色、提议或倡议的成员组织协同度、效用等，研判中国参与相关全球海洋环境治理层序体系的利弊与改进方略。

第三，全球海洋环境治理利益相关者博弈机制分析。海洋在资源和战略上的重要价值，使得世界沿海国家加大了对海洋环境的重视程度和治理力度。海洋的自然特性决定了国际社会共同治理海洋环境成为一种必然的政策选择。尽管国内外对全球化背景下海洋环境合作治理研究已有一定研究，但对海洋环境治理中全球利益与国家利益、国家间的利益的博弈研究仍较少，影响了全球环境治理政策的执行及实施效果。因此，亟须廓清全球海洋环境治理的利益主体并明确各主体边界；在明晰利益主体异质性和层级特征的基础上，构建不同利益主体之间的“层级”关系和“网络”结构；从全球层面、国家层面构建全球海洋环境治理的层序结构，以降低全球海洋环境治理的传导成本。研究全球型、大洋型海洋环境治理体系的目标、路径与抓手，分析其驱动机制与多边博弈逻辑。

第四，中国参与全球海洋环境治理的法律体系建设及体制机制优化。目前海洋环境治理的法律体系不够完善的问题，影响我国参与全球海洋环境治理及国内海洋环境问题的解决。因此，应该进一步加强对我国对接相关全球型或大洋型海洋环境治理组织的现状体系的研究，识别我国参与相关全球型或大洋型海洋环境治理组织的法律障碍，形成参与相关全球型或大洋型海洋环境治理体系的行动策略，并加强对我国海洋环境治理结构设计与内在运作机制的研究，优化海洋环境治理结构、功能及手段。

第三章　海洋环境治理理论一：多中心治理

第一节　多中心治理理论概述

“这是一个悲剧。……在一个信奉公地自由使用的社会里，每个人都追求他自己的最佳利益，毁灭是所有的人趋之若骛的目的地。”

——加勒特·哈丁《公地的悲剧》

“除非一个集体中人数很少，或者除非存在强制或其他某些特殊手段以使个人按照共同利益行事，有理性的、寻求自我利益的个人不会采取行动以实现他们共同的或集体的利益。”

——曼瑟尔·奥尔森《集体行动的逻辑》

一、多中心治理的起源与背景

“多中心”这个概念最早由英国学者迈克尔·博兰尼在《自由的逻辑》一书中提出，他从人类科技发展的历史和市场经济优于高度集中计划经济的分析中逐步理出自由智识的逻辑，总结出“自发秩序”和“集中指导”秩序两种对自由安排的方式。[①] 博兰尼认为，在极权主义观念当中，独立的个人行动绝不会履行社会职能，而只能满足私人欲望；所有的公共责任悉由国家承担，而“多中心的任务，唯有靠相互调整的体系才能被社会管理”[②]。自发秩序中的个体经过相互自觉调整后会趋向一致，自发体系是基于协商的组织，科学的行为相互配合包含了三种相互作用模式：协商、较为重要的竞争和劝说。博兰尼强调了配合，即使后两种方式，最后也不得不进入配合的过程，寻找一致性。这种一致性并非强加之于各个自由体上的一致性，而是在自发秩序完成多中心任务调整配合中达成一致，自发自生的一致性，这就是自由的逻辑。可以说，博兰尼提供了一个新的分析世界万物的视角，但实际操作层面是否可行还需要进一步进行检验。因此，美国印第安纳大学的学者文森特·奥斯特罗姆和埃莉诺·奥斯特罗姆夫妇在博兰尼的基础上，创建了多中心治理理论。

---

① 王志刚. 多中心治理理论的起源、发展与演变[J]. 东南大学学报(哲学社会科学版)，2009，11(S2)：35-37.

② [英]迈克尔·博兰尼. 自由的逻辑[M]. 长春：吉林人民出版社，2002.

二、多中心治理理论

(一)多中心治理理论定义与特点

20世纪七八十年代，在全球化、分权化和市场化潮流推动下，西方国家开始了“治理革命”[①]，出现了多种治理理论，例如协同治理理论、多中心治理理论、网络治理理论等等。其中，“多中心治理是指社会中多元的行为主体(政府组织、企业组织、公民组织、利益团体、政党组织、个人)基于一定的集体行动规则，通过相互博弈、相互调适、共同参与和合作等互动关系，形成协作式的公共事务组织模式来有效地进行公共事务管理和提供优质的公共服务，实现持续发展的绩效目标”[②]。这是以历史上第一个诺贝尔经济学奖女性获得者——Elinor Ostrom为代表的制度学派提出的一个治理领域核心概念，它是一种与单中心权威秩序思维直接对立的理论。[③] 在环境治理方面，Elinor Ostrom指出建立自我组织的多中心体制十分必要。[④]

多中心治理可以有效结合集权和分权治理的特点，平衡当地的适应性需求，以实现内部协调与信息共享，创造资源使用者群体内部以及资源使用者群体与政府官员之间的互动学习条件[⑤⑥⑦]。在此过程中，参与主体还可以制定和调整其规则，以增加规则调节资源使用的有效性，有效解决公共资源自上而下式的治理模式带来的供给不足、低效与失效等弊端。[⑧]

目前学界对多中心治理理论的定义还未形成一致的认识，但有几个关键特征如下：一是多中心治理包含多个独立的决策中心，决策中心之间的协调与合作机制是其关键特征[⑨]，这些独立的决策中心有不同规模，各个决策中心之间的运行并不是无政府状态，其

---

① 孔繁斌. 多中心治理诠释——基于承认政治的视角[J]. 南京大学学报：哲学·人文科学·社会科学版，2007，44(6)：31-37.

② 曾维和. 当代西方政府治理的理论化系谱——整体政府改革时代政府治理模式创新解析及启示[J]. 湖北经济学院学报，2011，8(1)：72-79.

③ Ostrom E. Governing the commons: The evolution of institutions for collective action[M]. Cambridge: Cambridge University Press, 1990.

④ Ostrom E. Polycentric systems for coping with collective action and global environmental change[J]. Global Environmental Change, 2010, 20(4): 550-557.

⑤ Duit A and Galaz V. Governance and Complexity——Emerging Issues for Governance Theory [J]. Governance, 2008, 21(3): 311-335.

⑥ Andersson K P and Ostrom E. Analyzing Decentralized Resource Regimes from a Polycentric Perspective[J]. Policy Sciences, 2008, 41(1): 71-93.

⑦ Loorbach D. Transition Management for Sustainable Deve lopment: A Prescriptive, Complexity——Based Governance Framework[J]. Governance, 2010, 23(1): 161-183.

⑧ Ostrom V, Tiebout C M and Warren R. The Organization of Government in Metropolitan Areas: A Theoretical Inquiry[J]. American Political Science Review, 1961, 55(4): 831-842.

⑨ Claudia P W and Knieper C. The Capacity of Water Governance to Deal with the Climate Change Adaptation Challenge: Using Fuzzy Set Qualitative Comparative Analysis to Distin-guish between Polycentric, Fragmented and Centralized Re-gimes[J]. Global Environmental Change, 2014, 29: 139-54.

相互作用是有一定规则的①②。二是多中心治理具有权力分散和交叠管辖的特征③④，这种交叠管辖可以是地理上的，也可以表现为决策中心的嵌套形式。⑤

如前所述，“多中心”一词最早出自英籍哲学家迈克尔·博兰尼，他的“多中心”具有某种隐喻色彩，与自发秩序是同义的；与之不同，奥斯特罗姆的多中心理论强调参与者的互动过程和能动地创立治理规则及治理形态。⑥ 彭莹莹等在对西方学者关于治理的论述进行梳理之后发现，治理作为一项“理论”主要阐释为奥斯特罗姆发展的多中心治理和“网络治理”⑦。

此后学者们从发展脉络、价值诉求、制度安排、操作技术等多方面出发对多中心治理理论进行剖析。⑧ 李明强梳理了多中心治理理论的发展脉络，认为社会治理类型经历了从统治到管理再到服务的演变过程，当代社会各类组织的官僚制行政模式将在后工业文明时代被服务型的社会管理模式所取代。⑨ 王志刚也对多中心治理理论的起源、发展与演变进行了探讨，他认为多中心治理理论是多中心理论和治理理论在当今政治和经济全球化的时代背景下，为适应需求而逐渐结合所形成的新的政府公共管理范式。⑩ 陈艳敏阐述了多中心治理作为“公地悲剧”、“囚徒困境”和“集体行动的逻辑”等传统公共事务治理理论模型的替代方案而发挥作用的逻辑及其价值所在。⑪ 王飏则以主体、基础、方式、过程为分析框架对多中心治理理论进行了阐释⑫，提出这一理论在实践层面应注意的问题以及对我国公共事务治理的借鉴意义。⑬ 除此之外，张克中等学者还在多中心治理理论的学理研究中阐释了该理论与传统治理理论相比所具有的优点，如选择的多样性、克服

① Ostrom E. Understanding Institutional Diversity[M]. Prin-ceton, New Jersey: Princeton University Press, 2005.

② Aligica P D and Boettke P J. Challenging the Institutional Analysis of Development: The Bloomington School [M]. NewYork, NY: Routledge, 2009.

③ Da S A R and Richards K S. The Link between Polycentrism and Adaptive Capacity in River Basin Governance Systems: Insights from the River Rhine and the Zhujiang(Pearl River)Basin[J]. Annals of the Association of American Geographers, 2013, 103(2): 319-329.

④ Mcginnis M D. Polycentricity and Local Public Economies: Readings from the Workshop in Political Theory and Policy Analysis[M]. Ann Arbor, MI: The University of Michigan Press, 1999.

⑤ Galaz V, Crona B, Osterblom H, et al. Polycentric Systems and Interacting Planetary Boundaries-Emerging Governance of Climate Change-Ocean Acidification-Marine Biodiversity[J]. Ecological Economics, 2012, 81: 21-32.

⑥ 王兴伦. 多中心治理：一种新的公共管理理论[J]. 江苏行政学院学报，2005(1)：96-100.

⑦ 彭莹莹，燕继荣. 从治理到国家治理：治理研究的中国化[J]. 治理研究，2018(2)：39-49.

⑧ 郁俊莉，姚清晨. 多中心治理研究进展与理论启示：基于2002—2018年国内文献[J]. 重庆社会科学，2018(11)：36-46.

⑨ 李明强，王一方. 多中心治理：内涵、逻辑和结构[J]. 中共四川省委省级机关党校学报，2013(6)：86-90.

⑩ 王志刚. 多中心治理理论的起源、发展与演变[J]. 东南大学学报(哲学社会科学版)，2009(12)：35-37.

⑪ 陈艳敏. 多中心治理理论：一种公共事物自主治理的制度理论[J]. 新疆社科论坛，2007(3)：35-38.

⑫ 李平原，刘海潮. 探析奥斯特罗姆的多中心治理理论——从政府、市场、社会多元共治的视角[J]. 甘肃理论学刊，2014(3)：127-130.

⑬ 王飏. 奥氏多中心理论及实践分析[J]. 北京交通大学学报(社会科学版)，2010(4)：90-94.

搭便车行为以及合理的决策机制。[1] 当然也有学者跳出公共行政的学科框架，以跨学科的视角对多中心治理理论进行诠释。南京大学孔繁斌教授从承认政治的视角出发试图构建多中心治理的正当性。[2] 在另一篇文章中，他将以多中心社会治理为核心的治理结构转变理解为传统共和主义在当代社会治理领域的复兴。[3] 周亚权则从民主这一"元理论"出发，将多中心治理视为民主的一种综合表述方式[4]。这些研究从政治学和政治哲学的学科视角出发为多中心治理寻找正当性依据，并最终回归到了多中心治理的实践路径，与前述研究异曲同工、遥相呼应。

（二）多中心治理的优势

1. 多个独立决策中心的存在使得地方决策中心可以尝试各种非正式规则，与传统自上而下的科层制不同，多中心理论崇尚自主治理和决策下移，将决策权力交给公共利益最相关的群体，这为多中心治理系统试验、选择和学习提供了更多的机会[5]，也更加适应生态冲击。与各级政府制定的相关法律法规等正式规则相比，非正式规则能更有效和公平地满足当地需求。[6][7]

2. 治理体系中各治理主体平等参与、双向互动与多中心互动，以相互信任、相互妥协、协商认同的方式解决问题[8]，并能够根据当地情况变化进行沟通和协调。[9] 独立决策中心之间的沟通会表现出类似市场的特征，并且展现出效率提升和自我纠错行为。这种独立决策中心之间的协调并不依赖于官僚制度的命令结构，而是通过组织之间结构安排，创建许多重要商业机遇和进行及时的自我调整[10]，并且这种沟通和调整能够以有利于整个生态系统可持续发展的方式进行，进而实现多个治理层次上的集体行动[11]。

---

① 张克中.公共治理之道：埃莉诺·奥斯特罗姆理论述评[J].政治学研究，2009(6)：83-93.

② 孔繁斌.多中心治理诠释——基于承认政治的视角[J].南京大学学报（哲学·人文科学·社会科学），2007(6)：31-37.

③ 孔繁斌.社会治理的多中心场域构建——基于共和主义的一项理论解释[J].湘潭大学学报（哲学社会科学版），2009(2)：11-16.

④ 周亚权，孔繁斌.从保护型民主到自主治理——一个多中心治理生成的政治理论阐释[J].政治学研究.

⑤ Cole D. From Global to Polycentric Climate Governance[J]. Climate Law, 2011, 2:395-413.

⑥ Folker C, Thomas H, Olsson P, et al. Adaptive Governance of Social-Ecological Systems[J]. Annual Review of Environment and Resources, 2005, 30: 441-473.

⑦ RibotJ C, Agrawal A and Larson A M. Recentralizing While Decentralizing: How National Governments Reappropriate Forest Resources[J]. World Development, 2006, 34(11): 1864-1886.

⑧ Ostrom E. Beyond Markets and States: Polycentric Governance of Complex Economic Systems[J]. The American Economic Review, 2010, 100(3): 641-672.

⑨ Oserom V. Polycentricity[M]//MCGINNIS M D. Polycentricity and Local Public Economies. Ann Arbor, MI: University of Michigan Press, 1999: 52-74.

⑩ Cottrell E A. Problems of Local Governmental Reorgani-zation[J]. The Western Political Quarterly, 1949, 2(4): 599-609.

⑪ Cole D H and Mcginnis M D. Elinor Ostrom and the Bloomington School of Political Economy[M]. London: Lexington Books, 2014: xxxiii-xlvii.

3. 学者们最初倾向于认为权力分散和交叠管辖的多中心治理模式常常引起混乱状态[①]，以为可以通过消除"重复服务"和"交叠管辖"来提高效率。事实上，多中心治理的交叠管辖权特征并不意味着公共服务的效率低下，而是一系列相辅相成的良性治理系统，重叠服务是维持市场竞争的必要条件，因市场竞争产生的效率提升同样可能发生在公共经济领域。[②]

4. 多中心治理促使本地用户制定更适合本地公共资源的使用规则[③]。资源使用者对当地资源系统的充分了解，使得他们可以针对其赖以生存的资源系统，开发出相对精确的心理模型[④⑤⑥⑦]，他们倾向于制定一些能使违法行为显而易见的规则，降低资源监督成本[⑧]，从而有效控制资源的过度使用，增加使用者彼此信任程度[⑨]，降低完全依赖分级制裁和雇佣警卫的成本。[⑩]

5. 多中心治理提供了"补充性备份机构"，为不可避免的机构和组织缺陷提供缓冲。在多中心治理系统中，资源使用者可以充分利用地方知识的优势以及试错学习的快速性，将一种环境下工作很好的信息传递到其他环境下可能尝试使用的地方，尤其是当下的系统出现故障的时候，有较大的系统可以使用；反之亦然。[⑪]

三、分析框架

制度分析与发展框架（Institutional Analysis and Development，IAD）是政策过程理论中最重要的制度分析框架之一[⑫]，考虑到生物物理属性重要性，Elinor Ostrom 在 IAD

---

① Aligica P D and Tarko V. Polycentricity：From Polanyi to Ostrom，and Beyond[J]. Governance，2012，25(2)：237-62.

② Ostrom V and Ostrom E. Public Choice：A Different Approach to the Study of Public Administration[J]. Public Admin Rev，1971，31：203-216.

③ 谭江涛，蔡晶晶，张铭. 开放性公共池塘资源的多中心治理变革研究——以中国第一包江案的楠溪江为例[J]. 公共管理学报，2018，15(03)：102-116+158-159.

④ Hayek F A. Individualism and Economic Order[M]. Chicago，IL：University of Chicago Press，2009.

⑤ Ostrom E，Schroeder L and Wynne S. Institutional in-centives and Sustainable Development：Infrastructure Policies in Perspective[M]. Boulder，CO：Westview Press，1993.

⑥ Oates W E. Searching for Leviathan：An Empirical Study[J]. The American Economic Review，1985，75(4)：748-757.

⑦ Hilton R. Institutional Incentives for Resource Mobilization：An Analysis of Irrigation Schemes in Nepal[J]. Journal of Theoretical Politics，1992(4)：283-308.

⑧ Ostrom E. Governing the Commons：The Evolution of Institutions for Collective Action[M]. New York，NY：Cambridge University Press，1990.

⑨ Horning N R. The Cost of Ignoring Rules：Forest Conservation and Rural Livelihood Outcomes in Madagascar[J]. International Tree Crops Journal，2005，15：149-166.

⑩ Gibson C，Andersson K，Ostrom E，et al. The Samaritan's Dilemma：The Political Economy of Development Aid[M]. New York，NY：Oxford University Press，2005.

⑪ Ostrom E. Polycentricity，Complexity，and the Commons[J]. Good Society，1999，9(2)：37-41.

⑫ Sabatier P A. The Need for Better Theories[M]//SABATIER P A. Theories of the Policy Process(2nd ed.). Boulder，CO：Westview Press，2007：3-17.

框架基础上开发了社会—生态系统分析框架(Social-Ecology Systems,SES)[①],这一框架由资源系统 (RS)、资源单位 (RU)、治理系统(GS)、使用者(U)、社会系统(S)以及生态系统(E-CO)组成,每一个子系统中又包含了二级或三级次级变量,研究者还可以根据需要,进一步开发第三层或第四层次变量。这些变量共同影响着在一个特定行动情景中的交互作用和互动结果,并且也受这些交互作用和互动结果的直接影响[②]。

(一)制度分析与发展框架(IAD)框架

制度研究依赖三个具体程度不同(three levels of specificity)的理论工作:框架(framework)、理论(theories)和模型(models)。[③] 对于这三个概念,奥氏认为理论是极其重要的,她主张"即使现有理论可能对某些情境下提取者摆脱公共池塘资源困境不能给予解释,但这仍比没有要好些。……我们给自己设定的任务与其说是抛弃理论,不如说是修补理论"[④]。与此同时,奥氏认为"对分析者而言,框架为探讨各种理论及它们对于解决重要问题的潜在作用提供了元理论语言",模型本身拥有较为严苛的适应条件,并且内涵诸多假设条件,常将现实复杂的情形中的某些变量不予考虑,或者将其设为零。[⑤] 综上,借助对框架、理论和模型的比较分析与前人研究的考察,鉴于此前研究者对于公共事物的研究,由于缺乏一般性理论框架,仅依靠经验性的观察与分析,难以得出高于经验的一般性结论。[⑥] 对此,奥斯特罗姆认为当务之急在于构建一个总体框架,有助于将政策人员的注意力吸引至观察实证研究的重要变量之上,由此她的研究转向开启制度分析的 IAD 与 SES 框架。[⑦]

从研究进程来看,IAD 框架缘起于奥斯特罗姆夫妇有关都市警察服务供给的研究。时至 20 世纪 80 年代初,奥斯特罗姆与拉里・凯瑟尔(Larry Kiser)合作发表《行动的三个世界:制度方法的元理论综合》一文,初步形成了有关制度分析的方法,并较早提出"行动情境"(action situation)的概念。[⑧] 此后,文森特・奥斯特罗姆为探讨个人在社会秩序体系中如何改变场景的结构或者做出动机的可能性,又构建了制度分析与发展的要素与阶

---

① Ostrom E. A Diagnostic Approach for Going beyond Panacea[J]. Proceedings of the National Academy of Sciences,2007,104(39):15181-15187.

② Mcginnis M D and Ostrom E. Social-Ecological System Framework:Initial Changes and Continuing Challenges[J]. Ecology and Society,2014,19(2):30.

③ Ostrom E. Background on the Institutional Analysis and Development Framework[J]. Policy Studies Journal, 2011,39(1): 7-27.

④ [美]埃莉诺・奥斯特罗姆,罗伊・加德纳,詹姆斯・沃克. 规则、博弈与公共池塘资源[M]. 王巧玲,任睿,译. 西安:陕西人民出版社,2011:19.

⑤ Ostrom E. Background on the Institutional Analysis and Development Framework[J]. Policy StudieJournal, 2011,39(1):17

⑥ Gardner R,Ostrom E and Walker J. The Nature of Common-Pool Resource Problems[J]. Rationality and Society,1990, 2(3): 335-358.

⑦ 任恒. 埃莉诺・奥斯特罗姆自主治理思想研究[D]. 长春:吉林大学,2019.

⑧ Kiser L and Ostrom E. The three worlds of action: a metatheoretical synthesis of institutional approaches [M]// Elinor Ostrom,et al. Strategies of Political Inquiry. CA:Sage,1982: 179-222.

梯的框架，并致力于开发影响个人所面临的激励机制这一普遍性分析框架①。

具体来看，奥斯特罗姆在IAD框架中将社会整体理解为一个相互嵌套的结构，并将行动场景（action arena）设定为自己分析的焦点，认为它由行动情境（Action Situation）和行动者（participants）两个要件构成，其中行动情境是影响行动者激励结构的制度总和。不仅如此，一组外生变量如自然—物理特征、社群属性和应用规则等因素，联合影响行动情境，从而影响行动者的行为选择和最终产出。总之，作为一个相互嵌套的复杂系统，②IAD框架是由外部变量、行动情境、行动者、互动、结果及其评价标准等构成，研究者可以依据不同需求使用该框架进行多层次分析（详见图3-1）。

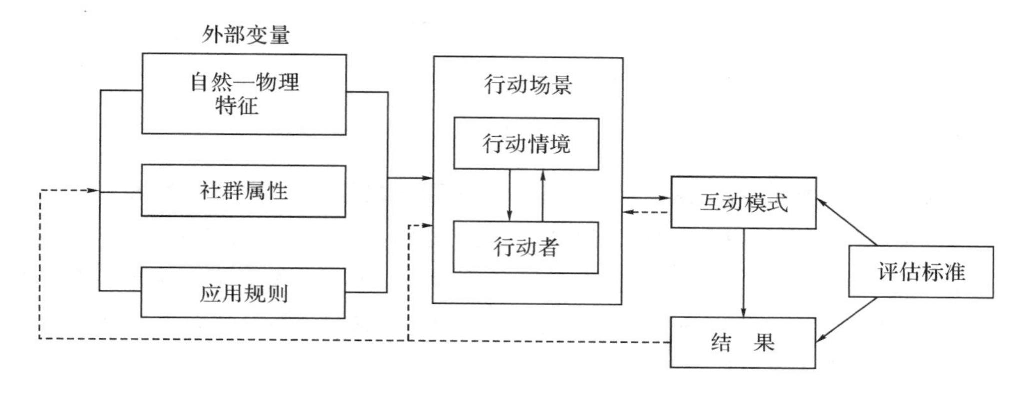

图3-1 制度分析与发展（IAD）框架③④⑤

鉴于前人研究中仅仅关注制度分析中规则变迁所产生的影响，奥氏认为在进行制度分析时，首先应观察影响行动场景的因素而非场景本身。如上文所述，除了既定的行动场景，奥氏开发的IAD框架十分关注影响行动场景的外部变量（详见图3-2），它由三组外部变量决定：①自然—物理特征（Biophysical Conditions）；②社群属性（Attributes of Community）；③应用规则（Rules-in-use）。

在此之后，奥斯特罗姆对行动场景予以剖析（详见图3-3），并认为"行动情境"由参与者、位置、行动、控制、信息、结果、收益与成本等要素构成（详见图3-4），同时个体行动者处于特定的行动情境中，将产生一系列的相互作用，包括资源的获取、竞争与冲突、协商与监督、合作与妥协等，并能够产生一定的结果。而研究者可以借助诸如效率标准、财产平

---

① ［美］文森特·奥斯特罗姆.民主的意义及民主制度的脆弱性——回应托克维尔的挑战[M].李梅，译.西安：陕西人民出版社，2011：112-115.

② Ostrom E. A Diagnostic Approach for Going beyond Panaceas[J]. Proceedings of the National Academy of Sciences, 2007, 104(39): 15-18.

③ Ostrom E, Gardner R and WalkerJ. Rules, Games and Public Common-Pool Resources[M]. Ann Arbor: University of Michigan Press, 1994: 37.

④ Ostrom E. Understanding Institutional Diversity[M]. New Jersey: Princeton University Press, 2005: 15.

⑤ Hess C and Ostrom E. A framework for analysing the microbiological commons[J]. International Social Science Journal, 2006, 58(188): 339.

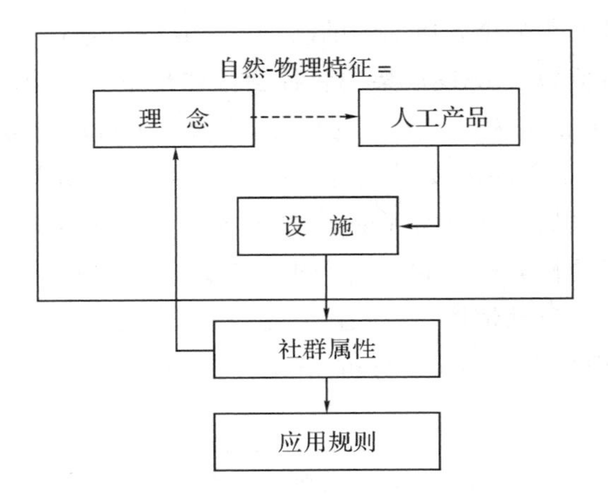

图 3-2　外部变量

衡标准等绩效评价指标，对上述结果予以衡量……除此之外，这一框架受到诸多外部因素的影响，包括自然—物理特征、社群属性、实施规则等内容。在外部影响因素当中，物品自然属性的细分、群体共享如何价值、社群是否同质、是否拥有网络、信任与相互理解、社群的规模及其构成如何，均能够对行动情境产生直接或间接的影响，并导致集体行动中个体参与者产生不同的互动模式。

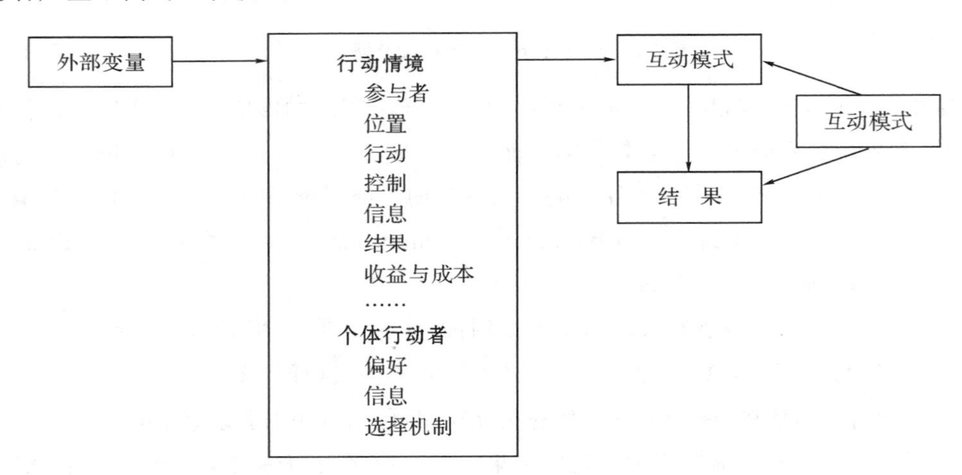

图 3-3　行动场景的分解[①]

① Ostrom E. Do institutions for collective action evolve? [J]. Journal of Bioeconomics, 2014, 16(1): 8.

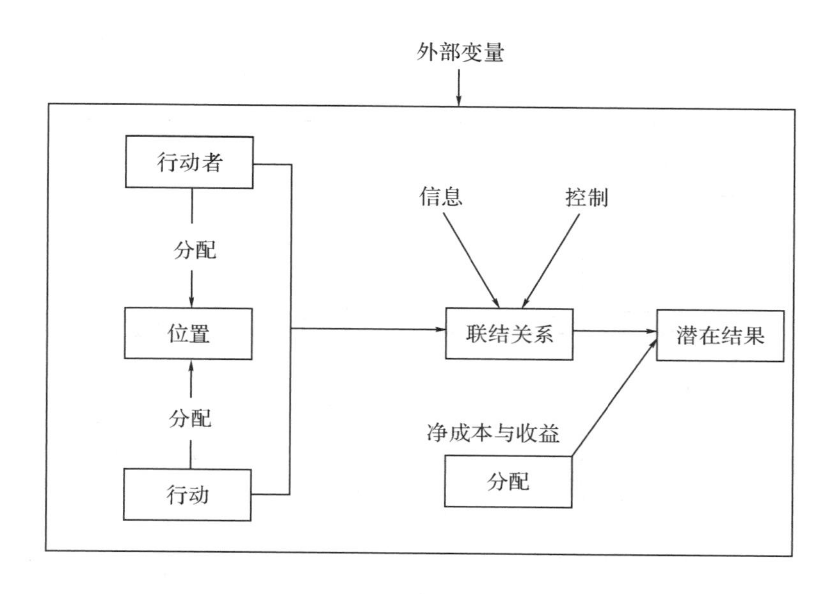

图 3-4　行动情境的内部结构①

针对已存在一系列规则的自主治理体制，如若对规则进行适当修改，亦能使治理更为完善，其中对规则的修改是指调整行动情境的变量安排。奥斯特罗姆借助考察各类行动情境中的潜在规则，并用以展示规则改变中较为常见且相对有效的策略。② 奥斯特罗姆尝试开发一套规则的共同点，以识别出影响博弈结构的一般规则形式，并将其总结为以下7项规则：身份规则、边界规则、权威规则、聚合规则、范围规则、信息规则和收益规则（详见图 3-5），具体介绍如下：①身份规则：确立一系列身份以及每个身份分别包含或牵涉哪些参与者，影响行动者所处的位置；②边界规则：说明特定参与者是如何进入（获取）或退出（脱离）某一身份的，影响行动者个体；③权威规则：规定决策树上任一节点位置所赋予的采取行动的权力范围，影响行动者的行为选择；④聚合规则：阐述处于决策树上某一节点的参与者，其行动与中间结果及最终结果之间的转换函数（例如，一致原则或多数原则），影响行动者的控制力；⑤范围规则：指出可能受到影响的一组结果，包括中间结果与最终结果，影响最终的潜在产出；⑥信息规则：规定任一节点的参与者之间何种信息必须、可能或不能共享，以及他们之间的交流渠道，影响信息结构；⑦收益规则：以完整的行动选择范围与结果为基础，规定不同身份的参与者有关成本与收益的分配情况，影响净成本收益的衡量。

① Ostrom E. Understanding Institutional Diversity[M]. Princeton, New Jersey: Princeton University Press, 2005: 33.

② Ostrom E. An agenda for the study of institutions[J]. Public Choice, 1986, 48(1): 3-25.

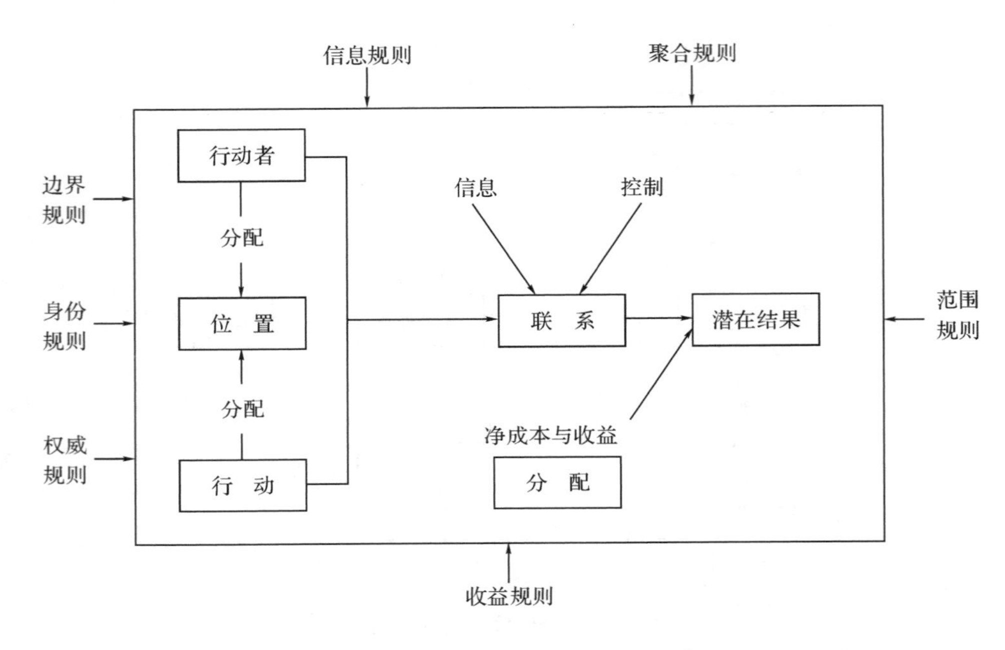

图 3-5 影响行动情境的规则结构[①]

需要注意的是，奥氏一再强调"我们并不认为，制度分析与发展是可以被社会科学家用来理解社会秩序问题的唯一框架[②]。"与之相似，由于研究者倾向于依靠框架的第一层次构建研究设计，从而仅仅是从宏观维度对研究予以指导，使得缺乏深入的调研和分析，进而缺乏对框架不同层次间的互动关系的研究[③]。

(二)诊断社会—生态系统(SES)框架

奥斯特罗姆尝试借用信息科学、生物学及医学中的本体论框架(Ontological Framework)，并于 2007 年研制出一套新的诊断方法，即社会—生态系统(Social-Ecological Systems)框架，意指由一个或多个社会系统和生态系统相互关联、相关影响组成的复合系统，用以诊断 CPRs 中人与自然互动关系、分析相互嵌套的复杂系统以及识别影响行动者行为的相关变量(如时间和空间变量)的系统。时至 2009 年，奥斯特罗姆继续对 SES 的诊断框架予以深化，在此前研究的基础上增加了相互作用(Interactions)中的"自组织行为"和"网络关联行为"两项，并在结果(Outcomes)中增加了"社会表现力衡量"和"生态表现力衡量"的可持续发展指标，由此构建了 SES 可持续发展的分析框架。[④]

---

① Ostrom E. Understanding Institutional Diversity[M]. Princeton, NJ: Princeton University Press, 2005: 189.

② [美]埃莉诺·奥斯特罗姆，罗伊·加德纳，詹姆斯·沃克. 规则、博弈与公共池塘资源[M]. 王巧玲，任睿，译. 西安：陕西人民出版社，2011：52.

③ 王亚华. 对制度分析与发展(IAD)框架的再评估[A]//巫永平. 公共管理评论[C]. 北京：社会科学文献出版社，2017(1)：15.；王亚华. 增进公共事物治理：奥斯特罗姆学术探微与应用[M]. 北京：清华大学出版社，2017：179-192.

④ Ostrom E. A General Framework for Analyzing Sustainability of Social-Ecological Systems[J]. Science，2009，325(5939)：419-422.

简单概括，这一框架全景式地描绘了一幅资源管理的状况：在广泛的社会、政治、经济以及相关生态系统中，资源占用者(U)从资源系统(RS)内部提取资源单位(RU)，并依据治理系统(GS)所制定的规则和程序，用以维持资源系统的持续运转(详见图3-6)。在这一基础上，波蒂特、詹森和奥斯特罗姆将SES纳入实证研究之中，从而识别出12个影响自主治理的常见变量①。由此可知，SES框架重在分析、挖掘不同层次的变量要素，以及它们之间横向与纵向的互动关系。

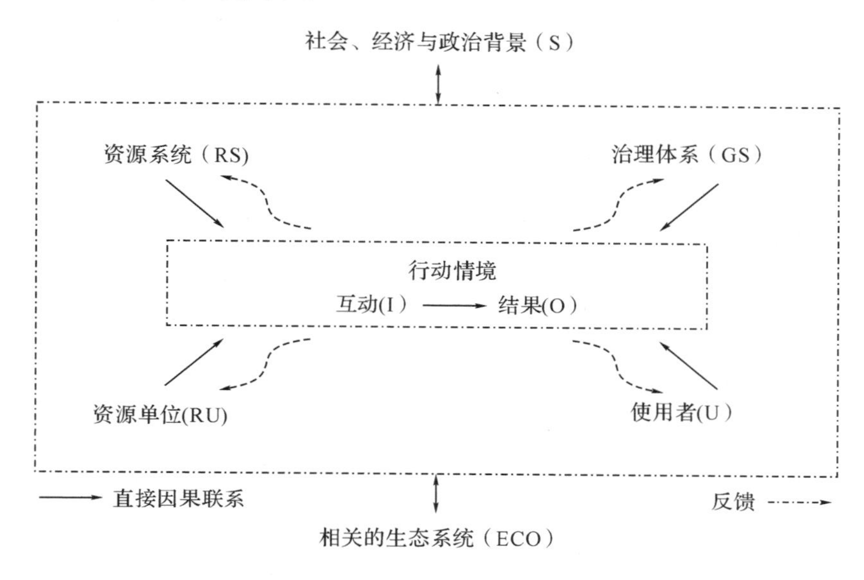

图3-6 社会—生态系统的框架(第一层)②

可以说，SES框架为理解和诊断社会生态系统的复杂性提供了多变量组合的解释工具，这正如王亚华认为的，SES框架代表了新一代社会科学发展方向，即提供全局性的认知框架和系统的变量检查，为诊断社会生态系统复杂性提供科学的指引。③ 不仅如此，由于SES内部变量之间存在较为复杂的关联机制，因此克服SES框架牵涉的诸多问题，必须超越可预测的简单模型，需要对其展开细致的诊断分析。总之，在“社会—生态系统”内部，“社会端”(social side)涉及的变量包括资源使用者的人数、社会经济属性、占用的历史、地理位置、领导风范、共享的文化规范、对生态系统的认知、可获得的信息与技术等。而上述诸多因素，又与“生态端”(ecological side)的相关变量密切联系。因此需要决策者从宏观层面审视系统中的“社会端”和“生态端”的变量及其相互的影响，进而寻找影响结果的关键变量，从而将宏观因素与微观变量进行有效整合，并促使这一分析框架趋向多

① Amy RP, Marco A J and Ostrom E. Working Together: Collective Action, the Commons and Multiple Methods in Practice[M]. Priceton, NJ: Priceton University Press, 2010.

② Ostrom E. A diagnostic approach for going beyond panaceas[J]. Proceeding of the National Acad emy of Sciences of the United States of America, 2007, 104(39): 14-18.

③ Wang Y. Towards a New Science of Governance[J]. Transnational Corporations Review, 2010, 2(2): 87-91.

元化。

（三）组合 IAD-SES 分析框架

制度分析和发展框架（IAD）和社会生态系统分析框架（SES）各有优缺点，IAD 对生物物理属性关注度不足，SES 虽然突出了生物物理属性的作用，但是研究的资源状态是静态的单一时间点。为了克服这些缺点，Cole 等将 SES 框架中的变量完全整合到 IAD 框架中，设计出了“IAD-SES 框架”（图 3-7）。组合 IAD-SES 框架是一种采用动态方式识别和诊断社会生态系统的多层分析工具，同时具备 IAD 框架的动态分析优势，还突出了 SES 框架的生物物理属性，组合 IAD-SES 框架非常适合分析制度演化与变迁中的具体驱动因素，以及在这种制度演化与变迁中的阶段性效果。

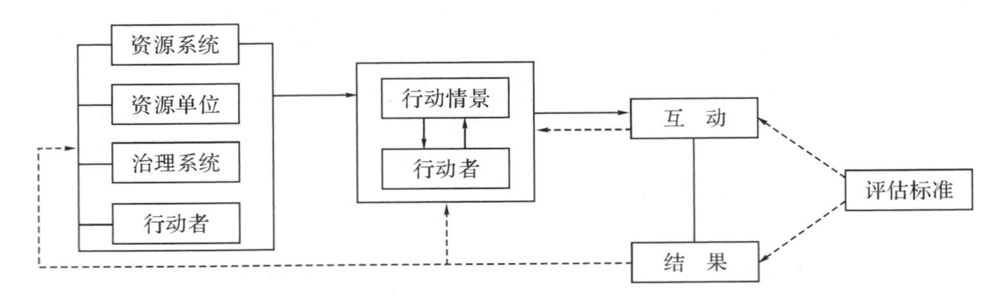

图 3-7 组合 IAD-SES 框架

尽管两者分析框架有所类似，但其中还是有较大的差异。前者针对社会生态系统的具体应用问题，并提供了更为丰富的构成组件和更加精细的变量列表，后者是人类社会行为的一般性分析框架，其适用的范围更为宽泛。有学者认为随着 SES 框架的兴起，这一框架在公共事物领域尤其是 CPRs 的研究中能够替代 IAD 框架。[①] 可以说，SES 框架为不同学科门类之间有关公共资源管理的综合提供了“统一的语言”。因而，SES 框架作为 IAD 框架在社会生态系统领域的具体应用和升级，能够对 CPRs 领域提供更有针对性和精确的制度诊断分析。国内有学者认为，“SES 框架是基于制度分析与发展（IAD）框架升级而来的，并特别适用于公共池塘资源的研究，可谓是综合奥斯特罗姆一生公共事物研究的集大成理论之作”[②]。

---

① 王亚华.对制度分析与发展（IAD）框架的再评估[A]//巫永平.公共管理评论[C].北京：社会科学文献出版社，2017(1)：20.

② 王亚华.诊断社会生态系统的复杂性：理解中国古代的灌溉自主治理[J].清华大学学报（哲学社会科学版），2018(2)：179.

第二节　多中心治理理论分析海洋环境的适用性

一、海洋与海洋环境

（一）海洋

海洋孕育了生命，联通了资源，促进了发展。我国是一个海洋大国，拥有狭长的海岸线和丰富的海洋资源，是经济发展的重要战略支撑。新中国成立特别是改革开放以来，我国对海洋越来越重视，不断推进海洋事业的发展，对其环境保护的认识和能力也在不断加深。党的十九届五中全会提出，坚持陆海统筹，发展海洋经济，建设海洋强国，要求我们从全面建设社会主义现代化国家的战略全局关心海洋、认识海洋、经略海洋。经过多年的探索和实践，无论是海洋经济、海洋生态建设还是海洋资源开发与利用、海洋创新能力等都取得了一定的成果。

（二）海洋环境

党的十九届三中全会审议通过《深化党和国家机构改革方案》，明确将海洋环境保护职责整合到新组建的生态环境部，这是以习近平同志为核心的党中央立足新时代增强陆海污染防治协同性和生态环境保护整体性做出的重大决策部署。随着机构职能的明确，渤海海域综合治理、“蓝色海湾”整治行动等一系列海洋项目和政策先后制定实施。当前，随着经济社会的快速发展，我国管辖海域的海水质量总体呈向好趋势，但部分海洋环境问题仍然较为突出，例如海洋资源的滥用、沿海近岸污染严重、海水富营养化、生态环境破坏等等。因此，对海洋环境治理需要做到以下几点：

1. 自然属性与社会属性相统一

海洋环境是广义与狭义之分。狭义层面上的海洋环境仅仅指它的自然属性，依据韩德培先生的定义，“海洋环境指的是地球表面除内陆水域以外的连成一片的海和洋的总水域。包括海水水体、海洋生物，海底、海岸和海水表层上方的空间等组成的自然综合体，溶解和悬浮于海水中的物质、海底沉积物属于海洋环境的组成部分，还包括入海河口区域、滨海湿地和与海岸相连等相关活动的沿海陆地区域”[①]。而广义的海洋环境不仅包括自然属性，还应包含海洋环境的社会属性，即在海洋环境治理中，人为因素也是重点考虑部分，例如，国内学者鹿守本认为，“海洋环境指的是以人类生存与发展为中心，相对其存在并产生直接或者间接影响的海洋自然和非自然的全部要素的整体”[②]。因此，我们需要厘清海洋环境治理对象的特征属性。传统的海洋环境治理，我们只看到海洋环境的自然属

① 韩德培．环境保护法教程[M]．北京：法律出版社，2005.

② 鹿守本．海洋管理通论[M]．北京：海洋出版社，1997.

性，导致对海洋环境的认识不足，更多停留在对海洋环境的事后管理与修复，没有动态地进行治理。本书认为应该将海洋环境的自然属性与社会属性综合考虑，既要对海洋环境的指标进行检测，同时还应规范人的经济行为，实现人海和谐相处。

2. 多元主体参与的多中心治理体系

2017 年 12 月 9 日召开的中国环境与发展国际合作委员会 2017 年会——全球海洋治理与生态文明分论坛上，挪威气候与环境大臣赫尔格森指出："海洋治理首先全球要达成共识，利用各自的资源；其次就是要有一个治理框架，要研究机构、公司、政府等利益相关者共同参与。"[①]治理与管理一字之差，最明显的区别在于治理需要多方主体的参与。放眼望去，无论是中国还是世界，对海洋环境治理的主体还是以政府力量为主，单纯靠权力的命令与下放容易导致信息的不对称、组织间信任不强、效率不足等弊端。因此，海洋环境治理不应只靠政府，更应发挥非政府组织、甚至每个公民的力量。

二、多中心治理理论分析海洋环境治理的契合性

多中心治理要求要有多个治理中心共同处理和解决公共事务。海洋环境治理作为一种公共事务，同样存在着多个治理中心。关于多中心主体划分，有学者主张用"国家—市场—社会—公民"四分法[②]，但这种划分强调公民力量的强大。现阶段，我国社会组织还处于发展阶段，公民意识、公民力量等还未能发育完善，还需要依靠社会资源逐步发展起来，因此，这里采用"国家（政府）—市场—社会"三分法，其中社会亦包括公民力量。这三大中心互相合作、互相配合，发挥各自的优势，共同对海洋环境进行治理。

（一）政府

这里的政府不仅包括地方政府，还包括中央政府，它们作为国家执行机关，理应符合国家利益。政府掌握着海洋环境治理的核心资源，通过行政命令、指导等手段，实现海洋环境治理。政府作为非营利性质的公共部门，在多中心的模式下，应注意其他主体的发挥，从过去的单一主体转变为多主体治理的模式，避免权力的高度集中。

（二）市场

市场一般以营利为目的，以实现利益的最大化。以企业为例，一方面，企业需要政府的监管，一些企业环保意识不强，仍然在破坏海洋环境，因此政府需要建立健全相应的制度加以规范。另一方面，企业也需要与政府加强合作，促进合作伙伴关系。政府可以通过向企业购买服务、外包等形式，推进海洋环境治理，因此，海洋环境的改善也需要企业出份力。

（三）社会

主要指社会组织和公民。"虽然公民参与环境保护不一定成功，但是缺乏有效的公众

① "全球海洋治理与'蓝色伙伴关系'"学术研讨会在青岛顺利举办[J]. 太平洋学报，2018，26(9)：2.

② 杜常春. 环境管理治道变革——从部门管理向多中心治理转变[J]. 理论与改革，2007(3)：22-24.

参与的环境保护制度注定要失败。”[1]海洋环境与公民生活息息相关，一定程度上会影响人们的日常生活。海洋环境治理若单靠政府或市场难免会出现“失灵”现象，因此需要公民力量的加入，弥补政府和市场的不足。同时，社会组织作为一种非营利性组织，也掌握着一定的资源，可以在政府、市场、公民之间搭建桥梁，实现资源的有效配置。

多中心治理理论一个重要的特点是认为多个中心之间地位是平等的。但在我国的语境下，一方面企业追逐利益的本质导致其始终把经济利益放在首位，另一方面，我国社会组织起步较晚，现阶段力量还不够强大，同时公民相关的环保意识、主动作为的意识还有待提升，因此，在我国海洋环境治理中，需要灵活运用多中心治理，换言之，需要发挥政府的统领和主导作用，配合市场与社会的力量，从而促进海洋环境的有效治理。

第三节　多中心治理理论分析海洋环境治理的已有研究

从目前已有文献看，国外学者主要运用多中心治理理论来分析区域海洋环境、资源开发与利用、生态环境的修复等方面，其中分析区域海洋环境的研究相对较多。而国内学者主要研究运用多中心治理理论来解决实际海洋环境问题，也有不少学者对该理论的框架、内涵等进行剖析。

一、国外研究现状

国外学者主要运用多中心治理理论来分析区域海洋环境、资源开发与利用、生态环境的修复等方面，同时还分析海洋环境治理中的多中心理论的内容、适应性、发展历程等。

Joanna Vince(2017)在其文章中指出，将治理解决方案与科学专业知识相结合，可以提供一种全面、综合的方法来减少进入海洋的垃圾和废物，因此需要一种利用科学专门知识、社区参与和基于市场的战略的整体、综合的方法来显著减少全球海洋环境问题。[2] 文中作者运用多中心理论，分析了该理论在海洋环境治理中可以提供哪些治理手段和方法。Camille Maze(2017)在文章中提出了一种创新的协作方法，旨在将海洋政治人类学领域与自然科学相结合，加强和制度化，以更好地探索沿海社会生态系统的系统管理。[3] 同时，作者还指出多中心治理在全球海洋环境治理发挥着重要作用，为海洋环境治理中的国际合作、区域间合作提供了方法。

关于海洋资源的开发与利用，Daria Gritsenko(2018)在文中通过考察波罗的海区域

---

① 张玉林. 环境与社会[M]. 北京：清华大学出版社，2013.

② Vince J and Hardesty B D. Plastic pollution challenges in marine and coastal environments: from local to global governance[J]. Restoration Ecology, 2017, 25(1): 123-128.

③ Mazé C, Dahou T, Ragueneau O, et al. Knowledge and power in integrated coastal management. For a political anthropology of the sea combined with the sciences of the marine environment[J]. Comptes Rendus Geoscience, 2017, 349(6-7): 359-368.

液化天然气的开采情况，强调政策成果不仅受重点行动情况（一个政策领域和/或一个国家）内的行为者的影响，而且受不同决策环境之间职能相互依存关系的结合的影响，因而有助于理解能源基础设施治理的复杂性。① 从而指出关于海洋资源的开发，国家、市场、社会组织（NGO）应各自发挥自己的作用。

多中心治理为海洋生态环境修复提供了一个新的理论视角。Rebecca L. Gruby、Xavier Basurto（2014）以帕劳保护区为例，指出整体嵌套治理系统中分布较少的决策可能通过限制机构创新和多样性而威胁海洋生态环境的长期可持续性和复原力，因此在对政府机构改革中要遵循多中心治理的制度安排。② David Vousden（2015）在文中指出可以通过在各国政府、区域机构、海洋工业其他海洋利益攸关方之间建立可行的伙伴关系和联盟来实现有效的生态系统管理，从而形成一种全面综合和共享的管理办法，实现自我监管。③

另外，Patrick Debeles（2016）以加勒比海域为例，分析如何将多中心治理理论运用其中，并指出国家和区域行为体应对地方行动进行投资，并提供技术、财政和业务支助，将地方岛屿一级的行动与区域网络联系起来，以便在全区域学习、采用和扩大。还需要对加勒比大型海洋生态系统内，小岛屿发展中国家的环境和可持续发展作出努力，这将依靠向多中心治理方法的范式转变，将各级利益攸关方聚集在一起。④ Jacques Abe（2016）在文中针对几内亚湾地区海洋环境治理，作者提出要建立多中心的治理模式：沿岸16个西非国家的信任伙伴关系，以一个常设委员会取代几内亚临时电流委员会作为协调机制，以提升合作治理水平。⑤

二、国内研究现状

国内许多学者主要从多中心治理理论运用于海洋环境治理所体现的相关特征进行分析：例如主体多方多元性，各主体间的关系等。吴玉宗（2012）在文中指出，我国已进入海洋经济发展新时代，要加强对海洋环境的监管，同时还需要企业、社会多元治理主体的共同努力。⑥ 杨妍、黄德林（2013）以康菲公司溢油事件为例，认为海洋环境的监管必须建立

---

① Gritsenko D. Explaining choices in energy infrastructure development as a network of adjacent action situations: The case of LNG in the Baltic Sea region[J]. Energy Policy, 2018, 112: 74-83.

② Gruby R L and Basurto X. Multi-level governance for large marine commons: politics and polycentricity in Palau's protected area network[J]. Environmental science & policy, 2014, 36: 48-60.

③ Vousden D. Large marine ecosystems and associated new approaches to regional, transboundary and 'high seas' management[M]//Research Handbook on International Marine Environmental Law. Edward Elgar Publishing, 2015.

④ Chen S and Ganapin D. Polycentric coastal and ocean management in the Caribbean Sea Large Marine Ecosystem: harnessing community-based actions to implement regional frameworks[J]. Environmental Development, 2016, 17: 264-276.

⑤ Abe J, Brown B, Ajao E A, et al. Local to regional polycentric levels of governance of the Guinea current large marine ecosystem[J]. Environmental development, 2016, 17: 287-295.

⑥ 吴玉宗. 简论加强海洋经济发展中的环境监管[J]. 宁波大学学报（人文科学版），2012，25(1)：66-70.

多中心协同监管的体系，政府、社会组织、新闻媒体和人民群众都是监管的主体，只有他们之间形成相互分工、相互补充的协同关系，才能共同维持海洋经济发展中的环境保护职能。[①] 全永波(2017)指出海洋环境治理的多中心模式即为政府、企业、社会公众等多元主体构成开放的整体性和治理结构，同时权力运行既要有“自上而下”，也要有“自下而上”，还应扩展主体间的网络关系。[②]

还有部分学者在海洋环境治理中，分析多中心治理各主体的角色定位、制度安排、治理结构等方面。宁凌，毛海玲(2017)在文中指出，在海洋环境治理中，政府、企业、公众应发挥各自的角色：政府应是海洋环境治理中的掌舵者、服务者和调节者；企业应是其中的积极参与者；而公民应是参与者和监督者[③]。刘桂春，张春红(2012)以辽宁沿海经济带为例，运用多中心模式分析辽宁沿海经济带环境治理存在的问题及其原因，构建该区域的多中心治理模式，指出政府、企业、社会公众和环境 NGO“五元主体”是相辅相成、缺一不可的。[④] 娄成武等(2015)以海水养殖为例，分析过去政府单一管理模式的弊端，指出要将“政府—渔民”双方博弈的现状转为多主体共同治理；从多元渔业政策决策主体结构的构建中摒弃政府单中心决策的“路径依赖”，在以多元治理主体为导向、以“协作性治理”为模式的治理理论指导下，构建出海水养殖多元主体治理模式。[⑤]

此外，还有一些学者认为将多中心治理理论应用于海洋环境治理具有相应的优势。郑苗壮等(2017)指出在多中心治理的现代海洋生态环境治理体系中，要求不断完善制度，理顺体制和机制，用制度保护海洋生态环境，形成政府、企业和社会公众多中心主体共同参与决策和实施的制度安排。[⑥] 陈莉莉(2013)指出要形成多元多维治理网络，构建有利于政府、公众、企业、非政府环境保护组织合作的制度环境，实现长三角海域多中心合作治理的有效运行，最终走上政府、企业、公众、非政府组织多方的合作治理之道。[⑦] 沈满洪(2018)指出多中心治理机制的构建需要充分考虑以企业为主体的市场机制、以政府为主体的政府机制、以公众和非政府组织为主体的社会机制的职责分工及其相互制衡。[⑧]

---

① 杨妍，黄德林. 论海洋环境的协同监管[J]. 东华理工大学学报(社会科学版)，2013，32(4)：454-458.

② 全永波. 海洋环境跨区域治理的逻辑基础与制度供给[J]. 中国行政管理，2017(1)：19-23.

③ 宁凌，毛海玲. 海洋环境治理中政府、企业与公众定位分析[J]. 海洋开发与管理，2017，34(4)：13-20.

④ 刘桂春，张春红. 基于多中心理论的辽宁沿海经济带环境治理模式研究[J]. 资源开发与市场，2012，28(1)：75-79.

⑤ 娄成武，王晓梅，同春芬. 基于治理理论的海水养殖多元主体治理模式初探[J]. 中国海洋大学学报(社会科学版)，2015(3)：1-5.

⑥ 郑苗壮，刘岩，裘婉飞. 论我国海洋生态环境治理体系现代化[J]. 环境与可持续发展，2017，42(1)：37-40.

⑦ 陈莉莉. 长三角海域海洋环境合作治理之道及制度安排[J]. 浙江海洋学院学报(人文科学版)，2013，30(3)：17-22.

⑧ 沈满洪. 海洋环境保护的公共治理创新[J]. 中国地质大学学报(社会科学版)，2018，18(2)：84-91.

刘聪(2017)[①]、王琪等(2014)[②]、王震(2015)[③]等学者还以渤海为例，分析在渤海治理过程中出现的问题，都强调需要加强部门间的关系，提高相关政府间的协调能动性，从而加强对渤海海域的治理。

三、文献述评

从上述来看，目前国内外普遍认为用多中心治理理论应用于海洋环境治理具有合理性和可操作性。国外学者运用多中心治理理论分析区域海洋环境的研究相对较多，但从整个全球范围内进行分析或者对海洋环境治理中相关利益博弈的分析研究还有所欠缺。我国学者对多中心治理理论的内涵、制度框架、应用于海洋环境治理的适用性等也做了相关研究，但不足在于对市场以及社会这两大主体的研究还相对较少，如何积极发挥这两大主体的作用，明确职责范围等还有待加强。

因此，之后的研究可从市场和社会的角度分析如何发挥这两者的最大效用，配合政府积极投入到海洋环境治理中，以及如何设计出符合现实的路径图，使得三大主体之间的关系能够进一步加强，共同提升海洋环境治理的能力和水平。此外，在实际分析运用多中心治理理论时，要充分结合我国国情，结合地方特色，不可生搬硬套，囫囵吞枣。

---

① 刘聪.环渤海水域污染及其治理研究[A]//辽宁省法学会海洋法学研究会.辽宁省法学会海洋法学研究会2016年学术年会论文集[C].辽宁省法学会海洋法学研究会，2017：9.

② 王琪，赵海.基于复合生态系统的渤海环境管理路径研究[J].海洋环境科学，2014，33(4)：619-623.

③ 王震，李宜良，赵鹏.环渤海地区海洋渔业经济可持续发展对策研究[J].中国渔业经济，2015，33(1)：38-43.

第四章　海洋环境治理理论二：治理网络理论

第一节　治理网络理论概述

治理网络研究是一个全新的领域，它的发现不是建立在科层的形式，而是基于多元公共部门、准公共部门和私人部门的多元协调的治理形式。因此，跨组织关系在 1970 年代就已经成为中心的研究主题[①②]，而组织利益中的水平网络在公共政策和治理中的出现是在 1990 年代。Marin，Mayntz 和 Kooiman 的编辑著作在促进治理网络研究方面发挥了关键作用[③④]。这些广为流传的书籍很快被 Scharpf，March 和 Olsen，Rhodes 和 Kickert 等人的同等影响力的著作跟进[⑤⑥⑦⑧]。最近，由 Heffen，Pierre 和 Peters，Bang，Hajer 和 Wagenaar 等著作文献进一步巩固了治理网络研究的领域[⑨⑩⑪⑫]，该领域现已成为公共管理领域的重要研究领域。简而言之，促使治理网络研究兴起的论点是，被定义为试图实现预期结果的政策是治理过程的结果。该过程不再受政府的完全控制，而是服从于广泛的

---

① Evan W M. Organization theory: Structures, systems, and environments[M]. John Wiley & Sons, 1976.

② Heclo H and King A. Issue networks and the executive establishment[J]. Public Adm. Concepts Cases, 1978, 413(413): 46-57.

③ Marin B and Mayntz R. Policy networks: Empirical evidence and theoretical considerations[M]. Frankfurt a. M: Campus Verlag, 1991.

④ Kooiman J. Modern governance: new government-society interactions[M]. Sage, 1993.

⑤ Scharpf F W. Games real actors could play: positive and negative coordination in embedded negotiations[J]. Journal of theoretical politics, 1994, 6(1): 27-53.

⑥ March J G. Democratic governance[M]. The Free Press, 1995.

⑦ Rhodes R A W. Understanding governance: Policy networks, governance, reflexivity and accountability [M]. Open University, 1997.

⑧ Kickert W. Complexity, governance and dynamics: conceptual explorations of public network management [J]. Modern governance, 1993: 191-204.

⑨ Heffen O V and Klok P J. Institutionalism: state models and policy processes[A]//Governance in Modern Society[C]. Springer, Dordrecht, 2000: 153-177.

⑩ Pierre J and Peters B G. Governance, politics and the state. New York: St[J]. Martin's, 2000.

⑪ Bang H P. Governance as social and political communication[M]. Manchester University Press, 2003.

⑫ Hajer M. Policy without polity? Policy analysis and the institutional void[J]. Policy sciences, 2003, 36(2): 175-195.

政府之间的谈判，构成了特定形式的监管或协调模式的公共，半公共和私人生产的范围[①]。正是这种多中心的协调模式在文献中被称为治理网络。

如今，也许比以往任何时候都更加清楚，公共政策和治理并非完全由中央或地方政府和官僚机构制定。治理机制的选择不仅限于国家，市场或社会组织的制度秩序之间的选择。三个机构命令为生产和协调公共政策，执行新计划以及监管计划的日常治理提供了最佳机制。相关激烈的思想和学术辩论正受到跨越国家、市场和社会组织的治理网络广泛传播的挑战。因此，一个日益复杂、分散和多层次的社会的发展揭示了国家，市场或社会组织的局限性，并强调了基于多个相关和受影响的参与者之间的交叉谈判而建立的治理网络的优势。治理网络因其能够找到协商解决方案以解决恶性政策问题，并协调不同参与者、政策部门和监管规模的行动而受到赞誉[②]。本文主要从治理网络的提出和发展、内涵、主要特征、意义几个方面进行具体介绍。

一、治理网络理论的提出和发展

治理网络的想法并不是突然出现的，而是建立在悠久的传统上。治理网络的最新理论显然建立在跨越至少40年的组织科学，政治科学和公共管理的历史之上。政策网络研究强烈基于政治科学的传统，该传统侧重于参与政策网络决策的参与者和有权力并拥有决策权的参与者。这方面的工作可以追溯到1960年代关于权力的著名讨论[③]。这一传统在议程形成[④][⑤]和子系统或次政府[⑥]的研究中继续，并在1980年代被英国的政策社区和政策网络研究所采用。1990年代组织间服务交付和政策实施的研究传统起源于组织理论，并采用组织间的观点[⑦]。它在组织科学方面有着悠久的传统，始于组织间协调的早期工作[⑧]。它假定组织需要其他组织的资源来维持生存，并因此与这些组织进行交互（从而形成网络）。在第二种观点下，注意力主要集中在更复杂的服务上。网络被视为服务交付

① Mayntz R. Governing failures and the problem of governability: some comments on a theoretical paradigm [M]//Modern governance: New government-society interactions. Sage, 1993: 9-20.

② Klijn E H and Koppenjan J. Governance network theory: past, present and future[J]. Policy & Politics, 2012, 40(4): 587-606.

③ Dahl R A. Who governs?: Democracy and power in an American city[M]. Yale University Press, 2005.

④ Cobb R W and Elder C D. Individual orientations in the study of political symbolism[J]. Social Science Quarterly, 1972: 79-90.

⑤ Kingdon J W and Stano E. Agendas, alternatives, and public policies[M]. Boston: Little, Brown, 1984.

⑥ Freeman J L and Stevens J P. A theoretical and conceptual reexamination of subsystem politics[J]. Public policy and administration, 1987, 2(1): 9-24.

⑦ Rhodes R A W. Beyond Westminster and Whitehall: The sub-central governments of Britain[M]. Taylor & Francis, 1988.

⑧ Whetten D A and Rogers D L. Interorganizational coordination: Theory, research, and implementation[M]. Iowa State University Press, 1982.

和实施的工具。该研究传统的重点在于协调（机制）以及具体产品和成果的创造[①]。关于网络管理的研究第三种传统主要可以放在公共行政部门内。它着重于通过网络解决公共政策问题，强调了实现政策成果所涉及的决策的复杂性。这项研究出现在1970年代，涉及组织间决策和实施的研究[②]。它着重于涉及政策倡议和实施的现有网络，以及重构和改善其中正在发生的网络和决策过程[③④]。它还解决了参与者之间的审议过程，包括当参与者试图为政策问题寻求可行的解决方案时可能出现的结果和价值冲突。遵循第三种传统的研究人员比其他两种研究传统更多地认为，网络中的治理过程是（后）现代网络社会发展的结果，并且与之共同发展[⑤]。这些传统实际上都专注于不同类型的网络。政策网络传统着重于国家与利益集团之间的关系（以及对公共政策制定的影响），服务提供和实施传统着重于在分散的环境中提供公共服务时的协调问题，网络管理的传统是通过相互依赖的参与者之间的横向协调，致力于解决复杂的政策问题。尽管存在这些差异，但所有传统都广泛使用"网络"一词，并着重于参与者（主要是组织）之间的横向协调机制。它们在参与者之间的关系上具有共同的利益，并认为结果和绩效是由多种参与者之间的相互作用而不是仅由一个参与者的行为和政策所产生的。从这个意义上讲，所有三种传统都倾向于将分析范围扩大到政策和政策计划得以产生和持续的背景。

现有的治理网络的相关研究经历了两代的发展。第一代治理网络研究让我们确信新的事情正在发生。因此，它主要关注解释为什么形成治理网络，它们与国家的等级规则和市场的无政府状态有何不同，以及它们如何在不同的政策领域和不同的监管级别为有效和积极的治理做出贡献。第一代在将网络治理的兴起与新的社会趋势联系起来方面做得非常出色；分析不同国家，政策领域和不同层次上的治理网络的形成和功能，以及充实治理网络相对于国家和市场的独特特征[⑥⑦]。第二代治理网络的研究议程已经超出了第一代治理网络研究的关注范围。治理网络不再代表新奇的事物，相反，它们是我们必须与之相处并充分利用的东西。在这一阶段，新的和尚未解决的问题浮出水面，并构成了第二代

---

① Hjern B and Porter D O. The Ties That Bind? Networks, Public Administration, and Political Science[J]. Organization Studies, 1981, 2(3): 211-27.

② Hanf K and Scharpf F W. Interorganizational policy making: limits to coordination and central control[M]. Sage Publications, 1978.

③ Kaufman J and Zigler E. Do abused children become abusive parents? [J]. American journal of orthopsychiatry, 1987, 57(2): 186-192.

④ Marin B and Mayntz R. Policy networks: Empirical evidence and theoretical considerations[M]. Frankfurt a. M.: Campus Verlag, 1991.

⑤ Castells M. Materials for an exploratory theory of the network society1[J]. The British journal of sociology, 2000, 51(1): 5-24.

⑥ Jessop B. The rise of governance and the risks of failure: The case of economic development[J]. International social science journal, 1998, 50(155): 29-45.

⑦ Rhodes R A W. The new governance: governing without government[J]. Political studies, 1996, 44(4): 652-667.

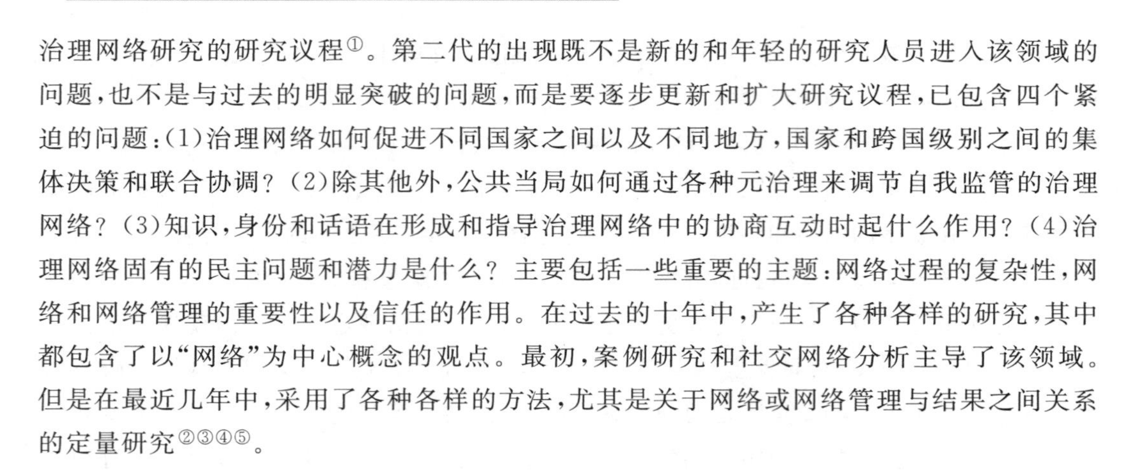
治理网络研究的研究议程[1]。第二代的出现既不是新的和年轻的研究人员进入该领域的问题，也不是与过去的明显突破的问题，而是要逐步更新和扩大研究议程，已包含四个紧迫的问题：(1)治理网络如何促进不同国家之间以及不同地方，国家和跨国级别之间的集体决策和联合协调？(2)除其他外，公共当局如何通过各种元治理来调节自我监管的治理网络？(3)知识，身份和话语在形成和指导治理网络中的协商互动时起什么作用？(4)治理网络固有的民主问题和潜力是什么？主要包括一些重要的主题：网络过程的复杂性，网络和网络管理的重要性以及信任的作用。在过去的十年中，产生了各种各样的研究，其中都包含了以"网络"为中心概念的观点。最初，案例研究和社交网络分析主导了该领域。但是在最近几年中，采用了各种各样的方法，尤其是关于网络或网络管理与结果之间关系的定量研究[2,3,4,5]。

二、治理网络理论的内涵

对政府权力的质疑导致了治理概念的广泛传播。经济、社会以及政治参与者复杂的相互作用促使了网络隐喻的使用。今天所有人都在讲治理和网络，以至于这些术语太空泛，似乎可以涵括许多不同的现象。比如，治理概念在世界银行中是关于善治的建议；在跨国关系讨论中是关于没有政府治理的可能性；在私人部门领域是企业治理的新形式；同时也是新公共管理流派中的核心话语；更常见的是通过治理概念尝试构建公私合作伙伴关系的新模式[6]。网络的概念同样也是受欢迎的术语。当今时代，我们每时每刻都生活在网络社会中[7]，如通信网络、企业间网络、社交网络、专业网络、跨境网络、恐怖网络和以网络为中心的战争等[8]。网络概念对于当代治理的实践和理解都是至关重要的，但学界也开始出现了混淆不同相关概念的趋势。尤其是"政策网络"(PN)和"治理网络"(GN)的概念经常互换使用，不加选择地借用概念，未能认识到特定网络理论的不同先例和其独特

① Pierre. Debating governance: Authority, steering, and democracy[M]. OUP Oxford, 2000.

② Meier K J, O'Toole Jr L J, Boyne G A, et al. Strategic management and the performance of public organizations: Testing venerable ideas against recent theories[J]. Journal of public administration research and theory, 2007, 17(3): 357-377.

③ Kenis P and Provan K G. Towards an exogenous theory of public network performance[J]. Public administration, 2009, 87(3): 440-456.

④ Klijn E H, Steijn B and Edelenbos J. The impact of network management on outcomes in governance networks[J]. Public administration, 2010, 88(4): 1063-1082.

⑤ Lewis J M. The future of network governance research: Strength in diversity and synthesis[J]. Public Administration, 2011, 89(4): 1221-1234.

⑥ Kersbergen K and Waarden F. 'Governance' as a bridge between disciplines: Cross-disciplinary inspiration regarding shifts in governance and problems of governability, accountability and legitimacy[J]. European journal of political research, 2004, 43(2): 143-171.

⑦ Castells M. The space of flows[J]. The rise of the network society, 1996, 1: 376-482.

⑧ Jessop B. Liberalism, neoliberalism, and urban governance: A state-theoretical perspective[J]. Antipode, 2002, 34(3): 452-472.

的分析方法[①]。从历史的角度解释两者的不同，PN发展于1960年代在美国和英国开发的“政策程实践共同体”、“铁三角”、“议题网络”等不同的传统方法，它们是对国家整体单一控制政策过失效的回应。他们声称政策制定是在特定政策领域的子系统中进行的，该子系统由处理特定政策问题的可变数量的参与者组成。从这个角度来看，网络并不是什么新鲜事物，而是政策制定的长期特征。网络通常被表示为描述政策制定方式的隐喻[②]。因此，从GN的政策流派去定义：治理网络是尝试去实现有意义的结果。政策是治理过程的结果，不再是全部由政府掌控，而是一群公共、准公共、私人行动者之间的协商[③]。它们的这种协调促进相对问题的政策促进模式，构建特定的协商模式和法规。相反，GN的文献倾向于将网络描述为一种新兴的国家治理范式。从这个意义上来讲，GN被表示为历史序列的一部分，在该序列中，治理网络开始取代或至少挑战与社会民主福利国家相关的治理层级形式和新自由主义新公共管理的市场形式[④]。在过去的十年中，关于社会治理是否以国家或市场为基础的激烈的意识形态辩论一直受到社会治理新发展的挑战。因此，为了补偿国家监管和市场监管的局限性和失败，通过形成公私伙伴关系、战略联盟、对话小组、协商委员会和组织间网络的新形式的谈判治理已经如雨后春笋般出现，不同学派的理论家们也开始对治理网络注入自身独特的解释。本文主要从相互依赖理论、治理能力理论、整合理论、政府性理论四个方面出发，去回顾治理网络的基本内涵的发展。

（一）相互依赖理论

是在与社团主义和政策网络理论进行批判性对话后发展起来的，并且与历史制度主义具有一定的关联性。它将治理网络定义为组织之间的媒介，在相互依存但相互冲突的参与者之间进行利益调解，每个参与者都有自己的规则和资源基础[⑤]。

（二）治理能力理论

主要是由与科隆的马克斯·普朗克研究所有关的人开发的。它从对治理社会变化的条件的实证研究开始，并且与理性选择制度主义有一定的联系。它把治理网络定义为在不同谈判游戏中或通过不同谈判游戏进行交互的自治参与者之间的横向协调。治理网络的形成被视为对日益增加的社会复杂性，动态和多元化的一种功能性反应，有效地提升治理社会的能力。

（三）整合理论

是组织政治学和社会经济法规的社会学研究的名称，这种研究发生在日益瓦解的政

① Blanco I, Lowndes V and Pratchett L. Policy networks and governance networks: Towards greater conceptual clarity[J]. Political studies review, 2011, 9(3): 297-308.

② Adam S and Kriesi H. The network approach[J]. Theories of the policy process, 2007, 2: 189-220.

③ Marsh D and Rhodes R A W. Policy networks in British government[M]. Clarendon Press, 1992.

④ Sørensen E and Torfing J. Network governance and post-liberal democracy[J]. Administrative theory & praxis, 2005, 27(2): 197-237.

⑤ Kickert, Walter J M, Erik-Hans K, et al. Managing complex networks: Strategies for the public sector[M]. Sage, 1997.

体中。尽管整合理论并不总是被象征主义理论家们完全认可，但整合理论与诠释学和社会建构主义有着一定的相似性。它将治理网络定义为相关行为者和受影响行为者之间相对制度化的互动领域，这些行为者整合在由通用规范和见解定义的社区中[①②]。治理网络可以作为提高社会治理有效性和合法性的手段，但也可以看作是对社会机构的极权主义过度整合和个人主义整合不足的双重问题的规范回应[③④⑤]。

（四）政府性理论

是后结构主义政治哲学家米歇尔·福柯（Michel Foucault）在 1984 年去世前的最后几年发起的一项广泛研究计划的名称。政府性理论侧重于我们如何集体思考和组织社会治理。它探讨了当前的政府性如何趋向于在特定领域、团体和个人的治理中招募多个参与者，从而为特定领域、团体和个人做出贡献进一步促进权力下放和政府机构的多元化并使用具有根际特征的网络，以使用 Deleyze 和 Guattari 的著名隐喻[⑥]。政府性理论本身并不是网络理论，也没有对治理网络的明确定义。但是，它隐含地将治理网络视为一种越来越反省和促进国家动员和塑造自治者的自由行动的尝试。治理网络是对新自由主义未能实现其“更少的国家和更多的市场”这一主要目标的政治回应[⑦]。

从上述定义来看，尽管一些学者对政策网络的看法有所不同，但我们仍可以归纳总结出一些共性的东西。第一，相互依赖但在操作上具有自主性的参与者的相对稳定的横向表达；第二，谁通过谈判进行互动；第三，发生在规则的，规范的，认知的和虚构的断裂中；第四，这是在外部机构设定的范围内进行自我调节；第五，有助于产生公共目的。综上，本文借用 Torfing 的观点将 GNs 定义为“相互依存的，相对稳定的水平关节，但它们相互独立，在操作上具有自主性，在规章性，规范性和认知性框架内相互作用。该框架在外力设定的范围内自我调节，并有助于公共目的的生产”[⑧⑨⑩]。

---

① March J G and Olsen J P. The institutional dynamics of international political orders[J]. International organization, 1998: 943-969.

② Scharpf F W. Economic integration, democracy and the welfare state[J]. Journal of European public policy, 1997, 4(1): 18-36.

③ DiMaggio P J and Powell W W. The iron cage revisited: Institutional isomorphism and collective rationality in organizational fields[J]. American sociological review, 1983: 147-160.

④ Powell W. Expanding the scope of institutional analysis[J]. The new institutionalism in organizational analysis, Chicago, 1991: 183-203.

⑤ Nsson S. Institutions and organizations: by W. R. Scott. Sage Publications, Thousand Oaks, 1995, paperback, 178pp[J]. 1997, 13(3):0-323.

⑥ Deleuze G and Guattari F. A Thousand Plateaus: Capitalism and Schizophrenia[J]. University of Minnesota Press, 1987.

⑦ Foucault M. Power: the essential works of Michel Foucault 1954—1984[M]. Penguin UK, 2019.

⑧ Sprensen E and Torfing J. Theories of democratic network governance[M]. Springer, 2016.

⑨ Dean M. Governmentality: Foucault, power and social structure[M]. Sage, 1999.

⑩ Rose N and Miller P. Political power beyond the state: Problematics of government[J]. British journal of sociology, 1992: 173-205.

三、治理网络理论的特征

早期的治理网络理论家将治理网络视为国家和市场的综合产物，而后来的治理网络理论家则倾向于将治理网络视为一种独特的治理机制，为国家和市场提供了另一种代替方案。因此，治理网络至少通过三种不同的方式将自己与国家的等级控制和市场的竞争性监管区分开来。一是从行动者之间的关系来看，治理网络可以描述为多中心治理系统，而非命令式的国家监管单中心系统和竞争性市场监管的多中心系统。国家监管机制是建立在国家无可争议的中心地位和权力基础之上的，它规定其他人具有明确的权利和义务。竞争性市场监管是建立在无数自利行为者的基础上，它们不受任何共同目的或义务的约束[①]。而相比之下，治理网络就涉及大量的自治且相互依赖的参与者，他们相互影响以产生公共目的。二是从决策角度而言，治理网络是基于反思性的理性，而不是控制命令式国家监管的实质性理性和竞争式市场监管的程序性理性[②]。强制性的国家监管旨在将政府的实质政治价值转化为由公职人员实施的详细法律法规，而竞争性市场监督则依赖于市场之手的无形之力，严格遵守保证自由竞争的规则和程序，形成对等的最优配置。相比之下，治理网络通过反思性互动决策规范各种问题，而这种交互形式涉及多个行动者之间的谈判，以便在面对利益分歧产生冲突时进行联合决策和集体解决。三是确保行动者遵守集体的协商决定，既不是通过国家法律制裁，也不是通过担心人们市场受经济损失。相反，治理网络是通过产生普遍的信任和政治义务来确保，随着时间的流逝，这些信任和政治义务将由自成体系的规则和规范所维持[③]。三种治理机制拥有各自的独特性，以及各自的优缺点。这意味着，根据当前主要的政治任务或政策问题，中央决策者必须基于国家，市场和治理网络之间进行务实有效地选择，或者基于三种不同机制进行正确地排列组合。现如今，我们越来越多地将治理网络视为解决复杂、不确定和充满冲突问题的有效路径，政治学家和决策者们都称赞治理网络对有效治理具体的潜在贡献，这种效率的提高源于治理网络固有的特征。

治理网络具有主动治理的巨大潜能，因为网络参与者可以在相对较早的阶段识别政策问题和新机会，并可以对此做出灵活的应对措施，以适应一些复杂多样的情况[④⑤]。

---

① Kersbergen K and Waarden F. ‘Governance’as a bridge between disciplines: Cross-disciplinary inspiration regarding shifts in governance and problems of governability, accountability and legitimacy[J]. European journal of political research, 2004, 43(2): 143-171.

② Jessop B. The crisis of the national spatio-temporal fix and the tendential ecological dominance of globalizing capitalism[J]. International journal of urban and regional research, 2000, 24(2): 323-360.

③ Nielsen K and Pedersen O K. The negotiated economy: Ideal and history[J]. Scandinavian Political Studies, 1988, 11(2): 79-102.

④ Klijn E H and Koppenjan J F M. Public management and policy networks: foundations of a network approach to governance[J]. Public Management an International Journal of Research and Theory, 2000, 2(2): 135-158.

⑤ Kooiman J and Van V M. Self-governance as a mode of societal governance[J]. Public management an international journal of research and theory, 2000, 2(3): 359-378.

治理网络被视为重要的信息、知识和评估手段，可以帮助和限定政治决策。网络参与者通常具有与决策和公共治理相关的深刻知识，并且当所有参与者知识叠加起来时，它为最终做出有效的可行性方案提供了重要基础[①]。

治理网络为建立共识或至少为文明利益相关者之间的冲突建立了框架。治理网络倾向于发展自己的适当性逻辑，以调节谈判过程，达成基础共识以及解决地方性冲突[②]。

治理网络可以减少政策实施执行抵制的风险，如果由相关的和受政策影响的参与者参与决策过程，他们将倾向于对决策形成共同的责任感和主人翁意识，这将迫使他们最终支持政策实施过程而非阻止[③]。

四、治理网络理论的意义

自提出以来，治理网络理论极大地丰富了公共管理的知识和方法，与其他传统治理理论相比，治理网络具有明显的几个优势意义：提供了新的治理机制、促进公共目的的产生、建立行动者之间的信任可能。

第一，治理网络提供了一种新的治理机制和范式。相比之下，治理网络基于可能被称为谈判合理性的治理机制，提供了一种新颖而独特的治理机制。在相互依存的行为者之间进行谈判，并通过相互之间的谈判来塑造和重塑公共政策，这些行为者具有自己的规则和资源基础，并且往往在谈判过程中援引，确认和冲突传统的实质性，程序性和规范性理性。如何定义，讨论和响应策略问题取决于网络中参与者之间的协商协议。这些决定既不通过法律措施和经济激励措施，也不通过规范控制来实施。在谈判的理性范围内，信任和义务在确保遵守共同决定中起着至关重要的作用。网络参与者不是出于对法律制裁，经济破坏或社会排斥的恐惧而遵守，而是因为他们相信其他参与者也将发挥自己的作用，并感到有义务为实现共同的目标做出贡献。

治理网络的第二意义是在于它能在一定程度上通过民主协商产生公共目的。治理网络有助于一定范围内公共目的的产生。公共目的是对公众有效并针对公众的愿景，理解，价值观和政策的表达。因此，网络参与者正在就如何识别和解决新出现的政策问题或利用新机会进行政治谈判。通过各方水平方面的合作谈判，形成阶段性共识，这种公共的目标可以减少因个人利益抵制而引起的交易成本。

第三，治理网络有助于建立信任机制的可能。治理网络中的信任经常被称为网络的核心协调机制。它与其他两种治理形式形成对比：市场和等级制[④]。然而，将信任概念化为网络中的核心协调机制是误导和令人困惑的。在网络内部，不一定需要按层次结构和

① Scharpf F W. Governing in Europe：Effective and democratic? [M]. Oxford University Press，1999.

② March J G and Olsen J P. Institutional perspectives on political institutions[J]. Governance，1996，9(3)：247-264.

③ Sørensen E and Torfing J. Network politics，political capital，and democracy[J]. International journal of public administration，2003，26(6)：609-634.

④ Wright K L and Thompsen J A. Building the people's capacity for change[J]. The TQM Magazine，1997.

市场进行协调。而且，许多作者观察到对网络的信任相对较少，网络的特征在于利益冲突和战略行为[①]。因此，信任不能被视为网络的固有特性。然而，许多学者推测信任确实可以在网络中发挥重要作用[②③]。信任减少了战略不确定性，因为行动者考虑了彼此的利益。它还减少了复杂合同的必要性，并增加了参与者共享信息和开发创新解决方案的可能性[④]。实证研究表明，信任级别会影响网络绩效。例如，Klijn 等人在对复杂环境项目的定量研究中表明，治理网络中产生的更高信任水平对网络性能产生了积极影响。鉴于这些发现，最好扭转关于信任的观点与网络：信任不是网络的唯一协调机制，而是信任在网络中实现的重要资产减少了战略上的不确定性，从而促进了在利益分散且有时相互冲突、相互依赖的参与者之间不确定的协作过程中的投资。

第二节　治理网络理论分析海洋环境治理的适用性

治理网络理论是对社会秩序的一种全新洞见，是公共领域中那只“看不见的手”，是对国家主权与自由市场秩序之外的另一种社会运作的网络逻辑。治理网络的理论起源于西方社会，相关的理论文献倾向于将网络描述为一种新兴的治理网络，本质是针对治理模式中的创新进行分析，从而使其专注于新兴的政策领域，例如“社会包容”，“环境可持续性”或“社区再生”。这些被定义为“邪恶的问题”[⑤⑥]，只有将一系列不同提供商和利益集团的资源整合起来才能解决。或者，用罗兹的话说，这些是“混乱的问题”，只有治理网络才能提供“混乱的解决方案”类型。治理网络专注于基于不同部门（公共部门，私营部门和“第三部门”）参与者之间协作关系的网络[⑦]。这样的网络倾向于围绕特定地区（通常是邻里，地区或地区）中的复杂政策问题展开。

治理网络理论的独特解释力非常适用于海洋环境治理问题的解决上，当前随着人类工业化后对海洋资源的过度开发利用，海洋环境显著恶化。公众要求良好环境质量的呼声越来越高，而行政单中心的环境治理模式却因效率低下、回应性低而越来越显得捉襟见

---

① Hanf K and Scharpf F W. Interorganizational policy making: limits to coordination and central control[M]. Sage Publications, 1978.

② Ansell C and Gash A. Collaborative governance in theory and practice[J]. Journal of public administration research and theory, 2008, 18(4): 543-571.

③ Klijn E H, Steijn B and Edelenbos J. The impact of network management on outcomes in governance networks[J]. Public administration, 2010, 88(4): 1063-1082.

④ Lane C. Introduction: Theories and issues in the study of trust, [in:] C. Lane, R. Bachman (eds.), Trust within and between organizations, conceptual issues and empirical applications[J]. 1998.

⑤ Bevir M. Democratic governance[M]. Princeton University Press, 2010.

⑥ Clarke H D, Stewart M C and Whiteley P. Tory trends: party identification and the dynamics of Conservative support since 1992[J]. British Journal of Political Science, 1997, 27(2): 299-319.

⑦ Perri P, Longo L, Cusano R, et al. Weak linkage at 4p16 to predisposition for human neuroblastoma[J]. Oncogene, 2002, 21(54): 8356-8360.

肘。在这种情况下，海洋作为公共池塘资源，其流动、开放、三维的特征天然跨越人为的管辖权与行政边界，无法将其划分为独立、自治的组成部分。由于多元利益主体的竞争使用，海湾地带经常面临资源枯竭、环境恶化、管理冲突等问题。因此，海洋经济的长期持续的发展将受益于相关参与者在共同规则和实践上达成的一致，通过协商以解决冲突、共享信息以及建立公知常识。研究证明，传统自上而下的集中控制已不再适合此类资源的有效管理，治理网络的存在是解决当代许多公地悲剧的重要分母，行动者可以通过社会网络传递信息、动员资源、建立共识规范以促进合作治理①。总体上看，海洋环境治理是不断向网络化治理转变的过程，人们日益认识到治理网络对于海洋环境治理成效的重要性。可以说，治理网络理论在海洋环境治理上的适用性既有理论上的应然判断，又有现实的物质基础，这可以从以下几个方面看出：

(1)从海洋环境本身来看。首先，海洋环境本身是一种公共物品，准确地来说是属于公共池塘资源的一种，如果任其被人无止境地利用开发，不可避免地会造成公地悲剧②。治理网络创建以来就是致力于解决复杂持续的政策问题，环境问题是作为治理网络理论天然的研究场域。其次，海洋环境本身在空间、时间、内容、物化形式上都是不相同的，其流动、开发、三维的特征天然跨越人为的管辖权与行政边界，无法将其划分为独立、自治的组成部分，需要达成统一目标的制度安排，这与治理网络主张的共同的公共目的是相吻合的，而不是私人目的形成网络达成治理合作。第三，治理网络理论的核心内容或特征是多元行动主体基于信任协商的互动合作，海洋环境本身利益主体是多元化，基于各自利益的行动者需要通过互动协商，利用各自的资源和知识形成海洋环境议题上的共识，在这一点上治理网络理论与海洋环境领域研究也是契合的③。

(2)从海洋环境治理上来看，广泛的政策领域的特点就是政治和行政管辖权不适合解决许多新的问题。在海洋环境治理的领域尤为如此，这一自然系统的物理边界通常跨越政治和行政边界。依赖分层命令和控制的方法已被旨在为策略问题创建更多基于社区且强制性较小的解决方案的策略所取代。治理网络契合海洋环境的治理，基于网络的结构的特点是涉及多个组织的高度相互依赖关系，其中正式的权限界限模糊不清，并且各种政策参与者紧密联系在一起。海洋环境治理面临集体行动的困境，它本身也是公共物品的一种。治理网络理论本身就是通过行动者之间的协商合作，进行特定的制度安排，制度化一直是治理网络文献中的关键概念。可以说海洋环境治理制度供给本身就是治理网络的作用场域之一。当前，许多发达抑或是发展中国家在处理海洋环境问题时仍采用单一的

---

① Bodin Ö and Crona B I. The role of social networks in natural resource governance: What relational patterns make a difference? [J]. Global environmental change, 2009, 19(3): 366-374.

② 顾湘. 海洋环境污染治理府际协调研究：困境、逻辑、出路[J]. 上海行政学院学报，2014，15(2)：105-111.

③ 宁凌，毛海玲. 海洋环境治理中政府、企业与公众定位分析[J]. 海洋开发与管理，2017，34(4)：13-20.

行政单中心治理机制[①②]，而这种作用机制从实践上来看并非有效，治理网络理论是解决这类环境问题，提升环境治理绩效的有效途径之一。

(3)从行动者合作关系上来，海洋环境这一公共池塘资源的治理问题可能影响个人对提供地方性公共物品而组织集体行动的能力的各种因素的理解。为组织集体行动所做出的努力，不管是来自外部的统治者、企业家，还是来自希望获取收益的一组当事人，都必须致力于解决一些共同的问题。这些问题包括搭便车、承诺的兑现、新制度的供给以及对个人遵守规则的监督。一个对在公共池塘资源环境中如何避免个人搭便车、如何实现高水平的承诺以及新制度的供给的安排和规则遵守情况的监督的集中研究，也应该有助于理解在其他场合下人们对这些极重要的问题的处理[③]。前面的分析可以看出环境治理正是一个包含着搭便车、承诺的兑现、新制度的供给和对个人遵守规则的监督的问题[④]。因此需要网络化治理，通过网络纳入相关利益主体，基于各自的信息知识和资源形成合作，达成共识和承诺，减少搭便车和政策执行的潜在风险和阻力。

第三节　治理网络理论分析海洋环境治理的已有研究

一、海洋环境治理的网络转型

二战之后，全球形式趋于稳定，世界总体人口持续增长，社会经济显著提升。与此同时，社会的繁荣越发依赖稳定的自然资源获取，以满足不断增长的人口日常消耗，陆地的资源已不再匹配这一巨大的压力，人类社会开始向海洋进军。海洋资源丰富，包括海洋生物资源、海底矿产资源、海水资源、海洋能与海洋空间资源，这些丰富资源可以暂时有效地弥补人类社会的无限欲望。覆盖全球面积70%的海洋，似乎使人类天真地认为这些资源是无穷无尽的。然而，经过几十年的疯狂掠夺，海洋生态系统早已被人类冲破自我修复的极限，海洋环境恶化，海洋生物锐减，公地悲剧再度上演。作为公共池塘资源的一种，海洋资源具有非排他性和竞争性的公共事物属性，而与其他资源不同的是其特有的开放、流动、三维特征天然跨越人为的管辖权与行政边界。海洋资源不仅被同一种人类活动在不同的国家、地区所竞争，且多种人类活动共存于一个共同的海洋空间，形成耦合的社会生

---

① 郑苗壮，刘岩，裘婉飞.论我国海洋生态环境治理体系现代化[J].环境与可持续发展，2017，42(1)：37-40.

② Van L J and Van T J. The triangle of marine governance in the environmental governance of Dutch offshore platforms[J]. Marine Policy, 2010, 34(3): 590-597.

③ Ostrom E. Governing the commons: The evolution of institutions for collective action[M]. Cambridge university press, 1990.

④ 全永波.海洋环境跨区域治理的逻辑基础与制度供给[J].中国行政管理，2017(1)：19-23.

态系统（渔业、石油工业等）[①]。各方基于利益最大化的理性行为，不可避免地导致海洋环境资源退化和交织领域的管理冲突，传统的科层模式自上而下的控制管理，显然难以有效应对多元、复杂的海洋中的社会生态系统（SES），而当下流行的自组织管理形式，社会组织又常常难以承受海洋这种大型SES中的管理成本。越来越多地敦促沿海国家转变其部门和分散的海洋治理制度，并实施综合和整体的管理方法。[②] 但是，要获得成功，综合治理机制（例如海洋空间规划和基于生态系统的管理）将涉及机构，价值观和实践的变革。尽管"集成"通常被学者，政策制定者和环境团体推崇为海洋管理的重要规范属性，但这样做通常很少考虑到转向新管理方法的制度背景的复杂性。大多数学者忽视了整合的许多关键机构挑战，这些挑战通常来自于现任性，路径依赖，政策分层和其他务实策略等问题[③]。尽管综合管理方法具有从根本上改变海洋治理的规范能力，但由于无法理解可能阻碍有效实施的制度动力，因此该领域的许多研究天真地显得无能为力，有必要对发生变革的环境进行更现实的理解。有人认为，过渡管理有潜力在长期的基础上，通过参与性的构想和试验过程，对解决这些障碍的策略进行概念化和操作化。[④]

因此，海洋中的环境资源治理应是由政府部门主导，多元利益主体参与的协同治理，与此同时，政府部门内部也需要通过最大化协议来最小化矛盾，为在部门议程之间取得适度平衡。治理网络的存在是解决当代许多公地悲剧的重要分母，行动者可以通过社会网络传递信息、动员资源、建立共识规范，以促进合作治理。总体而言，海洋环境治理的重点正在从自上而下、国家主导的治理转变为网络治理，海洋环境资源治理是不断向网络化治理转变的过程[⑤]。与此同时，海洋环境治理是一方面在多个级别（国际，（超）国家，地区和地方）的嵌套政府机构之间，另一方面在政府行为者，市场各方和民间社会组织之间的谈判系统中的决策能力共享。多个参与者，多个层次的参与以及不同部门海洋活动的协调与整合将影响海洋综合治理的合法性。[⑥] 因此，制定海事法律和政策也是民族国家最重要的任务之一。海洋环境治理面临着全球化的过程，以及治理范式转型，需要多国共同参与治理海洋，形成治理网络。[⑦]

---

① Salazar-De la Cruz C C, Zepeda-Domínguez J A, Espinoza-Tenorio A, et al. Governance networks in marine spaces where fisheries and oil coexist: Tabasco, México[J]. The Extractive Industries and Society, 2020, 7(2): 676-685.

② Olsen E, Fluharty D, Hoel A H, et al. Integration at the round table: marine spatial planning in multi-stakeholder settings[J]. PloS one, 2014, 9(10): e109964.

③ Smythe T C. Marine spatial planning as a tool for regional ocean governance? An analysis of the New England ocean planning network[J]. Ocean & Coastal Management, 2017, 135: 11-24.

④ Kelly C, Ellis G and Flannery W. Conceptualising change in marine governance: learning from transition management[J]. Marine Policy, 2018, 95: 24-35.

⑤ Van LJ andVan T J. The triangle of marine governance in the environmental governance of Dutch offshore platforms[J]. Marine Policy, 2010, 34(3): 590-597.

⑥ Van T J. Integrated marine governance: questions of legitimacy[J]. Mast, 2011, 10(1): 87-113.

⑦ Chang Y C, Gullett W and Fluharty D L. Marine environmental governance networks and approaches: Conference report[J]. Marine Policy, 2014, 46: 192-196.

二、海洋环境治理网络的意义

越来越多的研究通过案例比较的相关准实验研究发现，治理网络的存在是提升海洋环境治理的重要因素。Schneider M，Scholz J，Lubell M 实证工作将国家河口计划中的河口网络与非河口中的河口网络进行了比较，发现 NEP 地区的网络涵盖了更多的政府层面，将更多的专家纳入政策讨论中，在利益相关者之间建立了更牢固的人际关系，并且在地方政策的程序公正性上建立更大的信念，从而为新型合作社治理奠定基础①。Helen Packer 等在可持续海鲜运动提出了渔业改善项目（FIP）的概念，这是一种结构化的多方利益相关者方法，以应对渔业中的环境挑战，旨在利用市场的力量来激励变化，提出了社交网络分析的方法和相关的网络属性，以了解和表征 FIP 如何更好地工作，建议在规划和设计 FIP 时进一步研究和整合这种方法的机会②。Sandström A，Bodin Ö，Crona B 通过瑞典五个沿海地区实施基于生态系统管理理念的国家启动流程的经验案例研究通过合作网络来解决此问题。文章讨论了当地环境保护机构所选治理方法对结果的影响，结果清楚地说明了各种治理策略相互作用时发生的特殊权衡，以及这些权衡如何影响社会和生态方面。广泛而严格的治理策略的应用促进了基于生态系统管理的实现，而模糊性和灵活性适应和增强了利益相关者的支持。高层管理网络涉及一种平衡行为，尽管在实践中具有挑战性，但通过网络的动态性来实现环境目标的想法仍然具有吸引力③。Hartley T W. 提出，具有多个知情的利益相关者以及社会经济，政治和科学复杂性的渔业管理过程可以被视为一个治理网络。这项探索性研究采用了通信网络分析（CNA）的方法，研究发现，渔业治理网络在政府和公共—私人—非营利部门之间进行了水平和垂直整合。这些发现验证了对渔业管理作为利益相关者之间竞争性，竞争性管理环境的现有理解，并提供了有关跨网络信息共享的有效性以及连接不同亚组的桥梁者的关键作用的新见解。渔业管理可以作为治理网络进行概念化和分析④。

在海洋岛礁的保护方面，发展中国家的一些小岛目的地已采用环境治理网络作为推进环境保护的手段。Charlie C，King B，以印度尼西亚“珊瑚三角”地区的两个例子为例，解释了在发展中国家小岛屿环境中以海洋为基础的旅游业环境治理网络如何运作，研究了两个协作治理网络案例，提出了修订后的概念框架，以解释两种案例研究环境中环境

① Schneider M，Scholz J，Lubell M，et al. Building consensual institutions：networks and the National Estuary Program[J]. American journal of political science，2003，47(1)：143-158.

② Packer H，Schmidt J and Bailey M. Social networks and seafood sustainability governance：Exploring the relationship between social capital and the performance of fishery improvement projects[J]. People and Nature，2020，2(3)：797-810.

③ Sandsträm A，Bodin Ö and Crona B. Network Governance from the top-The case of ecosystem-based coastal and marine management[J]. Marine Policy，2015，55：57-63.

④ Hartley T W. Fishery management as a governance network：examples from the Gulf of Maine and the potential for communication network analysis research in fisheries[J]. Marine Policy，2010，34(5)：1060-1067.

治理网络的运作、特征和有效性[①]。

同时建立海洋保护区(MPA)网络是许多发达和发展中国家实施最广泛的渔业管理和保护工具。大多数MPA治理网络是由社区以及地方政府通过各种基于社区和共同管理的计划建立和管理的。实践证明,通过将大多数MPA设计为治理网络的一部分,有利于海洋保护区发展的支持日益增加,成功获得社区的认可,并实现当地的渔业和保护目标。在菲律宾范围内,PMA治理网络是通过扩大规模在非政府组织,学术界,政府机构以及包括捐助者在内的发展伙伴等其他机构的协助下,在邻近地方政府之间(即村级到省级)建立机构间合作来实现的[②]。

治理网络与社会日趋复杂、多样以及跨界挑战的扩张相关。治理网络同时也被视为多层次政策环境中促进创新,灵活和有效的治理响应。其特征是一系列社会和政治行为者,以及模糊不完整的问题定义。治理网络被视为来自不同部门和级别(公共和私人)的自治参与者之间的合作安排,其重点是复杂性,例如中国当下环境治理——垃圾分类。因此,用治理网络概念适用于中国体制背景下的海洋环境资源治理的研究,主要关注不同层级、不同领域的政府部门是如何进行合作治理,以及如何纳入社会主体参与网络协商,达成共识,实现公共目的以及合作治理。这种合作治理又是如何影响治理的结果?先前两代的政策网络研究都是对网络进行"隐喻"处理,即将网络作为协作的代理,或在某种情况下,将其描述为促进构建和维持协作关系所需的资源流动的交互结构。这种隐喻处理的结果是学者不能对政策网络的协同逻辑进行验证,难以解释政策网络与政策绩效之间的内在关系,仅仅停留在描述层面的概念,很难形成一个完整的理论。社会网络分析方法(SNA)的引入,发展出了第三代政策网络研究,政策网络研究打破"隐喻"局限,将不同的网络结构属性进行量化处理,分析不同的网络属性与政策绩效之间的因果关系。一大批网络属性指标开启了对集体行动过程和结果的解释,其中包括:网络密度、子群数量与连带、个人在网络的中心性、整体网络的中心性、核心—边缘等量化指标。同时,对网络中的节点与连带附加额外的定性数据,可以更好地理解网络治理对政策绩效的影响。与此同时,治理网络分析可以帮助确定现有的社交结构和干预点,以增加治理网络的问题解决能力。

正是由于以上网络理论与技术的快速发展,学者们开启了在海洋资源治理领域的一系列网络治理实证研究。如Carolina通过社会网络分析(SNA),确定直接参与塔巴斯科州海岸渔油社会生态系统(FOSES)决策过程的治理网络,指出在FOSES治理网络中,不同级别政府之间的分裂,导致联邦和州行为者之间的紧张关系以及政府行为者之间在纵

① Charlie C, King B and Pearlman M. The application of environmental governance networks in small island destinations: evidence from Indonesia and the Coral Triangle[J]. Tourism Planning & Development, 2013, 10(1): 17-31.

② Horigue V, Aliño P M, White A T, et al. Marine protected area networks in the Philippines: Trends and challenges for establishment and governance[J]. Ocean & coastal management, 2012, 64: 15-26.

向和横向维度上的沟通空白。又如 Smythe 用 SNA 方法系统地分析美国新英格兰地区 MSP 计划构成的行动者网络是否改善了海洋治理所必需的组织协作和集体水平。结果表明，更广泛的新英格兰区域海洋规划网络规模大，分散且密度低，因此非常适合解决复杂的跨边界问题，例如海洋空间管理(MSP)。这些结果表明，尽管可以通过地方政府，用户和行业的更大参与来改善协作，但是通过核心协作网络可以促进横向和纵向协作。Cohen P J，Evans L S 使用了定量社交网络分析来检查机构之间的协作和知识交换关系的模式。我们将网络结构与定性数据一起检查，以了解网络促进管理人员之间的协调和学习的潜力。我们确定了超越治理网络正式成员资格的社交网络。跨尺度分析强调，网络成员是跨尺度知识交换和本地问题更高层次表示的唯一功能途径。我们发现中层管理人员(例如省级政府)之间的联系不紧密。治理网络还提供了机构之间知识交流的主要手段，对于多参与者学习有关保护的最佳实践非常重要。但是，我们发现了地理，后勤和体制上的障碍以及在多角色和跨尺度的协调与学习中的权衡[①]。

三、海洋环境治理网络的不足与挑战

尽管人们开始意识到治理网络对于海洋环境治理的积极作用，但并非所有治理网络的分析应用都是有效的，许多地区的海洋环境治理仍趋于失败。学者们也开始从治理网络的不同维度去揭示海洋环境治理中的问题，并对此提出相应的政策建议。Mkindo 利用 SNA 技术分析结果表明，没有一个组织来协调流域范围内与土地和水有关的各种活动。此外，一个重要的结果是，村领导在连接其他方面脱节的参与者方面起着至关重要的作用，但是他们没有充分融入正式的水治理体系中。研究认为，与其强加制度安排，不如将现有的制度规范确定和建立在现有的社会结构上，更有希望[②]。Weiss K，Hamann M，Kinney M 通过在北澳大利亚州的海洋野生动植物共同管理网络中，研究了两种类型的关系，即知识交流和政策影响。通过社交网络分析。该海洋治理系统的网络结构支持广泛的跨尺度信息流，但是与知识积累相比，自上而下的政策影响力不成比例，这种安排可能会阻碍基于证据的决策。改善知识生产者与决策者之间的沟通联系，对于整个管理网络中基于证据的决策至关重要，而解决重叠的管理角色和职能，应有助于减少系统中的冲突。这些改进将为海洋物种提供更好的保护，同时满足各种利益相关者的需求，来增强管理网络中的社会生态适应能力[③]。在全国化的海洋环境治理时代，越来越多的国家开始建立网络合作机制，形成跨国跨区域之间的合作治理，从功能的角度来看，一些海洋环境跨区域的网络治理不足以有效地治理策略复杂性。尽管跨区域的海洋治理网络的操作空

---

① Cohen P J, Evans L S and Mills M. Social networks supporting governance of coastal ecosystems in Solomon Islands[J]. Conservation Letters, 2012, 5(5): 376-386.

② Stein C, Ernstson H and Barron J. A social network approach to analyzing water governance: The case of the Mkindo catchment, Tanzania[J]. Physics and Chemistry of the Earth, Parts A/B/C, 2011, 36(14-15): 1085-1092.

③ Weiss K, Hamann M, Kinney M, et al. Knowledge exchange and policy influence in a marine resource governance network[J]. Global Environmental Change, 2012, 22(1): 178-188.

间与问题空间是一致的，但是它们的操作合作空间受到内部水平交互的限制。为了扩大问题解决能力，没有为常规的跨部门和跨层次的合作做好网络准备。跨网络的合作可以临时整合决策制定的分布式能力，并在临时项目的指导下进行。项目是规范性的响应，旨在实现跨网络的合作。基于跨区域多个复杂网络的治理强调了时间治理功能。它代表了向短期主义迈进的趋势，具有非永久性特征，这与跨区域可持续海洋环境治理目标所要求的长期活动和政策目标背道而驰。一些涉及多国、地区的海洋环境治理项目网络扩散会降低透明度，并扩大时间差异，从而导致该地区的失步和碎片化①。结果是网络治理的透明度降低，从而导致活动的稳定性、连贯性和连续性方面的摩擦。这不仅妨碍了协调合作活动的努力，而且当试图治理该地区复杂的政策挑战时，这也是有害的。

在过去的几十年中，响应超国家以及国家的需求，治理体系已经发生了变化。因此，在所有行政级别，非正式治理手段的数量都在增加。在这些工具中，临时项目组织尤其重要，它们是横向和纵向协调的非正式机制。以项目为基础的治理网络目前已成为效率、创新和适应性的象征。预计它们将是灵活的工具，有可能应对不可预见的情况，但它们也有望提供协调和政策一致性的手段。在广泛的治理辩论中，项目网络扩散的潜在后果受到了令人惊讶的有限关注。迄今为止可用的经验数据有限，并且缺乏关于永久结构与临时结构之间关系的概念化，尤其是在以跨部门和多层次政策问题为特征的环境管理等领域②。显而易见，随着项目制度的扩散，基于项目制度治理网络中的公共决策的时效性不断提高，可能会挑战诸如透明度和民主责任制等基本行政价值。

---

① Sjöblom S and Godenhjelm S. Project proliferation and governance-implications for environmental management[J]. Journal of Environmental Policy & Planning, 2009, 11(3): 169-185.

② Sjöblom S. Administrative short-termism-A non-issue in environmental and regional governance[J]. 2009.

第五章　海洋环境治理的理论基础：整体协作理论

第一节　整体协作理论概述

一、希克斯的整体性治理理论

（一）整体性治理兴起的背景

从理论渊源来看，整体性治理[①]的出现既是对传统公共行政的衰落以及1980年代以来新公共管理改革所造成的碎片化的战略性回应，又是一定意识形态的折射，还是合作理论的一种复兴，只不过其内容要更加复杂。首先，整体性治理作为一种解决问题的方式，它是对传统公共行政的衰落和新公共管理改革过程中造成的严重“碎片化”的战略性回应。其次，整体性治理风行于西方国家还有着很强的意识形态色彩。最后，整体性治理理论也是传统的合作理论和整体主义思维方式的一种复兴。当前，面对复杂化、动态化、多样性世界的挑战，整体主义思维再度风靡学术界。

（二）整体性治理的治理结构

作为对新公共管理范式的反思和修正，在整体性治理的视野中，政府改革方案的核心是通过政府内部的部门间以及政府内外组织之间的协作达到以下四个目的：“排除相互拆台与腐蚀的政策环境；更好地使用稀缺资源；通过将某一特定政策领域的利益相关者聚合在一起合作产生协同效应；向公众提供无缝隙的而不是碎片化的公共服务”。因此，在政府实践领域中，西方公共治理呈现为从分散化到整体性的趋势；而学界研究也更侧重于从运用市场逻辑转向借助网络逻辑研究公共治理问题（表5.1，表5.2）。网络是对于治理中松散特性的一种比喻。由于强调行动者的自由裁量权，行动者之间有着相互依存的、相对稳定的结构，他们之间进行着互动、协调和沟通。

整体性治理强调“以问题的解决”作为政府一切活动的逻辑起点。因此，必须充分利用包括政府机构在内的各利益相关者的专有资源和比较优势，才能形成多变的网络结构。

① 胡象明，唐波勇．整体性治理：公共管理的新范式[J]．华中师范大学学报（人文社会科学版），2010，49（1）：11-15．

通过网络状结构的整合和优化，整体性治理将高水平的公私合作特性与充沛的网络管理能力相结合，然后利用技术将网络连接到一起，并在服务运行方案中给予公民更多的选择权。由此，整体性治理实现了跨界合作的最高境界。

表 5.1　网络组织、科层组织和市场组织的比较

	科层组织	市场组织	网络组织
目的	优先满足中央利益	提供交易场所	合作者的利益优先
冲突解决	权威、行政命令	市场规范、法律	关系性合约、协商、谈判
边界	刚性的、静态联结	离散的、一次性联结	柔性的、动态联结
信用	低	低	中等偏高
运作基础	权威、权力	价格机制	信任、认同
决策轨迹	自上而下、远距离	即时、完全自主	共同参与或协商、接近行动地点
激励	低、预先确定过程和产出	高度强调销售额或市场	较高，业绩导向；利益来自多重交易

资料来源：李维安：《网络组织——组织发展的新趋势》. 北京：经济科学出版社，2003 年，第 45-46 页。

表 5.2　公共行政三种典范的比较

	传统官僚制	新公共管理	整体性治理
时期	1980 年代以前	1980—2000	2000 年以后
管理理念	公共部门形态的管理	私人部门形态的管理	公私合伙/央地结合
运作原则	功能性分工	政府功能部分整合	政府整合型运作
组织形态	层级节制	直接专业管理	网络式服务
核心关怀	依法行政	运作标准/绩效指标	满足公众需求
成果检验	注重投入	注重产出	注重结果
权力运作	集权	分权	扩大授权
财务运作	公务预算	竞争	整合型预算
文官规范	法律规范	纪律与节约	公务伦理/价值
运作资源	大量运用人才	信息科技	网络治理
政府服务	政府提供	强化中央政府	政策整合解决
项目	大量服务	掌舵能力	公众生活问题
时代特征	政府运作的逐步摸索改进	政府引入竞争机制	政府制度与公众需求高度整合

资料来源：彭锦鹏：《全观型治理：理论与制度化策略》、《政治科学论丛》2005 年第 23 期。

（三）整体性治理的治理机制

从治理机制来看，整体性治理的实现，有赖于协调机制、整合机制和信任机制的培养和落实。

1. 协调机制

官僚制的特色之一是分工和专业化，这必然伴生协调需求，因而协调是公共行政研究永恒的主题之一。希克斯在论及整体性治理时也是以官僚制为背景的，因此，协调是整体性治理中涉及的一个很重要的概念。协调指的是在信息、认知和决策方面理解相互介入和参与的必要性，并非定义不精确的行动。整体性治理所要求的协调机制既包括协调行动者之间的利益关系，也包括协调行动者与整个合作网络的关系，主要包括：价值协同的协调机制、信息共享的协调机制、诱导与动员的协调机制。

2. 整合机制

整合是整体性治理中涉及的另外一个重要概念。整合是指通过为公众提供满足其需要的、无缝隙的公共服务，从而达致整体性治理的最高水平。整体性治理着力于政府内部和部门之间的功能整合，力图将政府横向的部门结构和纵向的层级结构有机整合起来，并试图构造一个三维立体的整体性治理整合模型（如图 5-1）：(1)治理层级的整合，主要涵盖全球、大洲、国家、地区和地方这五个层级。(2)治理功能的整合，拟整合的功能可以是组织内的，也可以是彼此有重合或相关功能的部门之间的。(3)公私部门的整合。这样一来，以治理层级的整合为高、治理功能的整合为宽、公私部门的整合为长，便构成了整体性治理的长方体。

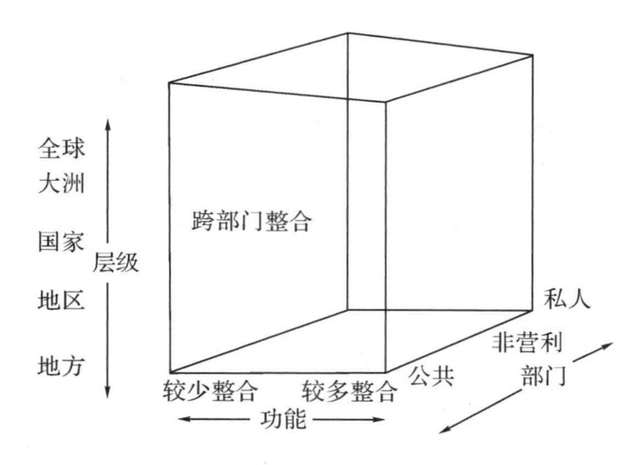

图 5-1 三维立体的整体性治理整合模型

资料来源：Perry，Dinna Leat，Kimberly Seltzer and Gerry Stoker. *Towards Holistic Governance：The New Reform Agenda*. New York：Palgrave. 2002，P29.

3. 信任机制

整体性治理内生的网络治理结构是多个组织相互依赖的结构，组织之间没有上下级的隶属关系。不同的行动者和组织，在缺少合法权威领导和价格机制诱导的条件下，为什么会联合起来去共同解决面临的问题，达成一致意见呢？因此，在行动者和组织之间建立信任是整体性治理所需的一种关键性要素。信任是一种核心的凝聚力，是合作达成的黏合剂，是任何社会往前走不可或缺的因素。然而，信任又是不确定、易逝和有风险的。

整体性治理的核心思想在于，借助数字化时代信息技术的发展，立足于整体主义思维方式，通过网络治理结构培育和落实协调、整合以及信任机制，充分发挥多元化、异质化的公共管理主体的专有资源和比较优势所形成的强大合力，从而更快、更好、成本更低地为公众提供满足其需要的无缝隙的公共产品和服务。

二、安塞尔与加什的协作治理理论

（一）协作治理的定义

协作治理是一种治理安排，指一个或多个公共机构直接与非政府利益攸关方进行正式的、共识导向的和协商的集体决策，旨在制定或执行公共政策，或是管理公共项目或资产。这个定义强调六个重要的标准：(1)集体论坛由公共机构发起；(2)论坛参与者包括非政府行为体；(3)参与者直接参与决策，而不仅是为公共机构提供"咨询"；(4)论坛是正式组织、集体会议；(5)论坛旨在达成共识做出决定（即使在实践中并没有达成共识）；(6)协作的重点是公共政策或公共管理。这是较为狭义的定义。

（二）协作治理模式

安塞尔与加什[①]回顾了大量的文献，对协作治理案例进行了逐次逼近的元分析，提炼出一种协作治理模式。核心观点如图5-2所示，该模型具有四个含义宽泛的变量：初始条件、制度设计、领导力和协作过程。这些宽泛的变量都可以被分解成更精细的变量。协作的过程变量是我们模型的核心，起始条件、制度设计和领导力变量则要么在协作进程中起到至关重要的作用，要么是作为协作进程的背景。初始条件设置信任、冲突和社会资本的基本水平，这些成为协作过程中的资源或不利因素。制度设计形成了协作产生的基本规则。领导力在协作过程中起到了重要的调解和促进作用。协作过程本身是高度迭代和非线性的，因此这是一个周期。

（三）协作治理的起始条件

现有研究表明，协作的起始条件可以促进或阻碍各个利益攸关方之间以及机构和利益攸关方之间的合作。关键起始条件可以归结为三大变量：不同利益攸关方资源和权力的不平衡、利益攸关方协作的动机以及利益攸关方之间既往的对立与合作。

1. 权力/资源失衡

如果利益攸关方之间的权力与资源严重不平衡，使得重要的利益攸关方不能以有意义的方式进行参与，那么有效的协作治理就需要采用一个积极的策略，以代表弱势的利益攸关方和对其授权。

2. 参与的动机

如果利益攸关方可以通过替代方式单边地追求目标，那么只有在利益攸关方认为存

---

① Ansell C and Gash A. Collaborative governance in theory and practice[J]. Journal of public administration research and theory, 2008, 18(4): 543-571.

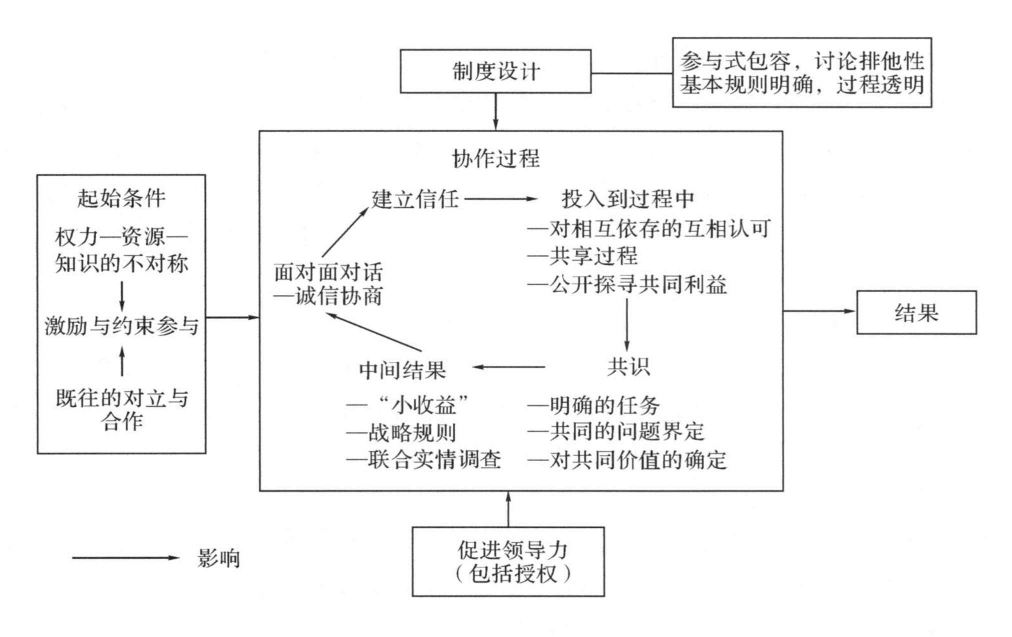

图 5-2 一种协作治理模式

在高度相互依存的情况下，协作治理才可能进行。如果相互依存发生的前提是协商论坛成为解决问题的唯一方式，那么赞助者必须做好前期工作，以取得其他论坛（法院、立法者和行政人员）对协商结果的尊重。

3．既往的对立与合作

如果利益攸关方之间存在既往的对立，那么协作治理很可能失败，除非利益攸关方之间存在高度的相互依存，积极采取措施来补救低水平的信任和利益攸关方之间的社会资本。

（四）领导力的推动

领导力被广泛地看作是各方进行商议，并在合作的艰难进程中发挥引导作用的关键部分。虽然“无助的”谈判有时是可能的，但是研究压倒性地表明：领导力的推动对于将利益相关方聚在一起并相互发扬合作精神意义重大。领导力对于设置和维护明确的章程、建立信任、促进对话和探索双方利益至关重要。领导力对壮大和代表较弱的利益攸关方也很重要。如果参与者动机不强、权力和资源分布不对称或者既往的敌意严重，那么领导力就更加重要。

当冲突严重、信任水平较低，但权力分配相对平等且利益攸关方有参与动机时，协同管理可以通过依托利益攸关方接受且信任的诚实经纪人的服务来成功地进行。如果权力分配更不匀称，或者参与者动机较弱或同样不匀称，这时若有一个强有力的“组织的”领导人在过程开始时获得各种利益攸关方的尊重和信任，那么协作治理就更有可能取得成功。

（五）协作治理的制度设计

制度设计在这里指的是合作的基本协议和基本规则，这是合作过程之程序合法性的关键。通往协作过程的路径本身也许就是最根本的设计问题。谁应包括在内？协作治理的文献强调这一进程必须是开放的、包容性的。这并不让人奇怪，因为只有感觉自己拥有合法参与机会的团体才有可能对“进程做出承诺”。广泛的参与不仅是被动接受的，而且必须是积极争取的。明确的基本规则和程序的透明度是重要的设计特征。

（六）治理的协作过程

1. 面对面对话

所有协作治理都建立在利益攸关方之间面对面的对话基础上。作为一个以共识为导向的过程，利益攸关方之间通过直接对话进行的“密集交流”对于其确定相互增益的机会非常必要。当面对话是必要的，但不是协作的充分条件。

2. 建立信任

协作治理经常开始于利益攸关方之间信任的缺乏。如果既往的对抗中敌意很严重，那么政策制定者或利益攸关方应该安排时间来有效补救信任。如果它们不能证明必要的时间和成本是正当的，那么就不应该诉诸合作战略。

3. 对实践进程的承诺

利益攸关方协作承诺的水平是解释协作成功或失败的关键变量。即使协作治理得到了授权，实现“认同”也仍然是协作进程中必不可少的方面。协作治理策略特别适用于需要持续合作的情况。

4. 共同理解

在协作过程中的某些时刻，利益攸关方必须就对他们可以共同实现什么达成共同理解。共同理解也可以意味着对一个问题的定义达成一致。或者，它可能意味着对解决问题的必要知识的一致同意。

5. 中间成果

如果既往对抗严重且对建立信任的长期承诺是必要的，那么带来小收益的中间成果就尤为重要。在这种情况下，如果利益攸关方或决策者无法预见这些小收益，那么他们可能就不会合作。

三、爱默生的协作治理综合分析框架

（一）协作治理的定义

爱默生将协作治理[①]定义为“公共政策决策、管理的过程和结构，它能使人们建设性地跨越公共机构、政府等级以及公共、私人与市政领域的边界，以实现其他方式无法达成的公共目标”。这个定义使协同治理能够在公共行政中被用作更广泛的分析概念，而且能

① 王浦劬，臧雷振编译. 治理理论与实践：经典议题研究新解. 北京：中央编译出版社，2017.

够在不同的应用、类别和规模当中加以区分。此外，爱默生对协作治理的定义涵盖了跨边界治理更为广泛的新兴形式，超越了只关注公共管理者和正规的公共部门的传统。因此，这比安塞尔和加什的定义更广泛，爱默生的定义不把协作治理局限于国家发起的正式安排，以及政府和非政府利益攸关方的参与，例如，该定义包含“多伙伴治理”，包括国家、私营部门、社会组织、社区中的合作关系，还有诸如公私伙伴关系、私人—社会伙伴关系，以及共同管理制度等协同政府和混合安排形式。

（二）协作治理的综合分析框架

为了开发一个有用的协作治理框架，以更好地了解、检验和发展理论来完善实践，需要对大量先行研究进行考察。为了解决“万能药”模型的困境，爱默生提出的方法是确定相对较少的维度，协同治理框架组织部分在这些维度内，以非线性和互动的方式一同作用以产生行动，得出结果（行动和影响），并反过来促使适应性调整。

协作治理综合分析框架在图 5-3 以三个嵌套的维度描绘出来，立体方框代表整体系统情境、协作治理制度、协作动态和行动。最外层用实线描绘的方框，代表周围的“系统情境”，或是影响协同治理制度或受其影响的政治、法律、社会经济、环境及其他影响因素。这个系统情境产生机会和限制，并从始至终影响协作动态。这个系统情境产生驱动力，包括领导力、间接激励机制、相互依存和不确定性，这有助于启动协作治理制度并为其设置发展方向。

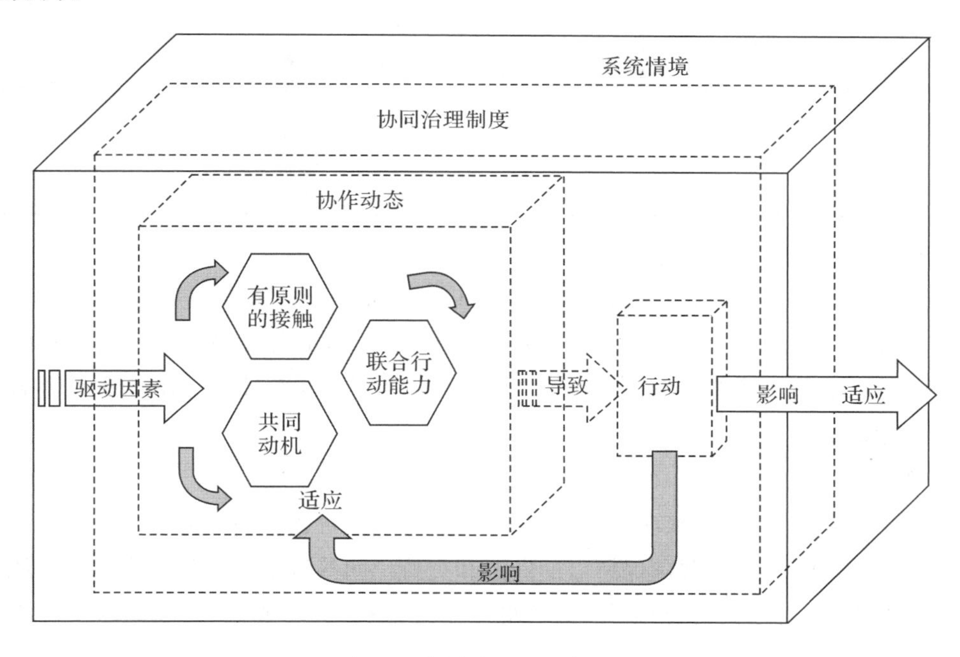

图 5-3　协同治理的综合框架

协同治理制度的概念是这个框架的核心特征。“制度”涵盖公共决策的特定模式和系统，其中的跨边界协同体现了行为和活动的普遍模式。协作动态和行动塑造协作治理制度整体制度，以及发展和有效程度。

在以点线描绘的最内侧方框中，协作动态包括了三个交互的组成部分：有原则的接触、共同动机和联合行动能力。协作动力的三个组成部分以互动和反复的方式工作，以产生协作行动，或是为达成协作治理制度共同目标而采取有步骤的措施。协作治理制度的行动能够在制度内外导致结果。因此，图中从行动方框延伸出来的箭头表示系统情境内与协同治理制度本身的影响（例如最底层的结果）和潜在适应性（对复杂情况或问题的转换）。

（三）相关命题

协同治理的诊断式逻辑斯蒂模型方法如表 5.3 所示。

表 5.3　协同治理的诊断式逻辑斯蒂模型方法

			协同治理制度				协同结果	
			协同动力					
维度和组成部分	系统情境	驱动因素	有原则的接触	共同动力	联合行动能力	产生的协同行动	影响	适应
组成部分中的要素	·资源条件 ·政策法律框架 ·之前的问题应对失效 ·政治动力/权力关系 ·网络连通性 ·冲突/信任程度 ·社会、经济/文化、卫生和多样性	·领导 ·间接激励机制 ·相互依存 ·不确定性	·探索 ·界定 ·协商 ·确定	·相互信任 ·相互理解 ·内部合法性 ·共同承诺	·程度/ ·制度安排 ·知识 ·资源	取决于环境和职责，但也包括： ·实施政策、法律或规则 ·调集资源 ·部署人员 ·实施新管理时间 ·监督落实 ·强制服务	取决于环境各职责，但目的是代替之前系统情境中存在或计划的条件	·系统情境中的变化 ·协同治理制度中的变化 ·协同动力中的变化

1. 一般系统情境

协作治理是在政治、法律、社会经济、环境以及其他影响因素的多层框架内兴起和发展的。这种外部系统情境创造了机会和制约因素，还影响了展开协作治理制度时的常规参数。不仅系统情境塑造了整个协作治理制度，制度本身也通过其协作行动的影响对系统情境产生影响。

2. 驱动力

驱动力包括领导力、间接激励机制、相互依存和不确定性。领导力指这样一个领袖的出现，其将发起协作治理，并确保所需的资源和支持。间接激励机制是指协作行动的内部（问题、资源需求、利益或机会）或外部（情境或制度危机、威胁或机会）驱动因素。相互依存是指由于个人和组织都不能独立完成一些事情。相互依存是被广泛认可的协作行动的前提条件。不确定性是管理“恶劣”社会问题的主要挑战。发起协作治理制度需要领导力、间接激励机制、相互依赖或不确定性当中的一个或多个驱动因素。更多的驱动因素出现且得到参与者认可，成功发起协作治理制度的可能性就越大。

3. 协作动态

基本驱动因素通过减少集体行动的最初形成成本以及协作动态的启动，来促进参与并吸引参与者。它们随时间推移而产生的这些动力和行动，构成了协作治理制度。有原则的接触通过发展、定义、协商和决定的互动过程得以产生和维持。有原则接触的有效性，部分取决于那些互动过程的质量。通过有原则的接触进行的重复且有质量的互动，有助于促进信任、相互理解、内部合法性和共同承诺，从而产生并维持共同动机。一旦发生，共同动机会加强并帮助维持有原则的接触，反之亦然，形成一个“良性循环”。有原则的接触和共同动机会刺激制度安排、领导力、知识和资源的发展，从而产生和维持联合行动的能力。联合行动能力四个要素的必要水平，取决于协作治理制度的目标、共同行动理论和目标结果。协同动力的质量和程度取决于有原则的接触、共同动机和联合行动能力中的具有生产力和自我强化的互动。

4. 协作行动

如果协同合作伙伴明确了共同的行动理论，以及协作动力产生联合行动所需能力，协作行动就更容易实施。

5. 影响

当从协作动力当中的共同行动理论来详细说明并推论时，协作行动所导致的影响更有可能接近目标结果，且具有更少的意外负面后果。

6. 适应

命题十：当协作治理制度与其联合行动影响的性质和水平相适应时，就会更具可持续性。

第二节　整体协作理论分析海洋环境治理的适用性

一、研究对象的跨界性与整体协作理论相契合

整体协作理论的核心理念对分析我国海洋环境治理的现实问题起到关键作用，尤其是结合协作治理理论与案例研究的方法能够对案例进行深描、解释机制，充分剖析治理的碎片化问题，回应了跨区域治理的需求。

首先，治理主体多元化契合解决海洋环境治理的碎片化问题。协作治理理论强调多治理主体的参与和开放平等。协作治理强调政府、公众和 NGO 的通力合作。在海洋环境治理实践中，往往存在着治理主体碎片化的问题，但是由于海洋环境的开放性，对海洋环境的有效治理就要强调多主体的参与。运用协作治理理论能为问题的解决提供思路，即协作治理理论的理念适应了海洋环境治理的碎片化问题。因此以协作治理理论来分析海洋环境治理是恰当的。

其次，整体协作契合解决海洋环境跨部门、跨层级和跨界治理的需求。在政府内部，往往存在多个部门不同程度上具有海洋环保的职责，职责交叉产生了协作的需求。对具体问题的治理需要联合不同层级的政府部门，并且存在跨行政区治理的可能。而协作治理强调以问题为导向、沟通协作，适用于分析海洋环境治理。

总而言之，整体协作理论的核心理念与海洋环境治理的特点是契合的。海洋环境治理的整体性与跨界性要求对治理功能和层级进行整合，要求陆域与海域的跨界合作。海洋环境的开放性要求海洋治理突出协作和开放平等的特点，治理过程中强调多主体的参与。所以，整体协作理论适用于分析海洋环境治理。

二、整体协作理论有助于揭示海洋环境治理协作过程的黑箱

整体协作理论并不是宏大的理论，而是具有清晰分析框架、待检验的一系列命题的中观理论，这种理论的运用对于海洋环境治理协作过程黑箱的揭示具有重要作用。例如，对整体协作治理中整合机制的分析，如果运用整体性治理理论的框架，问题的解决将变得容易。在整体性治理理论的指导下，可从治理层级、治理功能、治理部门三个方面对整合机制进行透彻的分析，以此揭示海洋环境治理或海洋环境管理体制的变革与发展。例如，有学者研究协作如何促进（或限制）自然资源计划政策（例如海洋生态保护计划）的实施，研究协作治理在实施过程中的工作方式，有助于了解如何实现环境绩效，该学者对六个区域协作治理进行了分析，得出结论表明在嵌套治理方法内改善协作流程的重要性（即主要参与者之间就实施计划的协作工具进行审议）。①

安塞尔与加什提出的协作治理模式理论也能够被运用于揭示协作过程黑箱。理论框架中“协作过程”的部分提供了实用的分析工具，可以从五方面来揭示协作过程：利益相关之间是如何进行对话的，面对面的对话能够发挥什么作用；合作过程中不同行动者之间是否存在广泛的信任以及如何建立这种信任，又是怎样补救信任的；利益相关者协作承诺对协作成功或失败有何影响；利益相关者对他们能够共同实现什么存在怎样的共同理解；中间成果对协作的影响。通过这五方面的分析，案例的协作过程能够被深描和解释。例如，有学者对海洋手工渔业合作治理案例的研究，认为结构化决策促进了对替代方案成本和收益的理性分析，促进渔业管理方面的审议性思维，可以提高合作治理的公平性、合法性和可持续性。② 也有学者对新西兰渔业合作治理的障碍进行研究。③ 对沿海保护区的研

① Olvera-Garcia J and Neil S. Examining how collaborative governance facilitates the implementation of natural resource planning policies: A water planning policy case from the Great Barrier Reef[J]. Environmental Policy and Governance, 2020, 30(3): 115-127.

② Estévez R A, Veloso C, Jerez G, et al. A participatory decision making framework for artisanal fisheries collaborative governance: Insights from management committees in Chile[C]//Natural Resources Forum. Oxford, UK: Blackwell Publishing Ltd, 2020, 44(2): 144-160.

③ Ali Memon P and Kirk N A. Barriers to collaborative governance in New Zealand fisheries: Pt I[J]. Geography Compass, 2010, 4(7): 778-788.

究发现政府机构执行和政策执行的能力不足，以及相关政府机构之间缺乏沟通，进一步加剧了不可持续的做法，这些做法与协作保护相背离，而通过地方社区和加强地方决策与管理能使合作管理更加有效。① 总之，通过协作治理框架的运用，从不同角度对不同案例的实证分析，能够揭示出海洋环境治理过程的黑箱，从而为实践提供指导，与理论进行对话。

三、理论的预见性与“互联网＋治理”相辅相成

整体性治理对数字技术、信息整合的关注与当下对新兴信息技术应用于公共管理领域的趋势相契合。整体性治理理论的背景之一是数字时代的来临。在登力维看来，信息系统几十年来一直是形成公共行政变革的重要因素，政府信息技术成了当代公共服务系统理性和现代化变革的中心。这不仅是因为信息技术在这些变革中发挥了重要的作用，还因为它占据了许多公共管理的中心位置。② 整体性治理的内容包括一站式服务提供。其形式有多种，包括一站式商店（在一个地方提供多种行政服务），一站式窗户（与特定的顾客进行面对面的交往）以及网络整合的服务。对政府机构来说，一站式服务提供的动力在于把一些分散的服务功能集中起来，以便解决一些重复的问题。“只问一次”的方法表明了政府致力于不断使用已经搜集的信息，而不是重复地搜集同一信息。浙江省的最多跑一次的治理创新体现了整体性治理中一站式公共服务提供的思维。

谈及整合机制时，希克斯认为需要确立一种新的信息基础、信息分类和信息系统。整体性管理需要一种新的信息分类和系统。可以说这与我国近几年来兴起的“互联网＋公共管理”的研究热潮有一定的相似性。整体性治理理论的预见性对“互联网＋海洋环境治理”提供有价值的理论指导。

第三节 整体协作理论分析海洋环境治理的已有研究

一、现有研究综述

（一）协作需求与逻辑分析

在介绍整体性治理理论时，是从官僚制分工协作的背景下讨论“协调”需求的，而利用整体协作理论分析海洋环境治理的协作需求与逻辑时，需要更具有针对性的分析。刘爽和徐艳晴通过聚焦国务院不同职能部门中与海洋环境有关的行为主体，对其多元主体之

① Djosetro M and Behagel J H. Building local support for a coastal protected area: Collaborative governance in the Bigi Pan Multiple Use Management Area of Suriname[J]. Marine Policy, 2020, 112: 103746.

② 竺乾威. 从新公共管理到整体性治理[J]. 中国行政管理，2008(10)：52-58.

间的职责分工进行梳理，从而论证海洋环境协同治理的需求。[①] 可见协同需求是较为明显的，可能会有读者认为经过大部制改革，海洋治理体系已经有所优化，大部门系统下是否还需要广泛的协作？答案是肯定的，因为大部门内嵌着不同的小部门，这些部门仍然存在协作需求。比如，白福臣对雷州半岛的分析论证了以上观点，他认为雷州半岛存在治理整合机制碎片化，即存在治理盲区，现行的海洋生态管理体制的权责脱节以及权力真空导致海洋生态环境治理存在环境监管、责任追查、赔偿制度等方面的治理盲区。根据与原湛江市海洋与渔业局、原湛江市环境保护局等有关部门的访谈，在2018年国务院机构改革之前，雷州半岛来自陆源排污口的污染由原环保局负责，渔船的污染由海事局负责，河流河道入水口的整治由水务局负责，海洋与渔业局更多的是承担监测的功能。关于海洋生态环境的治理问题多由环保督察、海洋督查反馈到市政府，再由市政府安排海事局、原环保局或渔业局牵头负责处理，没有专门的行政执法机构统筹海洋生态环境治理问题，职能不一由来已久。[②]

除了从分工的视角对协作需求进行分析，还有学者从公共产品和海洋治理特性的角度进行了分析。“海洋环境污染是外部性显著的公共产品，治理海洋环境污染往往涉及多个地方政府，只有各地方政府通力协作才能达成较好的治污效果。”[③]顾湘接着指出由于海洋环境污染具有流动性的特点，一旦发生海洋环境污染问题，往往涉及多个沿海地方政府。作为海洋环境污染治理的核心主体，地方政府之间的关系在很大程度上影响着海洋环境污染治理的效果。可见，海洋环境污染的特殊性要求在治理过程中各政府的协调与合作，而地方政府自主意识的增强以及基于自身利益考量而引发的“各自为政现象”是协调合作的最大障碍。沈满洪在总结海洋环境保护的治理结构及其趋势时，指出按照“山水林田湖是一个生命共同体”的理念进行治理，就需要用系统论来指导。海洋是一个巨大的生态系统，也是一个生命共同体。但是，这个生命共同体被碎片化管理了。在陆域，存在“九龙治水”的现象；在海域，相当长的时间内存在“五龙治海”的现象。[④] 因此，从分工和公共产品的角度来分析，海洋环境治理的协作需求非常明显。

在协作需求明晰的基础上，要探讨的是整体协作治理的逻辑为何。基于利益博弈的协作逻辑分析，由于环境治理存在跨区域性，涉及不同政府主体、非政府组织和公众，在海洋治理合作过程中必然存在利益的冲突和博弈。环境治理的制度建设应基于利益平衡的制度逻辑展开，以利益为基础的国家公共政策考量实际已经成为当前环境治理的制度合作难点。[⑤] 张继平等人为改善东北亚区域海洋环境质量，基于利益视角并以“复杂人假

① 刘爽，徐艳晴. 海洋环境协同治理的需求分析：基于政府部门职责分工的视角[J]. 领导科学论坛，2017(11)：21-23.

② 白福臣，吴春萌，刘伶俐. 基于整体性治理的海洋生态环境治理困境与应用建构——以雷州半岛为例[J]. 环境保护，2020，48(Z2)：65-69.

③ 顾湘. 海洋环境污染治理府际协调研究：困境、逻辑、出路[J]. 上海行政学院学报，2014，15(2)：105-111.

④ 沈满洪. 海洋环境保护的公共治理创新[J]. 中国地质大学学报(社会科学版)，2018，18(2)：84-91.

⑤ 全永波. 海洋环境跨区域治理的逻辑基础与制度供给[J]. 中国行政管理，2017(1)：19-23.

设”为前提，对当前该区域存在的海洋环境合作治理利益诱因不足、利益沟通困难以及利益制衡匮乏问题进行研究。[①] 东北亚海洋环境区域合作治理存在问题的原因包括东北亚区域内地缘政治状况复杂、东北亚区域内经济交流有限、东北亚区域内国家文化认同度低、东北亚区域海洋环境社会组织力量薄弱。

根据全永波的分析，基于跨区域的海洋污染治理的基本逻辑可从三个层面分析：第一，一国管辖区域内的跨行政区、跨功能区海洋污染治理，环境治理的国家治理特色十分明显，其行为逻辑应确定“整体性治理”为导向的制度化框架，其余治理主体作为义务主体参与环境治理。第二，具有相同生态系统或环境治理诉求一致性较强的跨国界“区域海”，跨区域海洋污染治理的行为逻辑一般以“整体性治理”为导向，通过协商制定公约或其他具有共通性的制度，形成可执行的治理制度框架。第三，无法形成“区域海”治理机制的跨国界区域环境治理，多元主体治理海洋污染呈现出“多中心治理”的状态，但全球海洋污染治理的互通性，在治理行为逻辑导向上仍须基于整体性治理理念，以构建“软法”类制度或柔性机制，形成利益冲突的解决机制。[②]

从制度创新的角度审视环境协作治理的逻辑，可根据许阳等人的研究来探讨，首先是河长制（“条块”统筹的多部门合作制度），“河长制”是江苏省无锡市在环境领域推出的首个创新制度，确立了党政领导担任河长并对河湖管理负责的行政首长负责制，有效统筹了多个部门协同合作，解决了我国水环境管理部门众多、职能分散问题。河长制实行不久，其模式延伸到了海洋领域，推出了滩长制、湾长制等。其次是生态补偿制（法治化的利益协调制度）。近年来学术界对生态补偿制的研究较为全面、系统，以跨域治理视角既对本土生态补偿进行了研究，也对国外的相关经验进行了总结，为进一步完善生态补偿制奠定了良好基础。最后是联席会议制（区域协同的联合监管制度）。在环境治理中最早应用在区域治理中的政府横向合作机制，具体的实践中常常由“联席会议”“行政首长会议”“领导小组会议”等形式出现，尽管名称不同，但其作用逻辑一致，实际上构建了多元主体参与的机制，以协调多元主体的合作关系。[③] 海洋的整体性、流动性等固有的物理属性决定了海洋环境不能仅仅依靠属地治理，还应当实现整体性治理，要实现陆海联动、区域协同，在强化地方政府责任落实的基础上实现陆海统筹、区域协同共治，今后应当完善区域海洋环境治理的制度设计和组织架构，继续加大河流污染治理的力度，将陆上水污染治理同海洋环境治理加以统筹规划，实现陆海水污染治理“一盘棋”。[④]

（二）协作治理模式研究

首先是关于湾长制的协作治理模式。陈莉莉等人认为区域协同治理是强调多元主体

---

① 张继平，黄嘉星，郑建明．基于利益视角下东北亚海洋环境区域合作治理问题研究[J]．上海行政学院学报，2018，19(5)：92-100．

② 全永波．海洋污染跨区域治理的逻辑基础与制度建构[D]．杭州：浙江大学，2017．

③ 许阳，胡春兰，陈瑶．环境跨域治理：破解我国环境碎片化治理之道——研究现状及展望[J]．治理现代化研究，2020，36(6)：84-92．

④ 王琪，辛安宁．“湾长制”的运作逻辑及相关思考[J]．环境保护，2019，47(8)：31-33．

基于利益共同体而采取集体行动以及互相配合、相互协调和共同进步的治理模式，并且优于传统意义上的治理模式。[①] 为破解长三角地区海洋生态环境治理难题，中央与地方政府相继颁布和实施一系列制度和政策，进一步强化长三角地区海洋生态环境协同治理。然后从三方面总结湾长制的地方实践，首先是上下联动，部门协同，作为试点地区的江苏省连云港市成立"湾长制"工作领导小组，并建立四级联动的"湾长"组织体系。浙江省试点地区舟山市、宁波市、温州市和嘉兴市等按照分级管理和属地负责的原则，建立由市和县（区、管委会）二级"湾长"以及乡（镇、街道）和村（社区）二级"湾（滩）长"组成的组织体系。其次是政社联合，协同推进，连云港市联同中国移动运营商合作开发"湾长通"APP，通过整合信息数据加强"湾长制"信息化建设，从而构建包括日常管理、监督举报、问题受理和及时反馈的响应机制，实现对湾（滩）环境的精细化管理和常态化监督。浙江省探索建立"湾（滩）长"巡查、群众参与和执法人员整治"三位一体"的湾（滩）管理网格化工作机制，建立村级湾（滩）保洁员雇佣机制，实施常态化湾（滩）清理。最后是公众参与，协同共治，连云港市发挥社会公益环保组织的作用开展湾（滩）治理，多家海洋环保公益团队通过开展"净滩"和海洋垃圾清理等公益活动，增强公众的海洋保护意识和培养公众爱护海洋环境的"主人翁"意识。但是目前存在"跨行政区域协同治理"缺失的问题，需要进行跨区域湾长制的创新。

其次是关于海洋环境管理的整体性治理模式研究。吕建华和高娜是较早提倡运用整体性治理理论分析海洋环境治理的学者，其认为整体性治理理论特别着力于政府组织体系整体运作的整合性与协调性，其总体特征是强调制度化的跨界合作，而我国的分散型管理体制，对海洋经济的发展和海洋环境保护存在很大的制约性[②]。同时，由于缺乏系统的理论支持，国内提出的一些体制方案也未能得到认可和有效实践，导致改革步伐滞后。借鉴整体性治理理论进行海洋环境管理体制改革是必要的。第一，建立整合协调的海洋环境管理体制。要求建立与完善相应的法律体系，设立高层次的区域间综合协调机构，并建立整合统一的政府间协调机制。第二，建立集中统一的海上执法力量。国内外海上执法实践表明，海洋行政管理可以由不同部门分别负责，但海上执法必须由一个部门集中负责、统一执法，培育区域与地方辅助执法力量。第三，建立一体化的海洋环境管理信息平台。要求强化网络数字信息技术的应用，建立基于网络和数据库的海洋环境信息资源"共享"系统。张江海运用整体性治理理论分析了我国海洋生态环境治理体制的碎片化现状，包括治理主体权责配置碎片化、治理政策执行碎片化、治理整合机制碎片化和治理信息共享机制碎片化[③]。

---

① 陈莉莉，詹益鑫，曾梓杰，等.跨区域协同治理：长三角区域一体化视角下"湾长制"的创新[J].海洋开发与管理，2020，37(4)：12-16.

② 吕建华，高娜.整体性治理对我国海洋环境管理体制改革的启示[J].中国行政管理，2012(5)：19-22.

③ 张江海.整体性治理理论视域下海洋生态环境治理体制优化研究[J].中共福建省委党校学报，2016(2)：58-64.

最后是协同合作共建性的微治理模式。史宸昊和全永波以整体性治理理论为背景依据，把协同治理和利益权衡作为研究手段，综合考虑政府与社会公众之间的关系，以及海洋生态环境治理过程中所存在的利益权衡问题，以微治理机制作为分析要点，将其与海洋生态环境治理相结合来阐述海洋生态环境微治理机制的理论逻辑。[①] 协同合作模式以协同治理为理论基础，强调政民共建，以政府和社会公众合作建立治理组织为核心，充分调动和发挥民间机构、社会企业等组织和个人在资本和技术上的优势，提高对社会治理的治理效果。

二、研究述评与展望

(一)研究方法：定量与定性实证研究并重

回顾已有的海洋环境整体协作治理的研究文献，可以分析出现有文献主要关注的是定性研究方法，使用定量研究的文章比较少。定量研究与定性研究不同，能够对理论和变量间的关系进行实证检验，从而修补理论，完善理论。严谨的定量研究能够对当前的研究进行弥补，以补充现有的海洋环境整体协作治理的知识体系。在这方面具有代表性的一类研究是运用社会网络分析方法的海洋环境治理文献，该类研究通过收集大量的网络数据，运用定量分析软件对研究假设进行检验，以得出较为可靠的研究结论，是对定性研究的有力补充。除此之外，还可以从定性与定量相结合的方向发展，"这两种方法可能在理论的建构、概念的阐释以及结论的实证检验方面有互补作用"[②]，对我国的海洋环境整体协作治理研究能够起到促进作用。

(二)理论层面：展开与既有理论的对话

根据对现有文献的回顾，目前的研究有比较浓厚的理论色彩，能够运用理论工具针对不同的案例结合各种方法进行透彻的分析。美中不足的是缺少了与经典理论的对话，例如，仅仅是运用理论工具去分析一个案例，而没有针对理论对研究发现进行讨论，缺少了案例与理论的对话，对于理论的发展和完善是不利的，"从实证观察到认真的理论建构这样多次反复的持续进程中，知识会自然增长"[③]。同时运用理论框架要避免陷入"削足适履"的困境，因为理论具有局限性，"科学的知识，是对一种理论或其各种模型相关的情形之多样性的理解，也是对这种理论之局限性的理解"[④]。奥斯特罗姆还引用了戈德温和萨帕德的观点，"政策科学家们在为认真考虑现实世界中的变量与理论模型是否一致的情况下使用公地困境模型，实际上做着与强行把正方形、三角形和椭圆形都剪裁成一个圆形相同的事情。"[⑤]对理论的运用或挑战都需要谨慎对待，尤其要避免上述的削足适履的困境。

---

① 史宸昊，全永波．海洋生态环境"微治理"机制：功能、模式与路径[J]．海洋开发与管理，2020，37(9)：69-75.
② 祁玲玲．定量与定性之辩：美国政治学研究方法的融合趋势[J]．国外社会科学，2016(4)：130-137.
③ 奥斯特罗姆．公共事务的治理之道．上海：上海译文出版社，2012.
④ 奥斯特罗姆．公共事务的治理之道．上海：上海译文出版社，2012.
⑤ 奥斯特罗姆．公共事务的治理之道．上海：上海译文出版社，2012.

因此，未来的海洋环境整体协作研究，需要积极与理论进行对话，在讲好中国海洋治理故事的基础上，形成有价值的本土理论，与西方传入的治理理论进行对话。

（三）研究主题：跨区域治理的协作问题

无论是整体性治理理论还是协作治理理论，其中非常重要的概念就是整合、协调、协作跨界和跨域。结合目前的研究热点，跨区域海洋治理是一个值得挖掘的研究主题，其重要性可以从两方面看出，首先是政策层面，“十四五”规划指出，要继续开展污染防治行动，建立地上地下、陆海统筹的生态环境治理制度，强化多污染物协同控制和区域协同治理。政策所强调的陆海统筹和区域协同治理足以说明海洋环境跨区域治理对于生态环境保护的重要性。其次，从研究层面来看，跨区域治理亦是未来能够继续发展的研究主题。郁建兴对浙江海洋大学全永波教授和叶芳博士的《海洋环境跨区域治理研究》评论中提到，“该著作立足于治理体系的现代化和生态文明的千年大计，从海洋环境跨区域治理的理论内涵出发，对我国海洋环境治理的历史变革进行了系统回顾，同时对海洋环境治理的国际性制度比较分析，并从海洋环境跨行政区、跨国界、跨海洋功能区 3 个层面出发开展新治理模式的理论分析和实践论证，最后还给出了海洋环境跨区域治理的制度构建建议。”[①]国外学者在该研究论题方面进行了探索，其研究了黑海委员会在促进黑海的沿海国家之间有效的区域合作方面的表现，结果表明，黑海委员会采取的措施在促进黑海国家之间的科学和基于项目的合作方面是有效的，但在某些方面受到限制需要进行改善。[②] 在扎实的学理分析的基础上，对跨区域治理提出建设性的政策建议，对于公共部门工作者来说是有益的。目前对于跨区域治理问题的困境、成功经验、协作机制都需要进一步的归纳和解释。

---

① 郁建兴.跨区域治理：海洋环境治理的范式创新——评全永波等著《海洋环境跨区域治理研究》[J].海洋开发与管理，2020，37(7)：70.

② Avoyan E, van Tatenhove J and Toonen H. The performance of the Black Sea Commission as a collaborative governance regime[J]. Marine Policy, 2017, 81: 285-292.

第六章　海洋环境治理的理论分析：博弈理论

第一节　博弈理论理论概述

博弈论(Game theory)，又称对策论，在数学、社会科学，在经济学以及生物学、工程、政治学、国际关系、计算机科学和哲学中应用得最多[①]。博弈论是对策略和冲突的数学研究，其中代理人在做出选择时的成功取决于他人的选择。它最初是在经济学中发展起来的，目的是了解大量的经济行为，包括公司、市场和消费者的行为[②]。博弈论也被用来试图发展伦理或规范行为的理论。近年来，博弈论作为经济学、哲学、管理学和政治学等公共政策学科的研究和应用的一个方面，以及在公共政策本身的工作中，变得更加突出。这种日益突出的原因之一可以从 Thomas Schelling[③](1960)和 Robert Aumann[④](2004)的一些评论中理解。他们说博弈论的主题将更好地描述为交互决策理论。正如 Aumann 所说，博弈论是一个跨学科的领域。“很少有学科具有如此广泛的跨学科范围，让我把一些涉及博弈论的普通学科放在这里。我们有数学，计算机科学，经济学，生物学，(国家)政治学，国际关系，社会心理学，管理学，商业，会计学，法学，哲学，统计学。即使是文学批评…我们也有运动[⑤]”(Aumann，2003，p. 4)。在实践中，博弈论对公共政策和相关学科的影响，与其说是广泛定理的结果，不如说是有洞察力的例子的结果。

公共政策是一个很现实的领域，这一观点导致将公共政策视为一个过程的结果，公共政策分析往往是在公共政策过程中进行的。我们可以大致勾勒出公共政策进程如下：(1)发现了一个似乎需要公共倡议作为解决办法的问题。(2)提出替代解决办法。(3)对解决办法进行评估，并尽可能确定最有前途的解决办法。(4)建议得到提倡，并寻求公众

---

① Bhuiyan B A. An overview of game theory and some applications[J]. Philosophy and Progress, 2018, 59(1-2): 111-128.

② 本节主要参考：Roger AM. Game Theory and Public Policy, Second Edition[M]. Edward Elgar Publishing Limited, 2015. 未特别标准，均参考此书，下同。

③ Schelling T. The Strategy of Conflict[M], Cambridge, MA: Harvard University Press, 1960.

④ O'Neill B. Handbook of Game Theory, Vol. 3: Edited by Robert Aumann and Sergiu Hart, Elsevier, New York, 2002[J]. Games & Economic Behavior, 2004, 46(1): 215-218.

⑤ Aumann R, "Presidential Address,"[J]. Games and Economic Behavior, 2003, 45: 2-14.

支持，在此过程中可能出现新的利益集团和组织。(5)提案在适当级别提交政府立法或行政部门。(6)提案的颁布有无修改。(7)该提案得到执行。(8)在实施该方案方面的经验得到受影响者的反馈。(9)周期从改进、替换或放弃政策的建议开始。博弈论如何融入这个过程？今天，人们普遍认识到博弈论有两大分支，即非合作和合作分支。在这两种情况中，非合作博弈理论的影响更大，特别是在20世纪末和21世纪初。这通常被视为一种制度二分法：合作博弈论在协议可执行时适用，而非合作博弈论则适用于其他情况。

在博弈论中，满足某些条件的博弈状态，如某种特定意义上的稳定性，可能是博弈的候选解。这里，“解决方案”这个词的意思是数学意义上的，而不是实用意义上的。一组在意义上稳定的决策，即没有人可以通过单方面改变他的策略来改善他的结果(而其他人则继续他们的策略决策不变)称为纳什均衡，纳什均衡可能是最著名和应用最广泛的非合作解决方案概念。在合作博弈论中，选择共同决策或联合策略的有约束力的协议被认为是可能的。一个达成这样一项协议的团体，据说会形成一个“联盟”。“联盟”一词在政治上的用法是最著名的，因为它是议会政府中的一个政党团体，它们联合起来形成多数共同执政。在合作博弈理论中，这个词被推广到“游戏”中的任何一组玩家，他们一起选择他们的策略。大多数游戏有两个以上的参与者，适用于公共政策问题，个人行为者可以通过与具有约束力的协议结成联盟选择联合战略而受益。事实上，正如Maskin[①](2004)所指出的，“我们生活在联盟中”，因此，对社会生活(特别是公共政策)的描述必须是相当不完整的。

一、游戏

任何博弈论应用的第一步，无论是对公共政策还是出于任何其他目的，都是将现实世界中的利益现象表示为一个互动决策问题，即“游戏”。游戏是博弈论研究的对象，完整的规则集描述了一个游戏。大多数游戏是为了娱乐和休闲而玩的。当有人反应过来时，我们有时会说“这只是一场游戏”。跳棋、国际象棋、足球、柔道和壁球以及成千上万的其他正式比赛都是有两名球员或两支球队的比赛的例子。大多数这些游戏结束后只有一个赢家[②](Geckil，2010)。但还有许多其他的情况可以表述为游戏。游戏是一种抽象，它被定义为对战略形势的正式描述。任何战略互动都涉及两个或两个以上的决策者(参与者)，每个人都有两种或两种以上的行动方式(策略)，因此结果取决于所有参与者的战略选择。每个玩家在所有可能的结果中都有明确定义的偏好，从而能够分配相应的实用程序(收益)。游戏明确了玩家互动的规则、玩家可行的策略以及他们对结果的偏好(Bicchieri 和 Sillari，2005，P. 296)。所有游戏都有三个基本要素：玩家，策略，收益。所以，一个正常形式的游戏包括：

---

① Maskin E. The Second Toulouse Lectures in Economics：Bargaining，Coalitions and Externalities[J]. 2004.

② Geckil I K，Anderson P L，et al. Applied Game Theory and Strategic Behavior[M]. London：CRC Press，2010.

a) A (finite) number of players. P= {1,2,3,…,n},
{P1,…,Pn}
b) A Strategy set Si assigned to each player: {S1,…Sn}
c) A utility/payoff function-set players gains: {U1,…Un}

由于游戏是一个互动的决策问题，我们的代表必须至少包括一组决策者，其中一些选择必须由他们决定，以及一些目标需要由决策来推进。我们把它称之为决策者组 N，并表示决策者组 1,2,…的成员。决策者组是非空的，也就是说，它至少有一个成员。我们通常会把这个集合的成员称为"玩家"或"代理"。我们有时只会和一个玩家谈论"游戏"，尽管在这种情况下没有互动。不同参与者的目标通常是不同的，并且可能是相互冲突的。现在，我们简单地将这些目标表示为数字，并将数字视为"游戏"的金钱回报。下面是交互式决策理论的一个例子。(我们称之为水上游戏。)

伊斯特兰和威斯特里亚共享南流河谷，这形成了它们之间的边界。每个国家都控制着河流的一些北部支流，并可以将水从支流中分流给自己使用。然而，任何从河流支流的改道都将分流两国南部地区的公民用于灌溉和其他目的的水，如果两国分流支流的水，南部的水流就会减少，也会出现淤积和航行问题。可靠的成本效益研究提供了以下数据：如果只有一个国家将水从支流中分流，该国的净收益将为 30 亿欧元，但另一个国家将损失 40 亿欧元。然而，如果两国将水从支流转移出去，每个国家将遭受 20 亿的净损失。两国不相互信任，尽可能地对彼此的决定严格保密，因此每个国家只能猜测对方将决定什么，并认为不可能影响对方的决定。在这个例子中，参与者是两个国家，替代方案是每个国家的需要获得水的不同方式。这些决定是把水从支流中分流出来。成本效益研究表明，决策是互动的：也就是说，每个国家的净收益或损失取决于另一个国家的决定以及它们自己的决定。这个例子说明了最简单的一类非平凡的游戏，两对两的游戏，即两人的两策略游戏。

继续使用水游戏的例子，我们可以用表格的形式来表示它(见表 6.1)。通过选择转移或不转移，Eastland 决定结果将是表底两行中第一行或第二行的收益。威斯特里亚的决定是否转移，决定了结果将是最后一栏还是下一栏的收益。这当中，第一个回报是伊斯特兰，第二个回报是威斯特里亚。

表 6.1 in strategic normal form

Payoff order: Eastland, Westria		Westria	
		Divert	Don't
Eastland	Divert	−1−1	3,−4
	Don't	−4,3	0,0

上述我们所看到的例子都是从"非合作"博弈论中得出的。水游戏中，在其中的代理人采取故意保密和互不信任的行动，特别说明了一个不合作的游戏。合作博弈理论适用

于游戏中的玩家形成“联盟”，即选择共同策略来提高群体成员收益的群体。合作博弈理论特别依赖于数学集合论的许多基本思想。通常的假设是，“游戏”中的任何一组代理都可以形成一个联盟，代理 a、b 和 c 之间的联盟将被表示为{a、b、c}。括号{}在集合理论中是传统的，用来表示“集合”的“元素”，或者用另一种普通语言分组的个体。合作博弈论的大多数研究都将从枚举所有可能的联盟开始。当联盟成立时，人们的期望是，通过共同努力和选择联合战略，他们能够全面提高其成果。这可能是一个成员，记作 c，承担了一个特殊的成本，或者另一个代理，如 a，得到了大部分的好处。例如，改变河道，使上游的河流使用者受益(从改道的水中受益)，但下游的河流使用者却损失，则 c 为下游，a 为上游。为了让 c 加入联盟，可能需要 a 支付一些补偿。如果我们认为政府就像在每一种情况下都是国内利益集团的联盟一样，这可能是伊斯特兰和威斯特里亚政府在其家庭用水政策中面临的一个问题。假设可转移效用是很常见的，这意味着将 c 的一些收益简单地转移到 a 可以完全补偿 a。

游戏可按各种标准区分：

a)根据玩家数量：通常应该有多个玩家。玩家的最大数量是有限的。一个球员可以被描述为一个国家，或者一个由许多人、公司、同事等组成的团队。游戏分为一个人，两个人，或 n 人(n>2)游戏。

b)根据玩家的理性：博弈论许多变体中的一个关键假设是玩家是理性的。一个理性的球员总是选择一个行动，给出他最喜欢的结果，因为他期望他的竞争对手做什么。可以区分两种极端方式。第一个被称为“智能”玩家，他的行为是理性的。另一个极端是选择随机动作的玩家。

c)根据合作：游戏可分为合作和非合作。允许玩家在联合策略上相互合作的游戏称为“合作游戏”。例如，合作博弈是交易各方之间相对于目标公司价值的讨价还价博弈。对于不合作是个人玩家不能合作的基本假设。在这个游戏中与战略选择的分析有关。

d)正常和广泛的形式：正常形式的战略形式，是非合作博弈理论中研究的基本博弈类型。一个战略形式的游戏列出了每个玩家，以及每个可能的选择组合所产生的结果。广泛的形式，也被称为游戏树，比游戏的战略形式更详细。

e)零和和非零和游戏：Zerosum 游戏具有玩家收益之和等于零的属性。例如，国际象棋、扑克和大多数体育游戏，如篮球，都是零和游戏。现实世界的游戏很少是零和游戏。也叫恒日游戏。在非零和游戏中，所有玩家都可以一起赢或输。在我们的现实生活和商业世界中，大多数游戏都是非零和游戏。例如，公司之间的价格战是非零和博弈。在非零和游戏中，玩家有共同和相互冲突的利益(Geckil，2010)。

二、博弈论

博弈论是对冲突和合作情况的逻辑分析。博弈论可以被正式定义为冲突情境下的理性决策理论。它涉及：

a)一组决策者，称为玩家；

b)一套可供每个玩家使用的策略，他或她可以选择遵循的行动路线；

c)一组结果，每个玩家选择的策略决定游戏的结果；

d)在每一个可能的结果中给予每个参与者的一组回报[①]。(Rapoport，1974 年，第 1 页)

因此，博弈论是研究玩家应该如何理性地玩游戏。每个玩家都希望游戏以一个结果结束，这给他尽可能大的回报。他对结果有一定的控制，因为他选择的策略会影响结果。

被称为“博弈论”的领域是在 20 世纪由数学家和经济学家引入的，作为分析经济竞争和政治冲突的工具。两位著名的博弈理论家罗伯特·奥曼和奥利弗·哈特用以下方式解释了这种吸引力：

博弈论可以被看作是社会科学理性方面的一种保护伞或“统一领域”理论，其中“社会”被广义地解释为包括人类和非人类玩家(计算机、动物、植物)，它不使用不同的、临时的结构，它开发了原则上适用于所有交互情况的方法[②]。(Aumann 和 Hart，1992，P. 3)

博弈论的主题是情境，其中玩家的结果不仅取决于他自己的决定，而且取决于其他玩家的行为。博弈论是组织中独立和相互依存的决策理论，其结果取决于两个或两个以上自主参与者的决定，其中一个可能是自然本身，没有一个决策者能够完全控制结果[③](Kelly，2003)。

博弈论的概念提供了一种共同的语言来制定、结构、分析和最终理解不同的战略场景。博弈论是一门科学学科，它调查冲突情况、代理人之间的相互作用及其决策[④](Hotz，2006)。为了进行危急情况的分析，博弈论使用不仅是数学仪器，也是经济学、政治学、法学、心理学、哲学等学科的重要工具。

经济学(作为一个独特的研究领域)始于亚当·斯密的《国富论》，而博弈理论，我们一般认为始于 1944 年。数学家约翰·冯·诺伊曼(John von Neumann)和经济学家奥斯卡·摩根斯坦(Oskar Morgenstern)合作出版了《博弈论与经济行为》一书，概括了经济主体的典型行为特征，提出了策略型与广义型(扩展型)等基本的博弈模型、解的概念和分析方法，奠定了经济博弈论大厦的基石，也标志着经济博弈论的创立[⑤]。

那么，什么是博弈论？奥曼认为，较具描述性的名称应是“交互的决策论”。可以看到，奥曼对博弈论的定义是十分简洁凝练的。因为博弈论是研究决策者的行为发生直接相互作用时的决策以及这种决策的均衡问题，就是说人们之间的决策与行为将形成互为

① Rapoport A (ed.). Game Theory as a Theory of Conflict Resolution[M]. USA: D. Reidel Publishing Company，1974.

② Aumann R and Hart S. Handbook of Game Theory[M]. Amsterdam: North-Holland，1992.

③ Kelly A. Decision Making using Game Theory[M]. Cambridge: Cambridge University Press，2003.

④ Hotz，Heiko. (2006). A Short Introduction to Game Theory. Retrieved on 21.09.2017 from: http://www.theorie.physik.lmu.de/

⑤ 郭其友，张晖萍. 罗伯特·奥曼的博弈论及其经济理论述评[J]. 国外社会科学，2002(5):75-78.

影响的关系，一个经济主体在决策时必须考虑到对方的反应，所以用“交互的决策”来描述博弈论是再简洁不过的了。奥曼还以经济主体的理性为分析的出发点，认为博弈论是交互式条件下“最优理性决策”，即每个参与者都希望能以其偏好获得最大的满足。如果仅有一个参与者，通常就会产生划分明确的最优化问题。而在多人参与者的博弈论中，一个参与者对结果的偏好等级并不意味着是他的可能决策的等级，这个结果也取决于其他参与者的决策。

奥曼还分析了一般和特殊模型中的“解概念”，指出，就社会科学的理性方面而言，博弈论是一种概括或“统一场论”。这里的“社会”是广义的，包括人类和非人类的参与者（如计算机、动物、植物等）。与探讨像经济学或政治学等学科的他种方法不同，博弈论不利用个别的、特定的结构讨论各种具体问题，如完全竞争、垄断、寡头垄断、国际贸易、征税、表决、威慑等等。更确切地说，博弈论发展了原则上应用于所有交互情形的一套方法，并进而探讨这些方法在每一具体应用中所导致的结果。从一般博弈论方法得到的结果与用较为特殊的方法得到的结果之间，常常出现密切的联系。然而在其他的情形下，博弈论方法会得出一些其他方法未能得出的新见解。

（一）博弈论的背景和影响

博弈论已被广泛认为是不同领域的重要工具，它的发展在很大程度上被拓宽了。对博弈论的初步讨论发生在詹姆斯·沃尔德格雷夫（JamesWaldegrave）1713年写的一封信中。在这封信中，Waldegrave提供了一个混合策略解决方案，一个两人版本的纸牌游戏LeHer。詹姆斯·麦迪逊（James Madison）对不同税收制度下的国家行为方式进行了博弈论分析。正式博弈论分析的最早例子是1838年安东尼·古诺（AntoineCournot）对双寡头的研究。他的出版物《财富理论的数学原理研究》提出了一个纳什均衡的限制性版本的解决方案[①]（Crider，2012年，第4页）。数学家埃米尔·博雷尔在1921年提出了一种正式的游戏理论，数学家约翰·冯·诺依曼在1928年的“客厅游戏理论”中进一步提出了这一理论。

约翰·冯·诺依曼和奥斯卡·莫尔根斯特恩于1944年发表了“游戏和经济行为”，介绍了我们现在称之为“博弈论”领域的经济和数学基础。这本书包含了许多基本的术语和问题设置，目前仍在使用。冯·诺依曼和奥斯卡·莫根斯特恩建立了一个领域，即经济和社会问题通常可以被描述为合适的战略博弈的数学模型。这项巨大的工作为两人零和游戏找到相互一致的解决方案提供了方法（Geckil 和 Anderson，2010）。

第二次世界大战后，博弈论与兰德公司密切相关。兰德（Rand）公司是一家在战争结束时从美国空军剥离出来的私营公司，它特别关注洲际核战争的前景。博弈论显然与这一任务有关，因此，该组织通过聘请顾问冯·诺依曼和博弈论发展中的其他核心人物，如

---

① Crider L. Introducing Game Theory and its Applications[M]. Delhi：Orange Apple Publication，2012.

约翰·纳什、邓肯·卢斯和霍华德·拉伊法[①]（Heap 和 Varoufakies，1995）来支持其发展。

1950年，当约翰·纳什（John Nash）为一般非合作理论和合作谈判理论开发博弈论工具和概念时，博弈论得到了长足的发展。他在1951年介绍了一种战略博弈的“纳什均衡”。博弈论在理论上被拓宽，并应用于20世纪50年代和60年代战争政治学和哲学问题。英国哲学家 R. B. Braithwaite 在他的“游戏理论作为道德哲学家的工具”一书中于1955年应用于哲学。在这本书中，Braithwaite 提供了如何利用游戏来达成道德和伦理决定（Geckil 和 Anderson，2010）。

作为一种专门的领域博弈论是由伟大的数学家和经济学在20世纪末和21世纪初建立的，博弈论在1994年获得诺贝尔经济学奖后得到了约翰·哈桑尼、约翰·纳什和莱因哈德·塞尔滕的特别关注。游戏理论家托马斯·谢林和罗伯特·奥曼于2005年获得诺贝尔奖。谢林研究了动态模型是进化博弈论的早期例子。奥曼通过博弈论分析增强了我们对冲突和合作的理解。2007年，罗杰·迈尔森（Roger Myerson）与列奥尼德·赫维奇（Leonid Hurwicz）和埃里克·马斯金（Eric Maskin）一起为“以博弈论的结果及其设计为机制设计理论”奠定了基础。阿尔文·罗斯和劳埃德 S. 沙普利因“稳定分配理论和市场设计实践”于2012年被授予诺贝尔经济学奖。2014年，诺贝尔奖颁给了游戏理论家让·特里奥尔。十一位游戏理论家获得了诺贝尔经济学奖，约翰·梅纳德·史密斯因应用博弈论而被授予克拉福德奖[②]（Aumann，1991）。

（二）经典例子——分析“囚徒困境”

最为经典或讨论最多的使用博弈论的例子是囚徒困境。“囚徒困境”是两人非零和博弈的一个例子，在这种博弈中，一些结果是两个玩家都喜欢的。它是博弈论的一个子集，并被简化为给每一方两个“决定—导致”2＊2＝4个可能的结果。

在1950年，兰德公司的 MelvinDresher 和 MerrilFlood 考虑了博弈（见表6.2），以说明非零博弈可能有一个平衡结果，这是独特的，但不能是帕累托最优的。

表6.2 最初的囚徒困境

Colin

Rose		A	B
	A	(0,0)	(−2,1)
	B	(1,−2)	(−1,−1)

（答 A 是“不坦白”；B 是“坦白”。）

① Heap S. P. H and Varofakis Y, et al. Game Theory: A Critical Introduction[M]. London: Routledge, 1995.

② Aumann R. Game Theory, In Eatwell John, Milgate Murray, and Newman Peter[M]. The New Palgrave: A Dictionary of Economics, London: Palgrave Macmillan, 1991.

后来，当阿尔伯特·W·塔克在斯坦福大学的一次研讨会上介绍这个例子时，他讲述了这个游戏并正式化[①](Straffin,1993,73)。囚徒困境的故事如下：

“两名被控犯有同一罪行的囚犯被关在单独的牢房里。只有一人或两人认罪才能导致定罪。如果两人都不认罪，他们可以被判犯较轻的罪，处以一个月的监禁。如果两人都承认犯有重大罪行，两人都将被减刑五年。如果一个人认罪，而另一个人不认罪，第一个人就自由了(因为他已经交出了国家的证据)，而另一个人则被判了整整十年徒刑。在这种情况下，承认有罪或否认有罪是合理的吗[②]?”(Rapoport,1974 年,第 17 页)。

在这种情况下，两名嫌疑人都提出了以下选择：

a)如果两名嫌疑人都不认罪，他们将被逮捕 1 个月。

b)如果两名嫌疑人都认罪，他们将被逮捕 5 年。

c)如果一个嫌疑人招供，另一个没有，那么一个认罪的人就会得到自由(0)。另一个不认罪的人将被逮捕 10 年。

在这种情况下所涉及的常数，需要在这里介绍：

R=相互合作的报酬=合作与合作的报酬(C/C)

S=回报=合作对抗缺陷的回报(C/D)

T=缺陷=损害合作的回报(D/C)

P=对相互背叛的惩罚=对背叛的回报(D/D)

囚徒困境条件的一般形式：T>R>U>S 和 R>(ST)/2

情况可以用如表 6.3 的收益矩阵来描述：

表 6.3　囚徒困境

	C	D
C	(R,R) (0,0)	(S,T) (−2,1)
D	(T,S) (1,−2)	(P,P) (−1,−1)

(C:合作与开发 D:缺陷)

(三)合作与非合作博弈论

博弈论还可以划分为合作博弈与非合作博弈。在 20 世纪 50 年代，既是合作博弈发展的鼎盛期，又是非合作博弈的开创期。奥曼在该方面的贡献在于，一方面把“可转移效用”理论扩展为一般的非转移效用理论；另一方面发展并提炼了“什么是理性”，使之形成

① Straffin P. Game Theory and Strategy[M]. Washington, DC: The Mathematical Association of America, 1993.

② Rapoport A. Game Theory as a Theory of Conflict Resolution[M]. USA: D. Reidel Publishing Company, 1974.

统一的观点。

合作博弈理论不讨论理性的个人如何达成合作的过程，而是直接讨论合作的结果与利益的分配。合作博弈的基本形式是联盟型博弈，它隐含的假设是存在一个在参与者之间可以自由转移的交换媒介（“货币”），每个参与者的效用在其中是线性的。这些博弈被称为“单边支付”博弈，或“可转移效用”博弈（TU-games）。奥曼把“可转移效用”理论扩展到一般的非转移效用理论，发展并加强了可转移效用和非转移效用的合作博弈论。他先是界定了非转移效用联盟形式的博弈概念，然后提出了相应的合作解的概念。他研究了不同模型中的合作解，同时，将非转移效用值公理化，这是奥曼对合作博弈论基本原理所做的贡献之一。在1985年，奥曼还成功地制定了描述非转移效用值的一个简单公理集，这不仅拓展了这一领域的研究，而且产生了许多新的研究方向。

非合作博弈论的重点是对个体的战略选择，即每个参与者如何博弈，或者说选择什么策略达到他的目标。与之不同，合作博弈理论的重点则是对群体，并仅从更一般的意义上阐述了每个联盟的赢得，而没有说明如何赢得。奥曼通过多年的努力，发展并提炼了“什么是理性”。他认为：“如果一个参与者在既定的信息下最大化其效用，他就是理性的。”因此，一个理性人选择他最偏好的行动，当然“最”是相对于他所掌握的（关于环境和其他参与者的）知识而言的。令人惊讶的是，这个看上去简单清晰的表述可以以不同的方式理解，当然，也有些是互相矛盾的。什么是“参与者的信息”？他知道其他人的什么情况？是他们的理性吗？奥曼在他的许多影响深远的研究工作中解决了这些问题，并为这些模型制订了标准。

首先，他考察了知识和信息问题。对于这个问题，奥曼相当精确地概括出具有常识性的概念。他指出，如果开始时两个参与者具有了相同信念，但在对于一个具体事件的较晚的信念（基于不同的个人信息）是常识的，则这些较晚的信念必然形成一致。奥曼的观点对非博弈论产生了重大的影响。一方面，它促进了涉及多人情形下知识的正式概念的“交互认识论”整个领域的发展。另一方面，它形成了许多应用范畴，从经济模型——诸如只要人们有相同的最高执行官，他们的行为是人所共知的，那么具有不同信息的人们之间就不会产生交易——到计算机科学——用于分析分布环境，诸如多重处理器网络等。

其次，他假定参与者是“贝叶斯理性的”（Bayesian rational）。这在一人决策论中或许是标准的，但是它在多人模型中是否也适用？奥曼引入了相关均衡的基本理论概念。相关均衡出现在经济和其他许多领域，引起了对不同交流程序和通常所说的“机制”的更重要的研究。

同时，奥曼还研究了“达到古典纳什均衡所需要的理性和理性知识的范围”的基本问题。他的观点与专业人士相反，认为答案并不一定是“理性的常识”。严格的理性是对决策者行为复杂的假设，由此产生了对边界理性模型的考察，该模型放宽了假定。奥曼指出，在交互情形下，微小的非理性是如何起很大作用的。实际上，在某些情形下，它能够导致重复博弈的合作。

博弈论是对有才智的理性决策者之间冲突与合作的形式化研究。它一直是一个强有力的分析工具，帮助我们理解决策者互动时可以观察到的现象。博弈论模型变得越来越复杂，但其结果是更加强大和有用。它已成功地应用于广泛的学科，包括经济学，社会学，心理学，哲学。博弈论帮助我们增强了直觉，允许对代理人（玩家）之间的不同思想、规范、价值观进行“理性重建”，以进行重要的哲学论述。正如英国著名作家查尔斯·兰姆（1775—1834）在其《埃利亚的散文》中所说：“人是一种游戏动物。他一定一直努力在某件事上变得更好”。

第二节　博弈理论理论分析海洋环境治理的适用性

一、海洋环境与海洋环境治理

随着经济社会的快速发展以及陆地资源的开发饱和性，许多国家对资源的开发重心从陆地转向了海洋。海洋资源的开发和利用在沿海国家中引起了相当大的关注[①]。随着全球化进程的进一步发展，以经济全球化为主线，包含各国政治、军事、科技、安全、航运、环境等领域在内的多层次、多领域的交互联系深刻地影响着海洋资源与环境的利用，海洋资源的争夺与海洋环境的破坏日益严重[②]。近年来，随着海洋资源开发和利用的改善，海洋环境治理逐渐呈现出多主体、复杂化、多样化等特点，传统的治理方法和模式显得过时。解决复杂治理主体和多元化利益相关者引起的相互依赖和冲突的海洋问题[③④]（RaumS.，2018；Soma，K.，Dijkshoorn-Dekker，M. W. C；Polman，N. B. P，2018）已经成为许多国家海洋环境治理的重要课题。

海洋环境治理是指以海洋环境的自然平衡和可持续利用为目标，通过行政治理，法律制度，经济手段，科学政策和国际合作，维护良好的海洋环境，预防、减轻和控制海洋环境损害或退化的行政行为[⑤]。为有效解决日益加剧的海洋环境问题，海洋环境治理应运而生，也成为全球治理理论的重要组成部分。海洋环境治理日益受到国际组织、政府和社会

---

① Dauvergne P. Why is the global governance of plastic failing the oceans? [J]. Global Environmental Change, 2018, 51: 22-31.

② 龚虹波.海洋环境治理研究综述[J].浙江社会科学,2018(1):102-111.

③ Raum S. A framework for integrating systematic stakeholder analysis in ecosystem services research: Stakeholder mapping for forest ecosystem services in the UK[J]. Ecosystem Services, 2018, 29: 170-184.

④ Soma K, Dijkshoorn-Dekker M W C and Polman N B P. Stakeholder contributions through transitions towards urban sustainability[J]. Sustainable Cities and Society, 2018, 37: 438-450.

⑤ Jiang D, Chen Z, Mcneil L, et al. The game mechanism of stakeholders in comprehensive marine environmental governance[J]. Marine Policy, 2019: 103728.

的政治关注，已成为国家安全治理的重要组成部分[①]（Satumanatpan，S.，等人，2017）。由于海洋环境具有整体性、流动性、不可分割性等特点，因此把海洋环境治理放在全球化的大背景下十分必要。治理理论的兴起与发展，为海洋环境治理提供了思路与方法。在实际海洋环境治理实践中，不同的治理主体由于利益、治理目标差异而产生冲突，彼此之间会有利益博弈，例如中央政府与地方政府之间、不同地方政府之间、政府与企业、社会组织之间等等。在海洋环境治理中，非政府组织以其灵活性、社区特征和非营利导向取代一些政府职能，以政府合作提供无缝的海洋公共服务，并建立多主体治理模式[②]（Armitage，D.，Loe，R. D. 和 Plummer，R.，2012）。

外部性理论一方面揭示了市场经济活动中一些低效率资源配置的根源，另一方面又为如何解决环境外部不经济性问题提供了可供选择的思路[③]（赵淑玲等，2007）。公共产品的无竞争力和非排他性可能导致公共产品的供应短缺或公共的悲剧[④]（Vatn，Arild，2018）。根据公共产品的特性，可将公共物品分为纯公共物品和准公共物品。后者介于纯公共物品和私人物品，具有一定的非竞争性和非排他性。对于准公共物品，我们都可享用它带来的益处或者使用相应的资源，一个人对它的使用也不能妨碍其他人对其的使用，但超过一定限度，就会出现“竞争”，也有可能出现“拥挤效应”、负的外部性和过度使用等问题。

海洋环境治理具有准公共物品的特性：其一，它具有消费的非竞争性。海洋环境作为一种公共物品，人们都可享受其带来的益处，增加一个人的消费也不会减少任何一个消费者的受益，同时，对海洋环境的治理也会随着海洋的流动给区域内的所有消费者带来正的影响，在一定限度内，某一个人的使用不会影响其他消费者，但这只是相对的，当有越来越多的消费者需要使用时，就会出现“拥挤”现象；其二，海洋环境治理具有受益的非排他性。海洋环境治理对任何一个地区乃至全社会都是受益的，想要将某个地区排除在受益之外是相当困难。因此，海洋治理过程是平衡利益攸关方之间利益关系的过程[⑤]（Landon-Lane，M.，2018），并从利益攸关方权利的定义、法律在利益冲突中的适用、公共政策的调整以及区域政府之间利益关系的协调[⑥⑦]（Alvaro，E. S.，2018；Lange，M.，Page，G. 和 Cummins，V.，2018）进行了研究。

---

① Satumanatpan S, Moore P, Lentisco A, et al. An assessment of governance of marine and coastal resources on Koh Tao, Thailand[J]. Ocean & Coastal Management, 2017, 148: 143-157.

② Armitage D De Lo R and Plummer R. Environmental governance and its implications for conservation practice [J]. Conservation letters, 2012, 5(4): 245-255.

③ 赵淑玲，张丽莉. 外部性理论与我国海洋环境管理的探讨[J]. 海洋开发与管理，2007(04)：84-91.

④ Vatn A. Environmental governance-from public to private? [J]. Ecological economics, 2018, 148: 170-177.

⑤ Landon-Lane M. Corporate social responsibility in marine plastic debris governance[J]. Marine pollution bulletin, 2018, 127: 310-319.

⑥ Alvaro E. S. Stakeholders' manipulation of environmental impact assessment[J]. Environmental Impact Assessment Review, 2018, 68: 10-18.

⑦ Lange M, Page G and Cummins V. Governance challenges of marine renewable energy developments in the US-Creating the enabling conditions for successful project development[J]. Marine Policy, 2018, 90: 37-46.

二、博弈理论分析海洋环境治理的契合性

博弈论是研究决策主体的行为发生直接相互作用时候的决策以及这种决策的均衡问题，也就是说，当一个主体，好比说一个人或一个企业的选择受到其他人、其他企业选择的影响，而且反过来影响到其他人、其他企业选择时的决策问题和均衡问题[①]。因此，博弈论的核心是调整决策，通过"决策—调整决策"过程，不断使公共政策达到双方均衡的状态，主要表现为，政府可以通过自身权力和权威，对市场失灵进行纠正，弥补损失，海洋类的社会组织可以对政府的行为进行监管等。

当企业或个人把物质排放或丢弃到海洋中，就会破坏海洋环境，对海洋生物、海水、生态环境甚至人体健康造成影响。因此，海洋环境治理中，存在着一种博弈行为，即海洋环境破坏者、受害者、政府之间的博弈互动，海洋环境问题就是几方主体间相互博弈的结果。

在图 6-1 中，海洋环境综合治理是指各主体，包括政府、海洋企业和公共组织，为实现海洋环境的自然平衡和可持续发展，就海洋环境事务进行谈判、合作和治理，并分享相关权利[②][③](Smith，G.，2018 年；Smythe，T. C.，McCann，J.，2018)。有效管理海洋环境，实现可持续发展[④](Rustinsyah，R.，2018)，需要协调海洋环境管理主体之间的利益，构建一种涉及多个主体参与的有效海洋环境治理模式[⑤](Howard，B. C.，2017)。

政府

海洋环境，不管是海洋资源开发还是海洋生态环境保护，都较为脆弱，一旦遭到破坏，需要花费大量的人财物。政府作为海洋环境治理的核心，掌握着大量的资源，因此占据主导地位。政府应定期展开实际调查，制定合理的海洋资源使用制度，优化博弈机制，推进相关的生态项目和举措，促进海洋资源的优化配置。

企业和社会公众是海洋环境治理中的重要组成部分，政府要与企业和公共组织协调，引导他们从寻求个人目标到为政府的整体发展方向做出贡献[⑥](Lamers，M. 等人，2016)。政府在海洋环境保护方面采取主动措施，收集关于海洋环境治理的意见，及时反馈海洋环境治理问题，并监督海洋环境管理政策的执行[⑦](Jacob，C.，Thorin，S.，和 Pioch，S.，

① 郑冬梅. 海洋环境责任相关者的博弈分析[J]. 保险研究，2008(10)：31-37.

② Smith G. Good governance and the role of the public in Scotland's marine spatial planning system[J]. Marine Policy，2018，94：1-9.

③ Smythe T C and McCann J. Lessons learned in marine governance：Case studies of marine spatial planning practice in the US[J]. Marine Policy，2018，94：227-237.

④ Rustinsyah R. The power and interest indicators of the stakeholders of a Water User Association around Bengawan Solo River，Indonesia[J]. Data in brief，2018，19：2398-2403.

⑤ Howard B C. Blue growth：stakeholder perspectives[J]. Marine policy，2018，87：375-377.

⑥ Lamers M，Pristupa A，Amelung B，et al. The changing role of environmental information in Arctic marine governance[J]. Current Opinion in Environmental Sustainability，2016，18：49-55.

⑦ Jacob C，Thorin S and Pioch S. Marine biodiversity offsetting：An analysis of the emergence of an environmental governance system in California[J]. Marine Policy，2018，93：128-141.

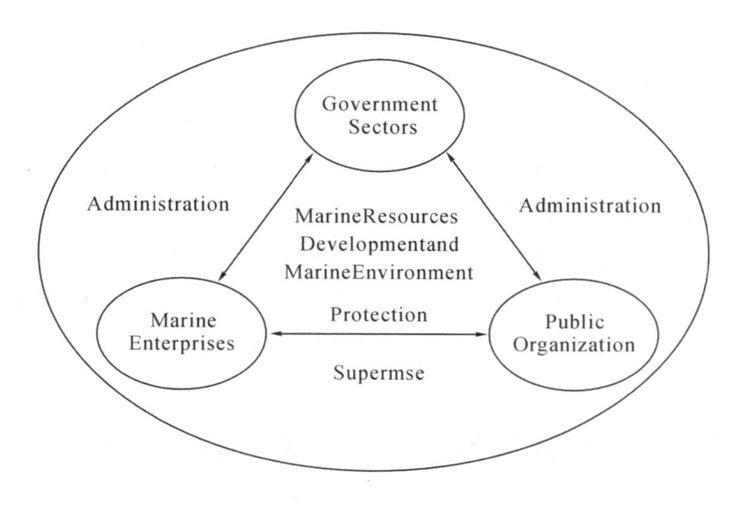

图 6-1 利益相关者的博弈结构

2018)。社会公众可以通过互联网,多媒体等平台了解政府的相关治理行为,同时也可以提供自己合理的政策主张。企业可以为政府海洋环境治理提供技术支持。

海洋企业

海洋企业是海洋环境的重要影响因素。作为重要的治理课题,海洋企业积极参与改善海洋环境。海洋企业是造成海洋环境污染的主要原因,是政府干预的重要目标,也是支持海洋环境保护的重要来源。海洋企业作为海洋渔业主体参与渔业资源开发和海洋环境保护[①](Soma, K. ,et al. ,2018)。政府制定一系列政策,目的是制约相关排污企业对海洋环境造成的破坏,这些企业往往因经济利益的促使,不惜牺牲海洋环境来发展经济。

当海洋环境繁荣时,海洋企业面临海洋资源需求的急剧增加[②](Tonin,S. ,2018)。一方面,海洋企业以生态为代价,盲目追逐自身利益最大化,造成生态的失衡和破坏,引发生态与经济之间的冲突。另一方面,若加强对海洋环境的保护,整个社会都能享受其所带来的益处,导致不同利益主体间的利益失衡。通过一定的经济补偿或技术手段,海洋企业可以减轻对海洋资源、环境的使用,从而一定程度上缓解海洋生态保护与海洋经济发展之间的冲突。

公共组织

政府部门实施的环境工作需要公共组织在海洋环境公共用品教育和供应方面的支持。公共组织不仅具有强大的内部力量来改变环境条件,而且还通过积极参与海洋环境

① Soma K, Nielsen J R, Papadopoulou N, et al. Stakeholder perceptions in fisheries management-Sectors with benthic impacts[J]. Marine Policy, 2018, 92: 73-85.

② Tonin S. Citizens' perspectives on marine protected areas as a governance strategy to effectively preserve marine ecosystem services and biodiversity[J]. Ecosystem services, 2018, 34: 189-200.

治理活动，与政府和海洋企业一起分担责任和寻求海洋环境保护[①](Azuz-Adeath, I., Coretes-Ruiz, A.,2016)。公共组织是政府与海洋企业之间的纽带，是处理海洋环境治理问题的重要支持来源[②](Fernandez, L., et al., 2016)。同时，由于存在政府失灵、市场失灵现象，公共组织可以凭借自身优势对政府、企业的治理行为进行监督。

在海洋环境治理实践中，政府、海洋企业、公共组织形成了"铁三角"的治理结构。在博弈中，公共组织主要包括关注企业和政府行为的非政府组织、非营利组织、新闻媒体、公众等。公共组织有能力和动力通过使用消费者信息不对称与相关方进行私人交易[③](陶, X.,2016)。

第三节　博弈论分析海洋环境治理的已有研究

博弈论起源于西方，相关的研究和运用也较为丰富，梳理相关文献，可以发现国内外学者运用博弈论分析海洋环境治理的具体方面有所相似。

一、博弈论分析海洋捕捞业

不少关于海洋捕捞业的研究使用博弈论的方法，大体集中在渔业资源问题和捕捞厂商之间竞争等两个方面。

在渔业资源问题根源分析上，渔业资源属于共有资源，在其开发和利用中普遍存在着"公地悲剧(the Tragedy of the Commons)"[④]。研究者主要利用三个模型来研究公共资源问题的根源，它们分别是公地悲剧、"囚徒困境"和集体行动理论[⑤]。

在"囚徒困境"博弈中，每一个参与人都是理性的，因此他们都会采用"坦白"策略，而结果却是"个人的理性决定导致整体的非理性结果"，这也是公共资源问题的根源所在[⑥]。

此外，国内部分学者运用博弈相关模型对捕捞厂商的竞争进行分析。霍沛军、宣国良(2001)分别以古诺模型(Cournot duopoly competition model)和斯塔克博格(Stackelberg)模型为基础，分析了在两个捕捞主体的情况下，厂商为了自身获得最大持续捕捞量而投入的捕捞努力和最终产量。结果表明，与只有一个厂商相比，无论根据哪个模

---

① Azuz I and Cortéz A. Governance and socioeconomics of Gulf of California large marine ecosystem. Environ Dev[J]. 2016.

② Fernandez L, Kaiser B, Moore S, et al. Introduction to special issue: Arctic marine resource governance[J]. Marine Policy, 2016, 72: 237-239.

③ Tao X, Li G, Sun D, et al. A game-theoretic model and analysis of data exchange protocols for Internet of Things in clouds[J]. Future Generation Computer Systems, 2017, 76: 582-589.

④ Hardin C. The Tragedy of the Commons[J]. Science,1968,162: 1243-1248.

⑤ Ostrom E. 余逊达译. 公共事务的治理之道——集体行动制度的演进[M]. 上海：上海三联出版社，2000.

⑥ 慕永通，韩立民. 渔业问题及其根源剖析[J]. 中国海洋大学学报(社会科学版)，2003(6)：66-74.

型，都存在多出力少产或同产的情况，而且种群量要少得多①。冯曾哲(2007)从静态到动态再到无限次重复博弈的均衡结果分析了 n 寡头的古诺和斯塔克博格模型，得出模型均衡结果和寡头数量间的关系②。黄芳等(2008)将双寡头的斯塔克博格模型扩展到多阶段③。王愚、达庆利(2003)在关于人类理性行为研究基础上，提出了用多目标的方法，结合权重向量来构造新的理性，建立了多目标斯坦克尔伯格模型④。而国外研究者更趋向于利用动态博弈模型来分析厂商间的竞争⑤，他们大都根据斯塔克博格模型，设定一个厂商为先行者，其他厂商将根据先行者的行动进行决策⑥⑦⑧(Mason，Polasky，2002；Pena-Torres，1999；Benchenkroun，Long，2002)。这方面由 Clark(1980)最开始进行研究，他用一个线性模型考察了共有资源开发中的潜在竞争⑨。接下来，Mason 和 Polasky(1994)建立了一个更一般的模型但只有两期⑩，然后 Mason 和 Polasky(2002)又将这个模型发展到 n 期。

另外，一部分国内外学者关注渔业资源的管理上。Miller Kathleen A 等人利用博弈论，分析了气候变化中的海洋渔业管理，并指出在环境条件不断变化的情况下，实现国际共享渔业的有效治理需要三个关键要素。这些机制是：(1)创造合作报酬的机制；(2)提高合作管理安排对环境扰动的复原力和适应性的机制；(3)将科学研究和生态系统监测更好地纳入共享渔业管理⑪。Dan，G.，等(2018)指出政府必须制定海洋渔业资源保护和发展计划、政策和项目⑫。Sumaila(1999)回顾了渔业研究中的博弈模型，提出共同管理(joint management)是渔业管理特别是跨界渔业管理发展的方向⑬。Trisak(2005)将博弈论中

---

① 霍沛军，宣国良. 基于持续高产的近海渔业双寡头捕捞策略[J]. 生物数学学报，2001，16(1)：85-89.

② 冯增哲. 多寡太库诺特和斯坦克尔伯格竞争模型的博弈分析[J]. 电脑知识与技术，2007，9：1669，1672.

③ 黄芳，石岿然，赵麟. 一个多阶段双寡头 Stackelberg 博弈模型[J]. 南京工业大学学报(社会科学版)，2008. 7(1)：90-93.

④ 王愚，达庆利. 一个多目标的斯坦克尔伯格模型[J]. 管理工程学报，2003，17(1)：17-19.

⑤ 刘曙光. 海洋产业经济国际研究进展：一个文献综述[A]. 海洋产业经济前沿问题探索. 北京：经济科学出版社，2006.

⑥ Mason C F and Polasky S. Strategic Preemption in a Common Property Resource：A Continuous Time Approach[J]. Environmental and Resource Economics，2002，23：255-278.

⑦ Pena-Torres J. Harvesting Preemption，Industrial Concentration and Enclosure of National Marine Fisheries [J]. Environmental and Resource Economics，1999，14：545-571.

⑧ Benchekroun H and Long N V. Transboundary Fishery：A Differential Game Model[J]. Economica，2002，69：207-221.

⑨ Clark C. Restricted Access to Common Property Fishery Resources：A Game Theoretic Analysis[C]. Dynamic Optimization and Mathematical Economics. New York：Plenum Press，1999.

⑩ Mason C F and Polasky S. Entry Deterrence in the Commons[J]. International Economic Review，1994，35：507-525.

⑪ Miller K A，Munro G R，Sumaila U R，et al. Governing marine fisheries in a changing climate：A game-theoretic perspective[J]. Canadian Journal of Agricultural Economics/Revue canadienne d'agroeconomie，2013，61(2)：309-334.

⑫ Dan G，Young O，Jing Y，et al.，Environmental governance in China：interactions between the state and "non-state actors"[J]. Environ. Manag. 2018，220 (8)：126-135.

⑬ Sumaila U R. A Review of Game-theoretic Models of Fishing[J]. Marine Policy，1999，23(1)：1-10.

的混合战略与渔业经济中的基本概念和渔业产出动态模型结合起来，分析渔业共同管理中的重要影响因素，认为渔业生物学特征对渔业共同管理中的博弈结果有很大的影响①。Domíguez-Torreiroe 等(2007)在博弈论和生物经济学理论基础上建立模型，分别分析了合作情况下和非合作情况下的渔业资源管理②。在国内研究中，杨立敏等(2007)利用渔业协同组合、渔民和政府的三方博弈模型来分析和评价日本渔业管理③。

二、博弈论与海洋、海岛开发生态补偿研究

张继伟等(2009)从博弈论角度分析海洋管理部门保护行为和化工企业是否采取风险防范措施之间的内在经济学关系④。姚幸颖(2012)等应用生态学、生态经济学、环境地学等相关理论与方法，初步探讨了海岛生态系统保护与开发宏观及局部区域层面的博弈权衡评估方法⑤。黄舒舒(2013)等认为在海洋资源开发项目中，受各方经济利益的驱动，单纯依靠开发者的自我约束导致生态环境的破坏是必然的，因此，要实现在海洋资源开发中得到海洋生态环境的保护，需要第三方介入，参与海洋资源开发过程中的环境监管⑥。杨娜(2014)结合渤海湾蓬莱 19-3 油田钻井平台案例，分析了造成事故的原因以及对海洋环境和海岸产生的影响，构建了海岸带溢油生态补偿金核算模型，对海岸带溢油污染生态补偿保证金进行了核算与分析⑦。刘超(2016)运用无居民海岛开发生态补偿利益主体非对称性演化博弈分析的复制动态模型，重点探讨利益相关主体间的行为及相互影响的动态演变过程，讨论演化参数结果的稳定性⑧。

三、其他研究

此外，还有学者运用博弈论，构建政府，企业，非营利组织的仿真模型，进行纳什均衡求解和策略选择分析，以实现政府部门的有效监督、企业的持续环境发展和有效环境保护，以及非营利组织的有效监督。郑冬梅(2008)运用博弈论的基本理论和方法，结合新时期我国环境经济新政策，对涉及海洋环境责任的企业、政府和保险公司三方的行为进行分

---

① Trisak J. Applying Game Theory to Analyze the Influence of Biological Characteristics on Fishers' Cooperation in Fisheries Co-management[J]. Fisheries Research, 2005, 75: 164-174.

② Domíguez-Torreiro M, Juan C. Surís-Regueiro. Cooperation and non-cooperation in the Ibero-atlantic sardine shared stock fishery[J]. Fisheries Research, 2007, 83(1): 1-10.

③ 杨立敏，刘群. 利用博弈模型分析和评价日本渔业管理[J]. 中国海洋大学学报(自然科学版)，2007，37(003):372-376.

④ 张继伟，黄歆宇. 海洋环境风险的生态补偿博弈分析[J]. 海洋开发与管理，2009，26(5):58-62.

⑤ 姚幸颖，孙翔，朱晓东. 中国海岛生态系统保护与开发综合权衡方法初探[J]. 海洋环境科学，2012，31(1):114-119.

⑥ 黄舒舒，张婕. 海洋资源开发项目中生态补偿的博弈分析[J]. 项目管理技术，2013，11(8):83-86.

⑦ 杨娜. 海岸带溢油生态补偿保证金核算及实施研究[D]. 大连:大连理工大学，2014.

⑧ 刘超，崔旺来. 基于演化博弈的无居民海岛生态补偿机制研究[J]. 浙江海洋学院学报(人文科学版)，2016，33(4):24-32.

析，探究博弈冲突的缘由和影响，促进三方达到较为理想博弈均衡①。张继平等(2016)基于海洋环境排污收费制度在执行过程中的相关利益主体的研究视角，建立博弈理论模型，通过对不同利益主体之间行为方式的博弈分析，得出排污收费执行效果与经济增长关系复杂，与多方利益相关，提出了改善现行考评机制、从正反两面设计激励机制以及加大稽查力度等对策来促进利益主体利益均衡、优化海洋环境排污收费的执行方式②。Fabinyi, M. ,Kelly,C. ,Ellis,G. 和 Flannery,W. ,(2018)等人在其文章中指出政府作为海洋环境治理的核心主体，充当着舵手、服务器和监管者的角色。定期组织海洋渔业资源储量调查大项目，更新近海渔业资源反向信息库，根据生物特性制定科学的可捕性，根据可捕性确定捕捞系数，改进渔业资源配置，优化博弈机制③④。

同时，还有学者指出小额罚款是我国对违反环境保护法企业的主要处罚。因此，必须增加违反环境保护法的成本，以鼓励企业承担环境污染责任。此外，除罚款外，还应对造成严重经济和社会损害的企业使用其他处罚措施(例如停止生产以巩固、市场退出和刑事处罚)⑤。并且在构建的模型中，存在只考虑政府、海洋企业和公共组织之间的关系，而消费者不参与⑥⑦的问题，未来还需构建消费者监督激励机制的多主体动态进化博弈模型。

四、文献述评

博弈论在西方的运用相对于我国已较为成熟，也比较多的应用于海洋环境治理。但近年来国内很少有学者运用博弈理论分析海洋环境治理的相关内容，国内外关注的领域也多聚焦于渔业资源、生态补偿、海岛开发等等，研究的领域还不够细化，运用博弈论分析相关主体间的决策行为也十分少。同时，运用博弈论来分析实际的海洋环境治理的案例还需进一步丰富，在实际运用中，要注意使用博弈论的场域和应用时的难处，结合实际运用相关的理论模型。

---

① 郑冬梅. 海洋环境责任相关者的博弈分析[J]. 保险研究，2008(10)：31-37.

② 张继平，彭馨茹，郑建明. 海洋环境排污收费的利益主体博弈分析[J]. 上海海洋大学学报，2016，25(6)：894-899.

③ Fabinyi M. Environmental fixes and historical trajectories of marine resource use in Southeast Asia[J], Geoforum，2018，91 (5)：87-96.

④ Kelly C, Ellis G and Flannery W, Conceptualizing change in marine governance：learning from transition management[J], Marine Policy，2018, 95 (9)：24-35.

⑤ Chang Y C, Gullett W and Fluharty D L. Marine environmental governance networks and approaches：conference report, Marine Policy，2014, 46 (2)：192-196.

⑥ Coco C K, Haward M, Jabour J, et al. The social licence to operate and its role in marine governance：insights from Australia, Marine Policy，2017，79 (5)：70-77.

⑦ Colder C M, Porter A M, Van R A J, et al. Gamers' insights into the phenomenology of normal gaming and game "addiction"：a mixed methods study, Computers in Human Behavior，2018，79 (2)：238-246.

第七章　海洋环境治理的制度性集体行动理论

第一节　制度性集体行动理论（ICA 框架 Institutional collective action）概述

制度性集体行动理论即 ICA 框架 Institutional collective action，是以 Feiock 教授为代表的学者们对不同类型的制度性集体行动困境及解决性合作机制进行了深入的研究，并逐渐形成了制度性集体行动理论。该理论的核心在于探讨制度性集体行动的类型，产生条件，以及合作机制如何被选择的问题。对制度性集体行动理论的研究，有助于更好地理解和促进跨行政区域治理中的地方政府间合作。① 自 2004 年以来，Feiock 的研究团队率先提出制度性集体行动理论，并在此基础上不断深入研究，陆续发表了一系列关于 ICA 理论的论文，逐渐形成了较为系统的 ICA 理论框架。ICA 框架提供了一个概念体系，用于理解和调查当代社会实践和治理安排中普遍存在的各种 ICA 困境。同时，它作为一种研究方法，将多种传统的理论和研究方法整合在同一个研究框架下，以更好地理解 ICA 困境是如何解决的，②引发了国内外学者的研究兴趣。

一、ICA 框架背景

（一）ICA 理论产生背景

ICA 理论的产生有其现实和理论背景，一方面，美国地方治理及地方政府间合作存在现实困境，另一方面，理论研究者在分权与集中统一间争论不休，且现实与理论的两方面并不孤立，两者会相互影响，因此对新理论的需求十分迫切，ICA 框架正是在这样的背景下发展而来的。

在现实层面，美国大都市区的形成客观上要求各地方政府在公共服务领域共同配合

① 姜流，杨龙. 制度性集体行动理论研究[J]. 内蒙古大学学报（哲学社会科学版），2018，50(4)：96-104.

② Richard C F. The Institutional Collective Action Framework[J]. Policy Studies Journal，2013，41(4)：397-425.

工作，都市区具有服务责任分散于多个市、县政府、专门机构和地区的特点。① 一个政府或组织的决定会影响到其他政府或组织。在政治单元“碎片化”、信息不对称以及行动者有限理性的情况下，地方政府可能会追求自身的短期利益，以牺牲周边地方的利益为代价，从而造成了集体行动的困境，地方间的伙伴关系难以达成。Feiock 等人提出地方政府间的协作机制是否解决大都市地区面临的困境的问题以及如何通过协作降低服务成本并增加效益。②

在理论层面，对于现实治理实践中存在的合作困境，研究者试图通过管理方式缓解，主流的理论分为两种，其一是主张通过分权的市场竞争的方式，其二是主张集中统一式管理。前者认为，地方政府间的市场性竞争会使政府从公民需求出发，提升公共物品供给的质量和效率。后者认为，集中统一式管理下的政府和组织拥有控制土地使用和发展的权利，从而促进经济发展、减少不平等及解决社会经济和环境的外部性问题。③ ICA 理论指出，主张统一的理路无法解决现实问题，竞争与合作是地方政府间互动的补充形式，也是集体行动困境的可行解决方式。④

（二）ICA 框架的理论基础

ICA 框架整合了集体行动理论、组织交易成本理论、公共经济框架、社会嵌入网络理论和政治市场政策设计理论等要素。

ICA 理论框架直接建立在广为人知的集体行动文献的基础上。集体行动理论关注的是个人激励导致任何个人都不期望的集体结果的情况，并将该方法扩展到由制度决定的职位、权威和聚合规则的行动者。⑤ 多元参与者包括依赖于成员偏好并受其引导的集体组织和更具自主性的公司参与者⑥，Feiock 等人重点关注的主要是政府单位及其选区的职位和权力规则授予个人以组织名义行事的权利。在集体选择情况下，多元参与者的战略行动能力取决于成员之间在进行偏好整合和解决偏好分歧造成的冲突的能力。⑦

---

① Feiock R C. Institutional collective action and local government collaboration[M]//Big ideas in collaborative public management. Routledge，2014：205-220.

② Feiock R C. Metropolitan governance：conflict，competition and cooperation[M]. Washington D. C.：Georgetown University Press，2004.

③ Lowery D. A transaction Costs Model of Metropolitan Governance：Allocation Versus Redistribution in Urban America[J]. Journal of Public Administration Research and Theory，2000，10(1).

④ Feiock R C. Rational Choice and Regional Goverance[J]. Journal of Urban Affairs，2007，29(1)：47-63.

⑤ Ostrom E. The Evolution of Institutions for Collective Action[M]. New York：Cambridge University Press. 1990.

⑥ Scharpf F. Games Real Actors Play：Actor-Centered Institutionalism in Policy Research[M]. Boulder，CO：Westview Press. 1997.

⑦ Andrew S A and Kendra J. An adaptive governance approach to providing disaster behavioral services[J]. Disasters：The Journal of Disaster Studies，Policy and Management，2012，36(3)：514-532.

为解决ICA困境，ICA框架借鉴了合同交易成本理论[①]和集体组织交易成本理论[②]，体制机制从双边交流关系到建立对所有参与者具有约束力的集体决策机构。组织的交易理论侧重于不确定性和交易成本，这是阻碍当局达成协调决策的障碍：信息成本限制了有限理性行为者考虑的选择范围，谈判成本限制了行为者就他们知道的有限选择达成协议，外部决策成本限制了遵守集体决策的自主性，而执行成本限制了做出可信承诺的能力。交易成本分析提供了一种系统的方法来考虑困境的突破路径。

ICA框架还借鉴了地方公共经济理论(LPE)。[③] 公共经济理论也是以经济学为基础，以产业组织作为出发点，其解决溢出效应的权衡问题的方法是通过控制、效率、政治代表性和自决[④]。在LPE框架中，没有试图预测采用特定形式的整合机制，而是通过确定和核算不同的服务业如何组合、不同形式的优势和劣势以及它们的相对绩效。公共经济方法将大都市服务的提供确定为一个行动舞台，在这个舞台上，提供定制混合专门公共产品的多中心政府模式，加剧了正外部性和负外部性。ICA框架从这一方法中得出以下结论：(i)困境的性质；(ii)直接或间接参与政策领域的当局；(iii)与行动和行动相关的潜在风险；(iv)解释参与者动机的激励。

社会嵌入理论越来越多地为经济和政治关系的研究提供了信息[⑤]。政府间关系植根于更大的社会、政治和经济结构中。在这些结构中，密集紧密的网络关系减少了背叛行为，增强了可信承诺[⑥]。各地区在很大程度上依赖于关系社区，这种关系社区是由位于同一地点的组织之间的长期互惠联系产生的。因此，社会嵌入性为创造解决ICA困境的机制提供了另一个基础。

政策工具理论[⑦]和政治市场理论[⑧]使我们了解了机制选择的动态以及整合集体行动困境的多种机制的配置。解决ICA困境的机制设计通过地方当局之间的动态政治契约过程出现，反映在受影响实体官员之间的讨价还价和谈判中。[⑨] 每个人都会权衡他们期望与非合作行动时获得的效用，但产生的共同收益可能不足以刺激当地行为者创造这些

---

① Brown T L, Potoski M. Transaction costs and contracting: The practitioner perspective[J]. Public Performance & Management Review, 2005, 28(3): 326-351.

② Maser S M. Constitutions as relational contracts: Explaining procedural safeguards in municipal charters[J]. Journal of Public Administration Research and Theory, 1998, 8(4): 527-564.

③ McGinnis M D. Polycentricity and Local Public Economies: Readings from the Workshop in Political Theory and Policy Analysis[M]. Ann Arbor, MI: University of Michigan Press. 1999.

④ Ostrom V, Bish R, et al. Local Government in the United States[M]. San Francisco, CA: ICS Press. 1988.

⑤ Axelrod R. The Evolution of Cooperation[M]. New York: Basic Books. 1984.

⑥ Berardo R and Scholz J T. Self-organizing policy networks: Risk, partner selection, and cooperation in estuaries[J]. American Journal of Political Science, 2010, 54(3): 632-649.

⑦ Salamon L M. The Tools of Government: A Guide to New Governance[M]. New York: Oxford University Press. 2002.

⑧ Dixit A. The Making of Economic Policy: A Transaction-Cost Politics Perspective[M]. Cambridge, MA: The MIT Press. 1996.

⑨ Lubell M, Feiock R C and Ramirez E. Political institutions and conservation by local governments[J]. Urban Affairs Review, 2005, 40(6): 706-729.

机制所需的集体行动。例如，将多个单位和职能整合到一个高度包容的强制性政府机构中，可以通过消除独立机构来缓解 ICA 困境，但集中化的成本包括行为者之间权力平衡的不确定性、持续治理活动的中断，以及组织间困境向组织内 ICA 困境的潜在转变，这种困境可能同样难以解决[①]。政策多重性的概念体现了相互关联的政策领域和服务功能的现实，这些领域和服务功能造成了两难局面。[②]

新古典经济学家继承和发展了古典经济学家理性人的假定。他们对人的行为的假定包括以下几个方面的内容：个体的行动决定是合乎理性的；个体可以获得足够充分的有关周围环境的信息；个体根据所获得的各方面信息进行计算和分析，从而按最有利于自身利益的目标选择决策方案，以获得最大利润或效用。[③] ICA 理论识别了激励地方政府进行合作的利益所在，并将地方政府合作的达成视为动态的契约订立过程。在这个过程中，地方官员发挥着重要的作用。同时，ICA 理论也指出，尽管合作有时会产生显著的收益，但受决策所处的具体环境和信息分布不对称的影响，地方官员常常会认为合作的成本超过收益。

二、ICA 合作困境

制度性集体行动困境来源于权力的划分，地方政府在一个或多个特定职能领域的决策会影响其他政府的职能。奥尔森"集体行动"的逻辑指出，由于个人利益与集体利益之间存在冲突，理性的个人行为一般不会带来理性的集体结果。ICA 理论借鉴该理论，并在此基础上进行拓展和修正：一是将研究的对象从个人拓展到复合行动者，特别是其中的地方政府及其组成部门；二是认为受环境和信息不完整的影响，无论是个人还是复合行动者的行为都只具有有限理性。根据 ICA 理论，ICA 困境主要是指，在信息不对称和缺少协调的情形下，复合行动者追求自身利益的行为所导致的集体结果的无效率。

对 ICA 困境类型进行划分，可以分为横向困境、纵向困境和功能性困境，分别对应 ICA 在三个不同方面的表现。第一，横向困境。如果政府太小（或太大）而不能有效地自行提供每个政府希望提供的服务，或者如果服务的生产产生了跨越管辖范围的外部性，就会产生横向集体行动问题；第二，纵向困境。当一个以上政府级别的组织同时追求类似的政策目标（如经济发展或环境管理）时，不同政府级别的行为者之间会出现纵向集体行动问题；第三，功能性困境。功能性集体行动问题反映了特定功能和政策领域的分裂。功能性集体行动问题是由服务、政策和资源系统的连通性定义的，因为外部性发生在功能领域和政策领域以及政府单位之间。尽管职能协调长期以来一直是公共行政部门关注的问

① Whitford A B. Can consolidation preserve local autonomy? Mitigating vertical and horizontal dilemmas[J]. Self-Organizing Federalism: Collaborative Mechanisms to Mitigate Institutional Collective Action Dilemmas, 2010: 33-50.

② Lubell M, Henry A D and McCoy M. Collaborative institutions in an ecology of games[J]. American Journal of Political Science, 2010, 54(2): 287-300.

③ 丘海雄，张应祥. 理性选择理论述评[J]. 中山大学学报(社会科学版)，1998(1)：118-125.

题，但这些问题在当代政策理论中并未得到强调。

此外，ICA 困境在现实情境中还有着多种表现形式，但最为常见的有以下四种类型：协调跨行政区公共服务供给的收益问题、基础设施生产的规模经济问题、公共池塘资源的利用问题、将其他地方政府强加的外部性加以内部化的问题。

三、ICA 合作机制及其选择

（一）ICA 九种合作机制

作为研究和理解政策和治理的框架，制度性集体行动将重点放在机制选择的外部性上。ICA 框架分析比较了为缓解这些集体行动问题而引入的替代机制的影响，以及这些机制是如何演变、选择或实施的。各地方行动者可以利用各种合作机制，参与解决他们共同面临的体制性集体行动困境。Feiock 和 Scholz 认为，缓解 ICA 困境的一系列机制可以从两个层面进行分类。[①] 首先，根据该机制是否主要依赖于政治权威、法律或契约安排或社会嵌入性；其次，如何涵盖解决机制，从单一政策层面的双边协议到更复杂问题的多边解决方案，再到最终由更多参与者集体选择的多重政策安排。具体来说，可以拓展为以下两个角度，一是根据给予地方自治程度的大小进行划分合作机制，可以分为嵌入性网络关系、有约束力的合同、授权性合作机制及外部强加的政府。这些合作机制会给参与合作的地方政府带来一定的交易成本：当合作机制通过上级政府命令的方式产生时，交易成本最高；当其产生基于嵌入性网络关系时，交易成本最低；合同和授权性合作机制的交易成本位于两者之间。二是根据制度空间的大小进行划分，即涉及的合作主体数量和政策功能领域的范围，可以分为三个层级：在最下层，两个地方政府就特定一项服务所达成的信息、资源和承诺的交换；在中间层，涉及较多而非全部地方政府，在一个更加有限的政策或功能领域内合作；在最上层，所有受到影响的行动者，建立多重集体关系的同时解决大量功能或服务问题。当制度空间从小到大时，合作的交易成本也随之增加。

为了能够开展系统性的研究，ICA 理论结合上述两个维度来划分制度性合作机制，既可以显示参与某个合作机制所需付出的交易成本，也可以反映该机制有效解决合作困境的能力。具体可以有 12 种具体分类，但 ICA 理论只考虑了 9 种自愿性合作机制。

第一，非正式网络关系（Informal networks）。网络互动使地方自主权最大化，可有助于信任规范的培养，帮助参与者识别背叛概率最小的合作者，而重复的面对面的互动是制定互惠规范和形成合作协议的重要内容[②]。政策网络结构产生于当地行动者之间的互动。非正式网络通常受地方行为者的青睐，这一选择不仅是为了保持地方自治和权力，而且是为了确保应对局部变化的情况。

第二，合同（Contracts）。合同通过合资企业和需要得到当事人同意的服务合同将各

---

① Feiock R C and John S. Self-Organizing Federalism: Collaborative Mechanisms toMitigate Institutional Collective Action Dilemmas[M]. New York: Cambridge University Press, 2010.

② Axelrod R. The Evolution of Cooperation. New York: Basic Books. 1984.

单位联系起来。这套治理工具保留了地方自治权，它是一种解决外部性和当事各方关心的其他问题的正式机制。合同网络通过具有法律约束力的协议将地方政府连接起来。为紧急救援人员签订的互助协议是这一机制最突出的例子。①

第三，强制性协议（Mandated agreements）。强制性协议要求两个或两个以上的公共机构签订服务协议。它们具体规定了协议的性质、范围和条款。在授权同意后，更高级别的当局可以为其他机构提供资金，但它也要求在特定的地方政府行动者之间建立合作关系。②

第四，工作小组（Working Groups）。工作小组或理事会是由民选或任命的公职人员自愿组成的协会，他们通过非正式会议来分享信息和协调服务活动。而正式的群体决策可以通过强化集体的共同理解和期望的形式来实现，这些期望虽然只有社会执行，但具有约束力。工作组间的协调也可以通过专业协会或社区会议进行日常互动的形式采取一些行动。③

第五，伙伴关系（Partnerships）。伙伴关系和其他多边地方间协定由地方单位自愿签订。它们通常要求参与者接受共同的协议条款。伙伴关系通常包括公共组织和私人组织，并涉及一个基础广泛的领域。例如，区域经济发展伙伴关系已经变成组织区域经济发展工作的普遍形式，巧妙地解决了各种与水有关的问题的流域伙伴关系，是区域伙伴关系机构的另一个例子④。

第六，构建网络（Constructed networks）。构建网络包括由第三方设计或协调的机制来跨政策构建多边关系，其中高级别的当局会为行动者提供参与合作服务安排的资金和奖励。通常，一个高级别的政府会指定一个具有开发、管理和协调政府间服务能力的机构⑤。大量文献集中于已开发的实施、管理服务网络。

第七，多重自组织体制（Multiplex self-organizing systems）。多重自组织系统依赖于嵌入性以实现跨各种策略和功能领域的策略协调。难以谈判的协议当嵌入到相关策略的一组关系中时会比单独谈判更可行。一对参与者之间的多重关系意味着更多的信任，同样，跨政策的互惠关系可以为双方提供更稳定的交换保证。Andrew 认为，双边企业、协议和合同在宏观层面上为当地发展的联系产生区域一体化的一般模式，创造了一种独特的合同关系。

---

① Andrew S A. Regional integration through contracting networks: An empirical analysis of institutional collection action framework[J]. Urban Affairs Review, 2009, 44(3): 378-402.

② Farmer J L. Factors influencing special purpose service delivery among counties[J]. Public Performance & Management Review, 2010, 33(4): 535-54.

③ LeRoux K. Nonprofits as civic intermediaries: The role of community-based organizations in promoting political participation[J]. Urban Affairs Review, 2007, 42(3): 410-22.

④ Lubell M, Schneider M, Scholz J T, et al. Watershed partnerships and the emergence of collective action institutions[J]. American journal of political science, 2002: 148-63.

⑤ Provan K G and Kenis P. Modes of network governance: Structure, management, and effectiveness[J]. Journal of public administration research and theory, 2008, 18(2): 229-252.

第八，政府理事会(Councils of governments)。政府理事会和其他区域机构组织的重点是地方行动者之间的集体和多政策关系，这些结构和职责通常是基于联邦和州的法律制定的，而不是协商达成的，它们具有多种形式，在美国，最常见的形式是地方政府委员会和都市议会，以及旨在通过分配联邦资金来管理国际交通运输协会规划组织[①]，以解决大都市联邦交通问题。

第九，集中的区域当局(Centralized regional authorities)。具有足够的能力和在一定地理范围内集中的区域当局可以"内在化"外部性和规模问题。一个典型的例子是联合多个当地政府成为一个合并的大都市通用政府。然而，这种合并有一定的成功概率，但美国市县合并的努力大多不成功。失败的原因可以归因于政治冲突和可替代的、成本较低的协调机制[②]。政治和行政方面建立地方政府的行动，将合并和特别地区解决方案的范围限制在一个范围狭窄的制度性集体行动问题上。合并使较大的单位在生产中获得了效率，但往往以降低当地单位改变参考服务提供的能力为代价，选择异质的当地偏好，因此现有的机构和政府的联合国通常会抵制任何自治权力的丧失。

(二)ICA 合作产生条件

ICA 理论认为，合作行为是由地方政府间的互相依赖产生的，一个地方政府的行为会对其他地方政府产生影响，并将地方政府之间的合作行为视为政治契约订立的动态过程。政府间合作行为同样伴随着一定的收益和交易成本，其中前者是合作行为的前提，后者是合作的阻碍性因素。

合作收益包括集体性收益和选择性收益。第一，集体性收益是指地方政府间的合作所带来的公共服务生产和供给中的效率、规模经济，以及将外部性问题加以内部化。[③] 地方政府可以通过理性合作，以实现公共资源分配和公共事务治理，同时，制度性集体行动的实施还可以有效减少其他单位的决策造成的负外部性影响。第二，选择性收益主要是指地方政府官员自身在合作行为中能够增进的那部分利益。ICA 理论对美国大都市管理中政府官员的行为进行研究，结果表明地区管理者可以利用合作带来的成功使自己获益。但 Feiock 也提到，合作有可能伴随着一定的政治成本和风险。如，为了实现合作，地方政府可能需要放弃一些权力；又如，合作行为可能与选民的偏好相反，从而有可能导致官员在选举中的失败。

合作阻碍因素包括交易成本、代理成本和协商成本。科斯定理指出，如果交易成本为零或者很低，理性行动者通过自愿性的讨价还价能够实现帕累托最优。[④] 与解决 ICA 困境的各种整合机制相关的交易成本包括整合集体行动的标准信息、谈判和执行成本，以及

---

① Kwon S W and Feiock R C. Overcoming the barriers to cooperation: Intergovernmental service agreements [J]. Public Administration Review, 2010, 70(6): 876-884.

② Bauroth N. City-County Consolidation and Its Alternatives: Reshaping the Local Government Landscape[J]. 2006.

③ Feiock R. Rational Choice and Regional Governance[J]. Journal of Urban Affairs, 2007, 29(1).

④ Coase R. The Problem of Social Cost[J]. The Journal of Law and Economics, 1960, 3(1).

个体参与者失去自主性。Buchanan将这种交易成本称为“外部决策成本”，当参与给定机制产生的集体选择偏离参与者的首选选择时，会产生这种成本。[1] 其中，信息成本主要是指取得交易对象信息与和交易对象进行信息交换所需的成本。信息问题包括信息的不完整及参与者之间信息掌握水平的不对称性。其中，代理成本主要是指委托人为防止代理人损害自身的利益，通过严密的契约关系和对代理人的严格监督来限制代理人的行为所付出的代价；协商成本主要是指交易双方为消除歧见所进行谈判与协商的成本，合作的可能性取决于背景性因素，即产品的类型是否能够产生共同的收益，以及城市的特征是否能够带来可兼容性的讨价还价的地位；执行成本主要是指执行集体行动所需要付出的成本；个体参与者自主性缺失是指合作机制的建立可能会使合作参与者失去部分甚至全部的自主性。

（三）ICA合作机制的选择

合作风险影响着合作机制的交易成本、收益及对合作机制有效性的要求，进而对合作机制的选择有着重要的意义。在ICA的框架中，合作风险主要包括非协调风险、不公平分配风险及背离风险。这三种问题会对旨在解决导致ICA困境的管辖权或职能分散的问题的合作机制带来风险。[2]

一是非协调风险。从博弈论的角度来看，参与其中的地区需要获取信息以避免不协调的结果。地方当局可通过参与非正式网络、区域组织、区域组织等机制，在中间行为者周围协调其决策，或与拥有关键信息或形成“弱联系”关系的关键参与者建立联系的正式和非正式或契约网络。[3] 当地方政府试图组织管辖范围内的活动时，就会出现协调问题。当手头的任务很复杂，活动和政策的相互联系对成功至关重要时，协调是必要的。如果有必要进行协调，但这一协调需要开展广泛的活动，则不协调的风险更高，因此可能需要更权威或更全面的机制。当联合行动带来了共同利益，地方当局就总体目标达成一致，但在分配利益遇到困难时，也会出现分工问题。[4]

二是不公平分配风险。合作激励对于合作成员来说是一致的，因为每个人如果合作都会比不合作好，但在他们之间的成本和收益分配中存在多重均衡，鉴于与谈判和审议过程相关的预期成本，协议很难建立和维持。在共同利益的分配上存在分歧，或者认为某些参与者的利益不平等或不相称，而牺牲了其他参与者的利益，这些都会阻碍合作。当关系仅基于单一功能，且不可能跨政策讨价还价时，分工问题尤其成问题。因此，在分配利益

---

① Buchanan J M and Gordon T. The Calculus of Consent[M]. Ann Arbor, MI: University of Michigan. 1962.

② Feiock R C. Metropolitan governance and institutional collective action[J]. Urban Affairs Review, 2009, 44(3): 356-377.

③ Shrestha M. Do risk profiles of services alter contractual behavior? A comparison of contractual patterns for local public services [C]//symposium Networks and coordination of fragmented authority: The challenge of institutional collective action in metropolitan areas, DeVoe Moore Center, Florida State University, February. 2007: 16-17.

④ Steinacker A. Metropolitan cooperation [J]. Metropolitan governance: Conflict, competition, and cooperation, 2004: 46-66.

和成本的过程中，讨价还价和谈判可能是广泛的[①]。

三是背叛风险。背叛风险与前两种风险有根本区别，因为博弈中的双方存在利益冲突，因此，当协议中一个参与者的决定可能导致其他参与者的情况更糟时，就会出现背叛问题。这类似于囚徒困境博弈，在这种博弈中，退出合作协议符合个体参与者的利益。当政府面临有限的信息、对未来的不确定性以及人们或组织机会主义行为的前景时，政策决策尤其具有风险。对囚徒困境的研究表明，合作安排承诺的可信度对于克服叛逃风险至关重要。因此，可能需要更具权威性的第三方强制机制，以建立可信的承诺，并解决因分散而造成的集体合同和集体行动困难。在叛逃可能符合部分或全部参与者利益的困境中，当地行为者可能会寻求更具包容性并基于合同或授权的机制。

四、ICA 框架的实证应用研究

ICA 框架近年来得到学者的广泛关注，因为它提供了一个严格的、理论上有根据的框架，用于理解和整合大量关于集中和分散治理结构的行政设计，以及关于网络治理和网络管理的描述性和历史文献，促进了大量实证研究，检验了假设，并检验了该框架产生的假设。

在国外，ICA 方法已应用于许多政策领域。最大的实证研究机构集中于资源管理，特别是水资源[②]和地方经济发展[③]。ICA 框架还被应用于区域规划[④]、公共安全[⑤]、大都市地区的应急管理、土地使用和服务提供[⑥]以及其他领域的研究。最近的研究拓宽了 ICA 框架的重点，以检查服务的多重性[⑦]和政策领域之间的复杂互动。虽然解决 ICA 困境的每一种机制都受到了先前的研究成果的影响，但近几年来，关于非正式网络以解决地方困境的文献开始产出，已经形成了将其与具体问题、风险和交易成本联系起来的丰富文献

① Ugboro I O, Obeng K and Talley W K. Motivations and impediments to service contracting, consolidations, and strategic alliances in public transit organizations[J]. Administration & Society, 2001, 33(1): 79-103.

② Berardo R. Processing complexity in networks: A study of informal collaboration and its effect on organizational success[J]. Policy Studies Journal, 2009, 37(3): 521-539.

③ Lee I W, Feiock R C and Lee Y. Competitors and cooperators: A micro-level analysis of regional economic development collaboration networks[J]. Public administration review, 2012, 72(2): 253-262.

Lee Y, Feiock R and Lee I. Network embeddedness and local economic development collaboration: An exponential random graph analysis[J]. Policy Studies Journal, 2012, 40(3): 547-573.

④ Gerber E R, Henry A D and Lubell M. Political homophily and collaboration in regional planning networks [J]. American Journal of Political Science, 2013, 57(3): 598-610.

⑤ Andrew S A and Hawkins C V. Regional cooperation and multilateral agreements in the provision of public safety[J]. The American Review of Public Administration, 2013, 43(4): 460-475.

⑥ Krueger S and Bernick E M. State rules and local governance choices [J]. Publius: The Journal of Federalism, 2010, 40(4): 697-718.

⑦ Shrestha M. Do risk profiles of services alter contractual behavior? A comparison of contractual patterns for local public services [C]//symposium Networks and coordination of fragmented authority: The challenge of institutional collective action in metropolitan areas, DeVoe Moore Center, Florida State University, February. 2007: 16-17.

成果。

ICA 框架在对我国集体行动困境也具有一定的适用性，已有众多国内学者在这一领域中深耕，从当前研究成果来看，可以分为引介性研究和应用性研究两个分支[①]。

对于 ICA 框架的引介性研究，以下学者对制度性集体理论进行了详细介绍，有助于我们了解 ICA 理论的起源、发展状况、主要内容以及实践价值等。姜流等人结合国内外权威研究成果对制度性集体行动理论产生的现实背景、理论基础、面临困境及合作机制产生和选择进行了较为全面的介绍，并在此基础上探讨 ICA 理论对于理解和促进地方政府间合作的理论和实践价值。蔡岚则详细介绍了 ICA 理论中集体行动问题、合作困境的克服机制以及影响合作风险的因素等，并基于此提出理论框架当前发展趋势以及未来发展方向。[②] 锁利铭等人结合定性与定量研究方法，对中国区域协作治理的研究现状进行剖析，并介绍了 ICA 框架在区域协作治理中的理论和实践发展。[③] 以上对 ICA 框架的引介性、综述性研究对国内学者理论研究具有很大帮助，同时也为未来进行跨域集体行动实践研究提供了理论框架的支撑。

对于 ICA 框架的应用性研究，学者主要从两方面展开。一方面是制度性集体行动理论与区域合作治理相关研究。锁利铭等人利用 ICA 框架分析指出区域合作治理的实质是个体理性的地方政府为克服交易成本障碍互相连接，构建相互依赖的可持续合作网络，从而实现公共服务供给。另一方面是制度性集体行动理论与区域合作机制研究。易洪涛等人将 ICA 框架置于中国区域环境治理背景，以跨行政区协议为研究对象，解释地方政府选择不同类型合作机制的缘由，探寻合作机制选择背后的内在机理。[④] 锁利铭强调交易成本和契约风险是影响府际协作机制形成的重要因素。[⑤] 借助制度性集体行动框架，对卫生防疫区域治理行动进行了类型划分，理论上阐释了不确定性、协作困境到困境缓解的协议选择和网络结构之间的逻辑关系，揭示了制度性集体行动框架下卫生防疫区域治理的内在机理。[⑥]

综上可观，制度性集体行动理论广泛应用于国内外区域治理实践，构建了不同类型的治理机制，成为应对制度性集体行动困境的有效手段。ICA 框架提供了一个概念体系，用于理解和调查当代社会和治理安排中普遍存在的各种 ICA 困境。作为一种研究方法，它将多种研究传统和理论方法整合在同一个研究项目框架下，以更好地理解 ICA 困境是如何解决的。它还通过提供关于选择何种机制及其在解决复杂 ICA 困境中的预期有效

---

① 郭渐强，杨露. ICA 框架下跨域环境政策执行的合作困境与消解——以长江流域生态补偿政策为例[J]. 青海社会科学，2019(4)：39-48.

② 蔡岚. 解决区域合作困境的制度集体行动框架研究[J]. 求索，2015(8).

③ 锁利铭，阚艳秋，涂易梅. 从"府际合作"走向"制度性集体行动"：协作性区域治理的研究述评[J]. 公共管理与政策评论，2018(3).

④ Yi H T, Suo L M, Shen R W and Zhang J S. Regional governance and institutional collective action for environmental sustainability[J]. Public Administration Review, 2018, 78(4): 556-566.

⑤ 锁利铭. 地方政府间正式与非正式协作机制的形成与演变[J]. 地方治理研究，2018(1).

⑥ 锁利铭. 制度性集体行动框架下的卫生防疫区域治理：理论、经验与对策[J]. 学海，2020(2)：53-61.

性的具体假设，为理论和实践提供信息。该框架可适用于广泛的政策困境，在这种困境中，地方治理单位通过减少实现联合项目所需的交易成本所代表的互利合作行动的障碍，集体行动会比单独行动取得更好的结果。

第二节　制度性集体行动理论分析海洋环境治理的适用性

一、海洋环境治理的重要性/海洋环境与人类生活

海洋为人类生存提供了丰富的资源和广阔的活动场所，为人类社会经济可持续发展创造了优越的自然条件，海洋环境不仅包括生态环境，而且包括生存环境。生存环境是人类生活及进行各种经济活动的场所，海洋各部分是相互联系的统一整体，可统称为海洋大环境。人们在不断进行海洋开发和向海洋索取的过程中，也自觉不自觉地在破坏海洋大环境。特别是进入工业革命以后，人类对海岸带的干预在强度、广度和速度上也已接近或超过了自然变化，人类活动已经成为地表系统仅次于太阳能、地球系统内部能量的“第三驱动力”[①]。近一个世纪以来，人类正在对海洋进行着开发和索取，但是与此同时，也自觉不自觉地破坏了海洋生态环境。人类对于海洋生态环境的破坏，不仅仅是由于海水污染而导致的海洋生态环境的破坏，更有诸如大河干流水利工程建设[②]、围填海工程[③]、海岸区采矿[④]、海岸工程[⑤]、海水养殖[⑥]等众多人类活动都给海洋生态环境带来了不同程度的负面影响，这也为实现可持续发展战略带来了很大的困难，因此，研究如何保护海洋生态环境对于人类实现可持续发展具有重要的作用，研究者不断探寻新的海洋环境治理指导理论。

二、传统海洋环境管理陷入困境

近几十年来，针对海洋环境如何管理这一问题，国内外学者进行了深入的探讨，世界海洋国家纷纷提出海洋保护立法倡议。20 世纪 50 年代末，国际海洋环境立法工作逐步走向高潮。为了更全面地解决海洋环境问题，专家学者不断提出自己的看法和研究角度。J. M. 阿姆斯特朗和 P. C. 赖纳强调了“政府”在解决海洋环境问题中的重要作用，提出了“海洋环境管理”的概念，以及政府对于海洋开发和利用采取的干预活动，通过法律和行政进行海洋环境管理的控制行为。他们将海洋管理定义为国家对海洋水质、入海物质、渔业

① 李天杰，宁大同，薛纪渝等. 环境地学原理[M]. 北京：化学工业出版社，2004.

② 李凡，张秀荣. 人类活动对海洋大环境的影响和保护策略[J]. 海洋科学，2000，24(3)：6-8.

③ 马龙，于洪军，王树昆，等. 海岸带环境变化中的人类活动因素[J]. 海岸工程，2006，4(25)：29-3.

④ 李萍，李培英，徐兴永，等. 人类活动对海岸带灾害环境的影响[J]. 海岸工程，2004，3(4)：45-49.

⑤ 聂红涛，陶建华. 渤海湾海岸带开发对近海水环境影响分析[J]. 海洋工程，2008，26(3)：44-50.

⑥ 毛龙江，张永战，张振克，等. 人类活动对海岸海洋环境的影响——以海南岛为例[J]. 海洋开发与管理，2009，26(7)：96-100.

活动、船舶运输、外大陆架油气生产及其他相关事务所采取的法律的、行政的行为控制。[1]鹿守本将海洋环境管理定义为以海洋环境自然平衡和持续利用为宗旨，运用行政管理、法律制度、经济手段、科技政策和国际合作等方式，维持海洋环境的良好状况，防止、减轻和控制海洋环境破坏、损害或退化的行政行为。[2] 在海洋环境管理范式中，强调政府的主体地位，依赖政府相关管理部门综合运用各种方式实施对海洋环境调节和保护的政策。然而，随着海洋环境日益复杂化，海洋资源开发利用程度日益加强，强调自上而下命令式控制的单一主体政府管理在与海洋环境现实困境的碰撞中出现了一系列问题。

随着全球海洋环境问题日益突出，人们逐渐意识到人类的海洋开发活动对海洋发展变化的进程产生了深刻影响，开始探索海洋环境问题的解决之道。从时间上来看，对于海洋环境管理研究的历史还比较短暂，但在研究发展上来看，一切变革都是在螺旋上升发展的，海洋环境管理也经历了不断的变革。海洋环境管理作为公共管理的一个分支，深受公共管理研究发展的影响。在全球治理理论蓬勃发展的背景下，海洋环境管理研究也积极吸收治理理论的新知识。同时，海洋资源开发利用程度加大，涉海活动主体多元化，多元主体利益协调的困境也亟须海洋环境管理范式向治理范式转变。20 世纪 90 年代，詹姆斯・罗西瑙提出了"治理"理念，"政府管理"逐步被取代。奥斯特罗姆夫妇则基于实践研究发展出"多中心"治理理论，该理论及其治理理念被应用于环境管理领域。而后，海洋环境管理逐步从政府主导管理到多主体参与式管理，再到治理转变。

三、海洋环境治理中制度性集体行动理论框架的适用性分析

(一)海洋环境性质——复杂性和外部性

在当今世界，海洋环境管理对大多数国家来说仍是一大难题。海洋环境具有流动性、开放性、三维性等自然特征，这使得其区域自然环境与地方行政边界缺乏有机联系[3]，而且海洋环境管理中自然环境和人类社会两者都具有不确定性、复杂动态和区域互赖等特征。因此，海湾环境治理不遵循人为的司法、行政界限，也不可能将它划分为独立的，自供自足的部分。同时，海洋资源属于公共池塘资源，多元行动者在竞争中共同使用，常常导致管理冲突，相互抢夺导致资源耗竭[4]。随着海湾开发利用程度的日益提高，利益主体日益多元，利益关系日趋复杂，传统的管理方式与社会经济发展已明显不适应。

海洋生态系统与海洋环境资源属公共资源，海洋生态环境的污染或破坏具有极端的外部性特征[5]。个人或单位在对海洋资源环境使用过程中造成了海洋生态环境的破坏和

---

① John M A and Peter C R. Ocean Management: Seeking a New Perspective[M]. Traverse Grouplnc, 1980.

② 鹿守本. 海洋管理通论[M]. 北京:海洋出版社, 1997.

③ 鲍基斯, M. B, 孙清. 海洋管理与联合国[M]. 北京:海洋出版社, 1996.

④ Hardin G. The Tragedy of the Commons Science[J]. Journal of Natural Resources Policy Research, 1968, 162(13)(3): 243-253.

⑤ 汪劲. 环境法学[M]. 北京:北京大学出版社 2014.

生境的退化，需要其他社会成员或组织共同承担环境损失的责任。公共物品与外部性是构成环境经济学理论基石的两大重要概念。海洋环境具有公共物品的供给普遍性和消费非排他性两大特征，而任何改善或破坏公共物品的行为都会产生负的外部性。因此，从经济学角度分析，这是海洋生态资源作为公共物品的负外部性的结果，也是海洋生态环境问题产生的根源。[①]

海洋环境所具有的性质需要我们在治理中跨区域、跨层级和跨部门以实现多主体、多层面之间的协同合作，采取相互配合一致行动形成合力，合作的形成、持续和监督这一整个过程是一项复杂的集体行动。

（二）我国海洋环境治理ICA困境

海洋环境污染是典型的区域公共危害现象，对其根治必须依靠区域内多元主体的联防联治。但长期以来，作为海洋环境治理关键主体的地方政府在区域联动方面往往是纸上谈兵多于实际行动。海洋环境治理府际合作存在ICA困境，具体可分为横向协作困境、纵向协作困境和功能性协作困境。

海洋的自然特性决定了共同治理海洋成为一种必然的政策选择[②]，而不同区域的沿海地方政府的协同合作往往面临合作、竞争与责任分担的横向矛盾。在横向合作表现来看，横向困境之一，体现在地区合作上，不同地区在政治制度、环境标准乃至治理架构等方面的差异使得各地区面临合作风险，而珠三角的风险更甚，其在政治制度上也存在明显差异。横向困境之二，表现为各城市群之间的合作中，由于海洋环境问题的跨地域性，受属地责任和地方利益的羁绊，沿海与内陆、相邻沿海地方政府间所采取的环境治理投入方案和行动不免受自身利益驱动，地方政府作为行政辖区利益的代表，有着为其管理辖区谋利的内在行为动机，其决策和行动选择往往从本位理性的角度出发，但正如公地悲剧所揭示的，本位理性常常带来整体非理性结果。这不仅会导致海洋环境治理中集体行动的困境，还会产生不同利益矛盾冲突或信任缺失等弊端。[③] 制度性集体行动理论为我们理解地方政府间如何进行合作提供了分析视角，它认为地方政府及其部门之间的正式与非正式合作都可以被视为政府间的制度性集体行动。[④]

纵向维度上看，在海洋管理体制的改革与发展历程中，职能的集中配置与分散配置一直是一个两难选择，二者的调适困境尚未完全消除。[⑤] 地方政府有其自身利益，他们的利益函数中除了经济利益，还有政治稳定等政治利益因素，且政治利益因素是第一位的。中

---

① 龚虹波. 海洋环境治理研究综述[J]. 浙江社会科学，2018(1)：102-111.

② 王琪，崔野. 将全球治理引入海洋领域——论全球海洋治理的基本问题与我国的应对策略[J]. 太平洋学报，2015，23(6)：17-27.

③ 宁靓，史磊. 利益冲突下的海洋生态环境治理困境与行动逻辑——以黄海海域浒苔绿潮灾害治理为例[J]. 上海行政学院学报，2021，22(6)：27-37.

④ 周卫. 成渝地区双城经济圈跨界河流污染协同治理机制研究——基于制度性集体行动理论的视域[J]. 重庆行政，2021，22(6)：77-81.

⑤ 王琪，崔野. 面向全球海洋治理的中国海洋管理：挑战与优化[J]. 中国行政管理，2020(9)：6-11.

央政府的放权为地方政府在经济发展中发挥巨大作用提供了条件，发展属地经济、提高就业和改善民生成为其主要的职责。然而，中央政府在放权的同时对于政府绩效考核及其官员晋升机制的执行要求加强，又迫使地方政府努力为实现经济利益、增加财政收入的目标而进行各种策略的制定、博弈和调整。因此在“晋升锦标赛”这一机制下，海洋生态环境保护所带来的长期公共利益让位于“发展优先”的短期经济利益。在中国现有的制度背景下，当跨域治理事务所产生的矛盾尚未达到冲突爆发值以前，以组织权威或职务权威为依托的纵向科层协调是各种协调机制中比较稳定的一种协调方式，但它终究无法克服等级制纵向协同存在的逻辑悖反，一旦公共事务外溢，这种纵向协调很有可能会越来越力不从心。[①] 制度性集体行动理论创造性地提出 ICA 困境解决机制，以突破纵向府际目标矛盾与合作困境。

从公共管理理论的角度而言，海洋环境治理具有天然的协同治理特点，由于海水的流动性和污染源的复杂性，任何单一部门或是单一地区都无法独立完成治理任务，[②]正是治理任务困难，才更需要调动多主体参与，依靠专业性强的人力和高质量的物力提高协作治理效率，然而在现实治理情境中，各部门各主体却在功能上相互割裂，没有形成合力，发挥其职所具备的专业能力。同时，由于权责主体难以明确，海洋立法过程繁复，海上执法职责体制尚不完善，当前海洋治理正面临着公共产品的供给与需求不相匹配，尤其是条约、公约等制度性公共产品的数量不足[③]。在没有明晰的制度性文件制约的情况下，各地区各部门往往会因利害关系或意见不一致而相互扯皮不愿承担治污责任，采取“搭便车”的策略。正是作为一种集体合作行动的海洋治理，其在特定功能和政策领域上往往是分裂的，海洋环境外部性发生在功能领域和政策领域以及政府单位之间，这种分裂造成了治理过程中的功能性困境。

随着海洋经济发展以及海洋环境污染问题的复杂性加大，海洋环境治理跨越行政边界走向区域化，不仅在纵向上面临多个层级的行政权威并存，在横向上面临没有统属关系的碎片化地方行政权威，在功能上涉及多个领域。这种多个层面表现出的跨界性，超出了单一层级、辖区、功能和组织，也超出了上述某一维度治理主体的治理能力，需要治理主体在不同层级、辖区、功能和组织等维度的合作，形成一种区域合作共治的局面。而制度性集体行动理论集中关注碎片化权威造成的集体行动问题，[④]可为多维度的合作困境提供一个合适的解释框架。

（三）海洋环境治理困境分析——交易成本与合作风险

ICA 框架提出了广泛应用于缓解政府间合作困境的行动策略，认为地方政府部门可

---

① 余敏江，杨旭.“以邻为壑”如何走向“同衾共枕”——一项基于黄河流域的跨行政区合作治理研究[J].公共治理研究，2021，33(6)：5-13.

② 戴亦欣，孙悦.基于制度性集体行动框架的协同机制长效性研究——以京津冀大气污染联防联控机制为例[J].公共管理与政策评论，2020，9(4)：15-26.

③ 崔野.全球海洋塑料垃圾治理：进展、困境与中国的参与[J].太平洋学报，2020，28(12)：79-90.

④ 易承志.跨界公共事务、区域合作共治与整体性治理[J].学术月刊，2017，49(11)：67-78.

以通过实现联合项目等形式的互利合作行动，而非单独行动，减少交易成本障碍和合作风险，从而共同实现更好的结果。因此，可从该理论视阈出发，对海洋环境治理存在横向、纵向和功能性三个维度上的合作困境的交易成本与合作风险展开分析。

从形成合作的过程来看，跨区域的海洋环境协同治理在本质上是政府进行职能边界的选择性重塑的过程，地方政府为实现区域共同利益，应对区域环境污染问题而进行协商。然而，地方政府作为一个具有独立经济利益的行为主体①，在受到政治激励刺激后，其理性经济人属性随之显著增强，追求自身利益最大化特别是直接的经济利益最大化，成为地方政府行为选择的根本动因。② 因此，合作治理过程中存在的交易行为及其成本是导致地方政府陷入协作困境的一个重要原因。相关行动者为保证合作有效进行，在信息搜集、监督、讨价还价等方面支付的成本，实际上可以被看作是交易成本。③

交易成本作为一种隐性因素，在预期收益确定的情况下是影响地方政府间合作达成与互动行为持续发生的关键条件之一。一般而言，地方政府间合作的交易成本越高，合作的风险与阻力越大，合作达成以及持续的可能性就越小。具体来说，跨区域海洋环境治理过程中，交易成本会表现为信息成本、谈判成本以及执行成本等。首先，由于各地政府间的信息不对称和信息不完全会产生信息成本。不同区域的行动者拥有不同信息，单个政府无法获得完整信息，处于核心优势地位的行动者往往拥有大量、关键的信息资源，这种信息不对称与不完全会使行动者出于理性考虑而做出违背合作的行为决策。海洋环境治理依靠跨区域协作实现，然而信息成本的存在会增加各地区间的不信任，甚至引发激励不足、监督成本高以及执行效率低等多方面问题。其次，谈判成本存在于跨区域地方政府面临共同环境问题或进行某一合作时，双方或多方主体为达成共识而进行的谈判妥协。谈判费用与谈判双方的进程以及对预期收益的预估有关。在跨域海洋环境治理谈判过程中，地方政府需要在纵向“委托—代理”与横向“竞争—合作”两个层面展开博弈，而由此产生的冲突与碰撞，都会增加合作协议达成的谈判成本。最后，执行成本是指多主体为实现治理目标、履行合作协议以及监督执行行动而产生的费用。一方隐瞒问题与变通执行会引起其他多方的执行成本的增加。通过分析地方政府行为，选择恰当的 ICA 合作机制以降低交易成本，是提升执行效果的关键。

ICA 框架以影响集体行动和协作关系构建的多个影响因素出发，认为政府间协作意愿和协作行动不仅会受到协作产生的交易成本的影响，还会受到协调不力、背叛协作、分配不公平等合作风险以及通过协作获得的集体性收益、选择性收益等合作收益的影响。首先，海洋环境污染的跨区域负外部性影响要求治理必须依靠多方协作，当地方政府试图组织跨行政区活动时，协调问题随之产生。例如，海洋生态环境补偿机制的建构会涉及多省市利益，在机制制定与实施过程中，如何协调各省市间的权责关系以实现协同配合是重

① 常青.我国区域政府合作的现状、问题及对策[J].山西师大学报(社会科学版)，2009，36(3)：17-20.

② 郭斌. 跨区域环境治理中地方政府合作的交易成本分析[J]. 西北大学学报：哲学社会科学版，2015，45(1)：6.

③ 丁煌，定明捷.政策执行中交易成本的构成探析[J].南大商学评论，2006(2)：189-201.

点问题。其次，分配不公意指共同利益分配不合理现象，即对共同利益的分配意见不一，或认为某些参与者获得的利益不平等或不成比例，从而损害其他参与者的利益，对合作构成障碍。在参与合作的行动者中，资源和能力上的优势者与弱势者对于合作态度必然存在差异，而处在污染中心区域与处在边缘区域的行动者在协作治理中由于所得利益的差异也会采取不同的行动，这种态度和行为上的差异在“牵一发动全身”的合作中往往会在很大程度上影响治理成效。最后，参与者之间的利益冲突引致背叛风险。个体层面的理性选择容易引发机会主义心理，导致合作关系中其他多方受到负外部性的影响，从而出现背叛风险。海洋环境治理中多方的合作本就是建立在利益博弈之上，若合作无法满足个体层面的利益，行动者不无理由选择放弃公共利益，背叛合作协议，这也就解释了现实中参与制度性集体行动的行动者在合作过程的行动演变。

（四）海洋环境治理 ICA 合作机制适用性

对于政府间合作问题的分析，现阶段学术界主要的理论视角有合作治理、整体性政府、协同管理、网络式治理、多层次治理等，为理解政府间合作困境和寻求解决之道提供了丰富的理论工具。但是，这些理论工具对于解决复杂性、负外部性程度大的海洋环境治理困境仍然不理想。ICA 理论定义了 ICA 困境解决机制分类方式，对于跨域环境治理存在的利益协调问题、交易成本问题，用制度性集体行动理论来分析现存的跨域管理合作体制机制，有助于厘清地方政府对合作行为和合作策略的选择，从而有效解决跨地区、跨部门和涉及多方利益主体的多重冲突。ICA 理论提出的多种合作机制，强调政府会从交易成本的角度去选择适宜的合作机制，为解决政府间合作困境提供了一个概念框架和分析工具。它认为所有的地方政府间合作，无论正式还是非正式，在本质上都是制度性的集体行动。从改革开放以来中国跨区域公共事务治理实践的进程来看，与上述理论阐释相契合，呈现出从分散化治理到集中化治理再到区域合作共治的治理转变，也从实践证明了该框架的合理性。

海洋环境治理领域经过近半个世纪的发展，已在南海、东海、地中海、波罗的海及北极等全球各地建构了数以百计的区域性海洋治理体系，各地区也形成了区域海洋环境保护合作机制网络。[①] 跨域海洋环境治理实践的日益增长，更是催生了对海洋环境合作治理理论研究的迫切需求。ICA 框架可以通过分析区域间地方政府及其部门之间合作中的一些重要影响因素，来揭示区域性海洋治理行动者合作行为的动态产生和演化。同时，在该理论视域下制度性合作困境可通过合作机制的选择而降低交易成本和合作风险。跨域环境治理主体在面临协作困境时可以采取多种潜在解决机制，在不同层级的纵向政府之间、同级的横向政府之间以及地方政府与其他行动主体之间产生合作行为。它以政府间的合作和竞争为基础，强调通过组织间的纵向和横向联系实现自我治理，缓解制度性碎片

① 吴士存. 全球海洋治理的未来及中国的选择[J]. 亚太安全与海洋研究，2020(5)：1-22＋133.

化的程度。[①] 根据制度性集体行动理论中对于匹配机制的论述，成本更高的机制能够在更高风险的条件下保持稳定性，低风险情况下低成本的机制具备更理想的净收益水平，而维持上级施加权威的协作所需成本要高于签订协议、嵌入式网络等协作机制的成本。[②] 在实际治理过程中，行动者往往选取多种合作机制执行，例如成渝地区双城经济圈地方政府的合作既有非正式的合作协议，又有正式的联席会议制度，同时还有上级政府权威下的指令式合作，用ICA理论对其实践分析比较，该合作将“嵌入式网络机制”、“约束性契约机制”和“委托授权机制”结合执行，并产生了良好的合作效果。可以看到制度性集体行动合作机制为我们理解地方政府间如何进行合作提供了分析视角，通过对跨域海洋环境治理实践与ICA框架中明确的多种合作机制进行比较，一方面可以更好地了解该合作行为，另一方面也可通过合作机制成本与风险的匹配表现为同种类型的协作机制的选择提供参考。

综上，对于海洋环境这一涉及部门、区域广泛而权责不清的治理领域，区域合作共治是破解治理困境、达成最优整体利益的集体行动的有效路径，而制度性集体行动理论是分析区域合作机制的理想选择。

第三节　制度性集体行动理论在海洋环境治理中的已有研究

由于跨区域公共事务的日益增加，全球各国都在强调，地方政府间采用协同合作方式，协作性治理成为应对区域公共事务的重要治理取向[③]。近年来引起特别关注的大气污染、卫生防疫、科技创新等政府间协同治理领域，一方面进入国家和地方政府的相关战略、规划与政策之中，另一方面也引起学者密切关注。海洋环境治理同上述领域相同，也需要依靠集体合作形式来实现，ICA框架是分析海洋环境治理理论与实践的合适工具。

一、ICA框架对环境合作的解释

制度性集体行动框架对环境合作的解释建立在辖区间合作、合作治理和网络治理这三个研究理路的基础上。第一，在辖区间合作研究中，碎片化问题是对地方政府有效管理环境构成重大挑战。跨司法管辖区(IJA)的政策溢出迫使地方政府超越针对单一管辖权

① 蔡岚. 粤港澳大湾区大气污染联动治理机制研究——制度性集体行动理论的视域[J]. 学术研究，2019(1)：10.

② 沈亚平，韩超然. 制度性集体行动视域下“河长制”协作机制研究——以天津市为例[J]. 2021(2020-6)：76-85.

③ 锁利铭，阚艳秋，李雪. 制度性集体行动、领域差异与府际协作治理[J]. 公共管理与政策评论，2020，9(4)：3-14.

的政策设计,并寻求与邻近司法管辖区的合作①。在政治学和公共行政学中,对分裂和多中心性的研究有着悠久的传统②。最近关于区域治理的工作侧重于辖区间合作和 IJA③。IJA 是用于加强地方公共服务提供的重要政策工具,对于解决地方政府之间的集体行动问题至关重要。IJA 可用于提供联合服务④、合并管辖区边界或地区形成和建立互助协议⑤。第二,合作往往导致更公平地解决环境问题。协作治理通过合作机制(如伙伴关系、政府间协议和服务提供合同)将跨境和跨部门外部性内部化。⑥ 对协作治理感兴趣的学者关注协作参与者之间的信任和承诺⑦以及领导合作的管理因素、成功的合作环境管理⑧。第三,网络治理的概念假设相互依存并嵌入到分散的系统中,公共机构与广泛的利益相关者合作将实现理想的网络成果⑨。特别相关的是地方政府网络的概念。Feiock 和 Shrestha 将地方政府网络(LGN)定义为地方政府之间或地方政府与集体提供社会服务的其他部门之间相互依存的关系结构。这些选择有助于理解在地方环境治理背景下,自组织网络优于管理网络的条件。⑩

二、我国环境领域 ICA 理论研究

在公共事务治理中,中国广泛采用府际协作的方式,形成了多个以领域为载体的合作网络。ICA 框架有助于揭示各领域协作机制运行中交易成本与合作行为对其产生的影响,分析不同合作机制在实际选择和运行中的差异,并为跨域、跨界公共事务协作治理提供理论指导。而对于各个治理领域来说,由于环境领域其典型的外部性特征,历来也是交易成本理论、产权理论等基础性理论研究的试验场,因此受到学者的较多关注。环境治理包含范围十分广泛,已有文献借助 ICA 框架对宏观层面环境治理和不同领域环境治理均

---

① Feiock R C and John S. Self-Organizing Federalism: Collaborative Mechanisms to Mitigate Institutional Collective Action Dilemmas[M]. New York: Cambridge University Press,2010.

② McGinnis M D and Ostrom E. Reflections on Vincent Ostrom, public administration, and polycentricity[J]. Public Administration Review, 2012, 72(1): 15-25.

③ Chen Y C and Thurmaier K. Interlocal agreements as collaborations: An empirical investigation of impetuses, norms, and success[J]. The American Review of Public Administration, 2009, 39(5): 536-552.

④ Zeemering E S. Governing interlocal cooperation: City council interests and the implications for public management[J]. Public Administration Review, 2008, 68(4): 731-741.

⑤ Assistance J. Mutual Aid: Multijurisdictional Partnerships for Meeting Regional Threats[M]. Washington, DC: US Department of Justice, Office of Justice Programs, Bureau of Justice Assistance, 2005.

⑥ Yi H, Suo L, Shen R, et al. Regional governance and institutional collective action for environmental sustainability[J]. Public Administration Review, 2018, 78(4): 556-566.

⑦ Mandell M and Steelman T. Understanding what can be accomplished through interorganizational innovations The importance of typologies, context and management strategies[J]. Public Management Review, 2003, 5(2): 197-224.

⑧ Heikkila T and Gerlak A K. Investigating collaborative processes over time: A 10-year study of the South Florida ecosystem restoration task force[J]. The American Review of Public Administration, 2016, 46(2): 180-200.

⑨ Klijn E H, Koppenjan J F M. Public management and policy networks: foundations of a network approach to governance[J]. Public Management an International Journal of Research and Theory, 2000, 2(2): 135-158.

⑩ Feiock R C and Manoj S. Local Government Networks[M]. Oxford Handbook of Political Networks,2006.

进行了研究。

在宏观环境治理层面上，Feiock 指出中国区域合作的理论落后于实践，他对中国处理区域环境问题的合作协议的类型进行系统，引入和修改了 ICA 框架，得到了三组实证结果，证实了 ICA 框架在理解中国地方间环境合作方面的有效性①；崔晶着眼于都市圈间的地方政府合作机制研究，以京津冀都市圈为例，利用 ICA 理论对合作机制进行分析，以提出破解地方政府区域生态治理协作困境的路径②。易洪涛等人以中国城市群为研究对象，利用 ICA 框架检验地方政府环境合作治理实践中所对应的三种合作机制选择过程。锁利铭等人通过泛珠三角合作区环境领域的网络结构研究，揭示地方政府的合作行为的内在机理③。娄树旺则从政府责任出发，构建地方政府责任运行体系模型，以分析制约地方政府环境治理中的因素④。对于环境治理的整体发展趋势，聂国良等人对中国环境治理改革与创新历程进行综述⑤。

在具体的环境污染治理领域，学者从环境治理宏观层面研究的基础上深入挖掘，主要有关于大气污染治理和水污染治理领域的具体研究。在大气污染治理方面，汪伟全以北京地区为个案，进行纵向时间维度上的空气污染跨域治理的历史与现状分析，归纳了利益协调不足、碎片化现象和单中心治理等问题症结，析出空气污染跨域治理的内在机制，并健全空气污染跨域治理的利益协调和补偿机制，构建政府主导、部门履职、市场协调与社会参与的跨域合作治理新模式。⑥ 王英等人对京津冀和长三角城市群的大气污染防控情况进行比较研究，指出短期运动式治理不是解决大气污染问题的治本之策，区域空气质量的持续改善需要区域内各省市常抓不懈的联防联控⑦。孙丹等人对京津冀、长三角以及珠三角三大城市群的空气污染指数进行动态分析，对比三个城市群大气环境质量随着经济发展的变化情况⑧。对于水污染治理，张晓在当前环境战略基础上，对中国水污染趋势以及水环境基础设施建设的困境进行分析⑨，戴胜利则基于地方政府利益视角，对跨域水污染治理的利益障碍进行研究，揭示其研究流域水污染府际合作治理机制的建设过程和运行效果⑩。

---

① Feiock R C. Regional governance and institutional collective action for environmental sustainability in China [M]. Lincoln Institute of Land Policy，2016.

② 崔晶.生态治理中的地方政府协作：自京津冀都市圈观察[J].改革，2013(9)：138-144.

③ 锁利铭，马捷，陈斌.区域环境治理中的双边合作与多边协调——基于 2003—2015 年泛珠三角协议的分析[J].复旦公共行政评论，2017(1)：149-172.

④ 娄树旺.环境治理：政府责任履行与制约因素[J].中国行政管理，2016(3)：48-53.

⑤ 聂国良，张成福.中国环境治理改革与创新[J].公共管理与政策评论，2020，9(1)：44-54.

⑥ 汪伟全.空气污染的跨域合作治理研究——以北京地区为例[J].公共管理学报，2014，11(1)：55-64+140.

⑦ 王英，李令军，刘阳.京津冀与长三角区域大气 NO_2 污染特征[J].环境科学，2012，33(11)：3685-3692.

⑧ 孙丹，杜吴鹏，高庆先，师华定，轩春怡. 2001 年至 2010 年中国三大城市群中几个典型城市的变化特征[J].资源科学，2012，34(8)：1401-1407.

⑨ 张晓.中国水污染趋势与治理制度[J].中国软科学，2014(10)：11-24.

⑩ 戴胜利.跨区域生态文明建设的利益障碍及其突破——基于地方政府利益的视角[J].管理世界，2015(6)：174-175.

从当前跨域环境治理的宏观和中微观文献总结来看,重点探讨了跨区域环境污染的治理困境、治理路径、治理机制、网络结构以及理论模型等问题,尤其是以城市群为案例对大气污染和水污染的合作治理进行了大量的研究,不同环境治理领域在进行合作方式的设计和选择上也会有所差异,但在一定程度上,区域水治理与海洋环境治理也是紧密相关的,制度性集体行动在水污染合作治理领域的研究对于海洋环境治理有借鉴意义。

三、海洋环境治理 ICA 理论研究

当前海洋和海岸越来越多地被用于基本的生活、商业和娱乐,这一结果造成了包括过度开发的渔业、农药、化肥,以及从陆地和过度开发的海岸冲刷而来的废物造成的污染。此外,气候变化对海洋温度、洋流、食物链和极端事件的影响越来越明显。不断增长的需求给海洋资源和政府带来了越来越大的压力,但短期需求往往会限制他们采取和实施有效长期解决方案的能力。如果几个国家共同努力,而不是每个国家各自采取行动,应对海洋污染或其他海洋环境威胁的措施将更加有效①。制度性集体行动框架将有助于分析各国、各区域在海洋环境治理中的合作行为和机制选择。

(一)国际海洋环境合作治理实践

有许多全球和区域方案直接或间接地涉及保护和养护我们的海洋及其资源的管理。当前全球范围的区域政府及非政府组织正在海洋环境及其资源领域开展工作。其中许多组织在国际法律框架内运作,从全面的全球公约,如《联合国海洋法公约》,到旨在保护和开发区域海洋的区域协定。在国家和国际层面上,这些海洋管理的特点是部门方法占主导地位。随着时间的推移,已经采取了一些措施来改善合作、协调和一体化,以实现联合国系统内外负责海洋和海洋管理的不同组织之间政策和战略的更大一致性。② 海洋空间规划被认为是改善自然保护和可持续资源利用的海洋治理的关键举措③。为了保护生态系统的完整性,生态系统被概念化为蓝色增长的边界条件,即基于海洋资源使用和其他海洋活动的经济发展必须在生态系统的限制范围内进行④。利益相关者的参与被认为是方法中的一个关键机制,它补充了决策中的科学知识,并进一步提高了合法性,促进了实施⑤。此外,这三个组成部分——海洋空间规划、生态系统方法和利益相关者参与——在不同的背景下平行发展,目标有所不同,现在它们结合在一起,以促进当代海洋治理中的

① Abbott K W and Snidal D. Why states act through formal international organizations[J]. Journal of conflict resolution, 1998, 42(1): 3-32.

② Grip K. International marine environmental governance: A review[J]. Ambio, 2017, 46(4): 413-427.

③ Carneiro G. Evaluation of marine spatial planning[J]. Marine Policy, 2013, 37: 214-229.

④ Ehler C. Conclusions: benefits, lessons learned, and future challenges of marine spatial planning[J]. Marine Policy, 2008, 32(5): 840-843.

⑤ Thomas H L, Olsen S and Vestergaard O. Marine spatial planning in practice-transitioning from planning to implementation[J]. An analysis of global Marine spatial planning experiences, UN Environment Programme (UNEP) and Scientific and Technical Advisory Panel of the Global Environment Facility (GEF STAP), Nairobi, 2014.

生态、经济和社会可持续性①。由于海洋资源的集体性质和对有效海洋基础设施的需求，各国在有效治理方面的合作是必不可少的②。生态系统服务以及来自运输、污染、渔业、农业和其他部门活动的各种形式的社会压力和影响，往往会跨越海洋国界③。此外，航运基础设施和海上风电场等投资往往受益于高效的跨国协调④。因此，有效和高效的跨国合作在海洋空间规划中是必要的。

然而，由于合作中的风险以及跨国组织巨大的交易成本，使得国际组织的合作并不那么容易成功，同时，这些国际组织比它们的缔约方所允许的更为强大，因此合作具有来自国家层面的障碍。尽管学者和学者之间存在广泛的共识，跨国合作与协调对于批准海洋环境治理更有效的政策文书至关重要，但成功的政策协调举措的具体例子很少。少数成功的样本往往是以临时方式进行的，而不是作为过度提交战略的一部分。此外，国家间的海洋环境治理合作在时间上难以同步，而且在不同的方向上发生了变化，这使得区域一致性难以改善。而这种发展可能导致国家之间的紧张关系，因为体制上的不相容性可能随着时间的推移而日益根深蒂固，而且更难解决。因此，有必要解决如何更好地理解和加强区域政策协调的问题，以便提高一致性。⑤

（二）国内海洋环境合作治理研究

江河湖海相连相通，海水污染直接影响到中国水资源和水环境安全。在政治因素影响下，当前的中国环境战略和政策安排存在偏倚与失衡，河流、湖泊、水库、近海海域的污染呈现总体上升态势，其中水库、湖泊的污染速度超过同期经济总量增长速度或与之持平。

环境治理是一个通过不断提升环境治理能力、持续优化环境治理体系，来应对环境问题、实现环境治理目标的动态过程⑥，海洋环境治理也在不断探索新的路径，其发展也具有动态特性。海洋环境协同治理在交易成本、协同风险和治理机制之间形成互动关系：两者在协同治理的形成阶段会影响机制的筛选和产生，同样的，在协同机制形成后，制度设计的特点也决定了它是否可以应对运行过程中交易成本和协同风险的变化。ICA 框架对于不同的协同机制在形成和运行两个阶段的分析都有参考意义，认为不同机制有着截

① Gilek M, Saunders F and Stalmokait I. The ecosystem approach and sustainable development in Baltic Sea marine spatial planning: The social pillar, a 'slow train coming'[M]//The ecosystem approach in ocean planning and governance. Brill Nijhoff, 2018: 160-194.

② Kidd S and McGowan L. Constructing a ladder of transnational partnership working in support of marine spatial planning: thoughts from the Irish Sea[J]. Journal of environmental management, 2013, 126: 63-71.

③ Gilek M, Karlsson M, Linke S, et al. Environmental governance of the Baltic Sea[M]. Springer Nature, 2016.

④ Hassler B, Bla? auskas N, Gee K, et al. BONUS BALTSPACE D2: 2: Ambitions and Realities in Baltic Sea Marine Spatial Planning and the Ecosystem Approach: Policy and Sector Coordination in Promotion of Regional Integration[J]. 2017.

⑤ Hassler B, Gee K, Gilek M, et al. Collective action and agency in Baltic Sea marine spatial planning: Transnational policy coordination in the promotion of regional coherence[J]. Marine Policy, 2018, 92: 138-147.

⑥ 聂国良，张成福. 中国环境治理改革与创新[J]. 公共管理与政策评论，2020，9(1)：44-54.

然不同的运行方式。多边政府间合作协议的净收益能够在较长时间内维持增长，即多边政府间正式的协同治理机制的运行更容易具有长效性。

在 ICA 框架下，基于对区域流域生态保护与高质量发展协同机制运行的实践分析可以发现，信息成本、执行成本和协商成本等交易成本高，协调权威性之阙如、治理小组角色冲突、合作偏好差异导致利益趋向、行动者数量庞杂导致集体行动产生困境、法律缺位与权责关系模糊不清双重叠加以及社会主体主动性不足等合作风险存在于战略实践中，产生了跨行政区合作治理的巨大阻碍。余敏江等人在 ICA 理论视域下，通过深化中央纵向嵌入式治理、重塑流域权威性协调组织以及培育跨域治理社会资本，可以有效克服黄河流域生态保护和高质量发展协同机制中的深层次缺陷，进而对黄河流域生态保护和高质量发展协同战略进行优化和改进。周卫借鉴制度性集体行动理论重点分析双城经济圈跨界河流污染协同治理中的地方政府协作机制，成渝地区双城经济圈各地方政府是如何在一定程度上克服协作难题，以及合作机制的匹配问题。郭渐强以长江流域生态补偿政策执行合作机制为考察对象，将其根据自治程度划分为三种不同类型以及七个具体类别，运用 ICA 理论框架审视不同类型合作机制的交易成本与合作风险，并结合中国现实情境提出并完善非正式合作机制等消解策略。

ICA 理论框架已成为区域环境治理领域的重要分析框架，但对海洋环境治理这一特定领域的研究仍然较少，处于“黑箱”状态。从国外海洋环境治理的集体行动研究可以发现，受到经济、政治、制度等因素影响，实现国际层面的合作存在很大困难，甚至这种合作会造成行动者间的矛盾。而从 ICA 理论在我国海洋环境治理中的研究来看，仍是一片空白，该理论研究在我国起步较晚，目前应用于区域环境治理研究中较多。当前我国海洋环境不容乐观，作为环境中的重要分支，治理陷入困境。近年来国家对海洋环境治理极度重视，已制定政策和试点落实“蓝色海湾整治行动”，但缺乏理论层面的指引，与实践脱节。未来，可以利用制度性集体行动框架，对我国内海环境治理进行研究。

参考文献

[1] Abbott K W and Snidal D. Why states act through formal international organizations[J]. Journal of conflict resolution, 1998, 42(1): 3-32.

[2] Andrew S A and Kendra J. An adaptive governance approach to providing disaster behavioral services[J]. Disasters: The Journal of Disaster Studies, Policy and Management, 2012, 36(3): 514-532.

[3] Andrew S A and Hawkins C V. Regional cooperation and multilateral agreements in the provision of public safety[J]. The American Review of Public Administration, 2013, 43(4): 460-475.

[4] Andrew S A. Regional integration through contracting networks: An empirical analysis of institutional collection action framework[J]. Urban Affairs Review, 2009, 44(3): 378-402.

[5] Axelrod R. The Evolution of Cooperation[M]. New York: Basic Books, 1984.

[6] Berardo R. Processing complexity in networks: A study of informal collaboration and its effect on organizational success[J]. Policy Studies Journal, 2009, 37(3): 521-539.

[7] Berardo R and Scholz J T. Self-organizing policy networks: Risk, partner selection, and cooperation in estuaries[J]. American Journal of Political Science, 2010, 54(3): 632-649.

[8] Brown T L and Potoski M. Transaction costs and contracting: The practitioner perspective[J]. Public Performance & Management Review, 2005, 28(3): 326-351.

[9] Buchanan J M and Gordon T. The Calculus of Consent. [M] Ann Arbor, MI: University of Michigan. 1962.

[10] Carneiro G. Evaluation of marine spatial planning[J]. Marine Policy, 2013, 37: 214-229.

[11] Carr J B and Feiock R C. City-County Consolidation and Its Alternatives: Reshaping the Local Government Landscape: Reshaping the Local Government Landscape[M]. Routledge, 2016.

[12] Chen Y C and Thurmaier K. Interlocal agreements as collaborations: An em-

pirical investigation of impetuses, norms, and success[J]. The American Review of Public Administration, 2009, 39(5): 536-552.

[13] Coase R. The Problem of Social Cost[J]. The Journal of Law and Economics, 1960,3(1) .

[14] Dixit A. The Making of Economic Policy: A Transaction-Cost Politics Perspective[M]. Cambridge, MA:The MIT Press. 1996.

[15] Ehler C. Conclusions: benefits, lessons learned, and future challenges of marine spatial planning[J]. Marine Policy, 2008, 32(5): 840-843.

[16] Farmer J L. Factors influencing special purpose service delivery among counties[J]. Public Performance & Management Review, 2010, 33(4): 535-554.

[17] Feiock R C. Institutional collective action and local government collaboration [M]//Big ideas in collaborative public management. Routledge, 2014.

[18] Feiock R C. Metropolitan governance: conflict, competition and cooperation [M]. Washington D. C: Georgetown University Press,2004

[19] Feiock R C. Metropolitan governance and institutional collective action[J]. Urban Affairs Review, 2009, 44(3): 356-377.

[20] Feiock R C. Rational choice and regional governance[J]. Journal of urban affairs, 2007, 29(1): 47-63.

[21] Feiock R C and John S. Self-Organizing Federalism: Collaborative Mechanisms to Mitigate Institutional Collective Action Dilemmas[M]. New York: Cambridge University Press,2010.

[22] Feiock R C and Manoj S. Local Government Networks[M]. In Oxford Handbook of Political Networks, 2016.

[23] Feiock R C. Regional governance and institutional collective action for environmental sustainability in China [M]. Lincoln Institute of Land Policy, 2016.

[24] Gerber E R, Henry A D and Lubell M. Political homophily and collaboration in regional planning networks[J]. American Journal of Political Science, 2013, 57(3): 598-610.

[25] Grip K. International marine environmental governance: A review[J]. Ambio, 2017, 46(4): 413-427.

[26] Gilek M, Karlsson M, Linke S, et al. Environmental governance of the Baltic Sea[M]. Springer Nature, 2016.

[27] Gilek M, Saunders F and Stalmokaitė I. The ecosystem approach and sustainable development in Baltic Sea marine spatial planning: The social pillar, a

'slow train coming'[M]//The ecosystem approach in ocean planning and governance. Brill Nijhoff, 2018: 160-194.

[28] Hardin G. The Tragedy of the Commons Science [J]. Journal of Natural Resources Policy Research, 1968,162(13)(3):243-253.

[29] Hassler B, Blažauskas N, Gee K, et al. BONUS BALTSPACE D2: 2: Ambitions and Realities in Baltic Sea Marine Spatial Planning and the Ecosystem Approach: Policy and Sector Coordination in Promotion of Regional Integration[J]. 2017.

[30] Hassler B, Gee K, Gilek M, et al. Collective action and agency in Baltic Sea marine spatial planning: Transnational policy coordination in the promotion of regional coherence[J]. Marine Policy, 2018, 92: 138-147.

[31] Heikkila T and Gerlak A K. Investigating collaborative processes over time: A 10-year study of the South Florida ecosystem restoration task force[J]. The American Review of Public Administration, 2016, 46(2): 180-200.

[32] John M A and Peter C R. Ocean Management: Seeking a New Perspective [M]. Traverse Grouplnc, 1980.

[33] Kidd S and McGowan L. Constructing a ladder of transnational partnership working in support of marine spatial planning: thoughts from the Irish Sea [J]. Journal of environmental management, 2013, 126: 63-71.

[34] Klijn E H and Koppenjan J F M. Public management and policy networks: foundations of a network approach to governance[J]. Public Management an International Journal of Research and Theory, 2000, 2(2): 135-158.

[35] Krueger S and Bernick E M. State rules and local governance choices[J]. Publius: The Journal of Federalism, 2010, 40(4): 697-718.

[36] Kwon S W and Feiock R C. Overcoming the barriers to cooperation: Intergovernmental service agreements[J]. Public Administration Review, 2010, 70 (6): 876-884.

[37] Lee I W, Feiock R C and Lee Y. Competitors and cooperators: A micro-level analysis of regional economic development collaboration networks[J]. Public administration review, 2012, 72(2): 253-262.

[38] LeRoux K. Nonprofits as civic intermediaries: The role of community-based organizations in promoting political participation[J]. Urban Affairs Review, 2007, 42(3): 410-422.

[39] Lowery D. A transactions costs model of metropolitan governance: Allocation versus redistribution in urban America[J]. Journal of public administration

research and theory, 2000, 10(1): 49-78.

[40] Lubell M, Feiock R C and Ramirez E. Political institutions and conservation by local governments[J]. Urban Affairs Review, 2005, 40(6): 706-729.

[41] Lubell M, Henry A D and McCoy M. Collaborative institutions in an ecology of games[J]. American Journal of Political Science, 2010, 54(2): 287-300.

[42] Lubell M, Schneider M, Scholz J T, et al. Watershed partnerships and the emergence of collective action institutions[J]. American journal of political science, 2002: 148-163.

[43] Lynn P. Mutual aid: Multijurisdictional partnerships for meeting regional threats[J]. 2005. Washington, DC: US Department of Justice, Office of Justice Programs, Bureau of Justice Assistance.

[44] Mandell M and Steelman T. Understanding what can be accomplished through interorganizational innovations The importance of typologies, context and management strategies [J]. Public Management Review, 2003, 5 (2): 197-224.

[45] Maser S M. Constitutions as relational contracts: Explaining procedural safeguards in municipal charters[J]. Journal of Public Administration Research and Theory, 1998, 8(4): 527-564.

[46] McGinnis M D. Polycentricity and Local Public Economies: Readings from the Workshop in Political Theory and Policy Analysis[M]. Ann Arbor, MI: University of Michigan Press. 1999.

[47] McGinnis M D and Ostrom E. Reflections on Vincent Ostrom, public administration, and polycentricity[J]. Public Administration Review, 2012, 72(1): 15-25.

[48] Ostrom E. The Evolution of Institutions for Collective Action[M]. New York: Cambridge University Press,1990.

[49] Ostrom E, Vincent, Robert B, et al. Local Government in the United States [M]. San Francisco, CA: ICS Press, 1988.

[50] Provan K G and Kenis P. Modes of network governance: Structure, management, and effectiveness[J]. Journal of public administration research and theory, 2008, 18(2): 229-252.

[51] Richard C F. The Institutional Collective Action Framework[J]. Policy Studies Journal, 2013,41(04):397-425.

[52] Salamon L M. The Tools of Government: A Guide to New Governance[M]. New York: Oxford University Press, 2002.

[53] Scharpf F. Games Real Actors Play：Actor-Centered Institutionalism in Policy Research[M]. Boulder，CO:Westview Press,1997.

[54] Shrestha M. Do risk profiles of services alter contractual behavior? A comparison of contractual patterns for local public services[C]//symposium Networks and coordination of fragmented authority：The challenge of institutional collective action in metropolitan areas，DeVoe Moore Center，Florida State University，February. 2007：16-17.

[55] Steinacker A. Metropolitan Cooperation[J]. Metropolitan governance：Conflict，competition，and cooperation，2004：46.

[56] Thomas H L，Olsen S and Vestergaard O. Marine spatial planning in practice-transitioning from planning to implementation[J]. An analysis of global Marine spatial planning experiences，UN Environment Programme（UNEP）and Scientific and Technical Advisory Panel of the Global Environment Facility（GEF STAP），Nairobi，2014.

[57] Ugboro I O，Obeng K and Talley W K. Motivations and impediments to service contracting，consolidations，and strategic alliances in public transit organizations[J]. Administration & Society，2001，33(1)：79-103.

[58] Whitford A B. Can consolidation preserve local autonomy? Mitigating vertical and horizontal dilemmas[J]. Self-Organizing Federalism：Collaborative Mechanisms to Mitigate Institutional Collective Action Dilemmas，2010：33-50.

[59] Yi H T,Suo L M,Shen R W，et al. Regional governance and institutional collective action for environmental sustainability[J]. Public Administration Review,2018,78(4):556-566.

[60] Zeemering E S. Governing interlocal cooperation：City council interests and the implications for public management[J]. Public Administration Review，2008，68(4)：731-741.

[61] 鲍基斯，M. B，孙清. 海洋管理与联合国[M]. 北京:海洋出版社，1996.

[62] 崔晶.生态治理中的地方政府协作:自京津冀都市圈观察[J]. 改革,2013(9)：138-144.

[63] 蔡岚.解决区域合作困境的制度集体行动框架研究[J].求索,2015(8):6-8.

[64] 蔡岚.粤港澳大湾区大气污染联动治理机制研究——制度性集体行动理论的视域[J]. 学术研究，2019(1):10.

[65] 常青.我国区域政府合作的现状、问题及对策[J].山西师大学报(社会科学版)，2009,36(03):17-20.

[66] 崔野.全球海洋塑料垃圾治理:进展、困境与中国的参与[J].太平洋学报,2020,

28(12):79-90.
[67] 丁煌,定明捷.政策执行中交易成本的构成探析[J].南大商学评论,2006.
[68] 戴胜利.跨区域生态文明建设的利益障碍及其突破——基于地方政府利益的视角[J].管理世界,2015(6):174-175.
[69] 戴亦欣,孙悦.基于制度性集体行动框架的协同机制长效性研究——以京津冀大气污染联防联控机制为例[J].公共管理与政策评论,2020,9(04):15-26.
[70] 郭斌. 跨区域环境治理中地方政府合作的交易成本分析[J]. 西北大学学报:哲学社会科学版, 2015, 45(1):6.
[71] 龚虹波.海洋环境治理研究综述[J].浙江社会科学,2018(01):102-111.
[72] 郭渐强,杨露.ICA框架下跨域环境政策执行的合作困境与消解——以长江流域生态补偿政策为例[J].青海社会科学,2019(04):39-48.
[73] 姜流,杨龙.制度性集体行动理论研究[J].内蒙古大学学报(哲学社会科学版),2018,50(04):96-104.
[74] 李凡,张秀荣. 人类活动对海洋大环境的影响和保护策略[J]. 海洋科学,2000,24(3):
[75] 李萍,李培英,徐兴永,等. 人类活动对海岸带灾害环境的影响[J]. 海岸工程,2004,3(4):45-49.
[76] 鹿守本. 海洋管理通论[M]. 北京:海洋出版社, 1997.
[77] 娄树旺.环境治理:政府责任履行与制约因素[J].中国行政管理,2016(03):48-53.
[78] 李天杰,宁大同,薛纪渝,等. 环境地学原理[M]. 北京:化学工业出版社,2004.
[79] 马龙,于洪军,王树昆,等. 海岸带环境变化中的人类活动因素[J]. 海岸工程,2006,4(25):29-3.
[80] 毛龙江,张永战,张振克,等. 人类活动对海岸海洋环境的影响——以海南岛为例[J]. 海洋开发与管理,2009,26(7):96-100.
[81] 聂国良,张成福.中国环境治理改革与创新[J].公共管理与政策评论,2020,9(01):44-54.
[82] 聂红涛,陶建华. 渤海湾海岸带开发对近海水环境影响分析[J]. 海洋工程,2008,26(3):44-50.
[83] 宁靓,史磊.利益冲突下的海洋生态环境治理困境与行动逻辑——以黄海海域浒苔绿潮灾害治理为例[J].上海行政学院学报,2021,22(6):27-37.
[84] 丘海雄,张应祥.理性选择理论述评[J].中山大学学报(社会科学版),1998(01):118-125.
[85] 孙丹,杜吴鹏,高庆先,师华定,轩春怡. 2001年至2010年中国三大城市群中几个典型城市的变化特征[J].资源科学,2012,34(8):1401-1407.

[86] 锁利铭.地方政府间正式与非正式协作机制的形成与演变[J].地方治理研究，2018(1).

[87] 锁利铭，阚艳秋，李雪.制度性集体行动、领域差异与府际协作治理[J].公共管理与政策评论，2020，9(04)：3-14.

[88] 锁利铭，阚艳秋，涂易梅.从"府际合作"走向"制度性集体行动"：协作性区域治理的研究述评[J].公共管理与政策评论，2018(3).

[89] 锁利铭.制度性集体行动框架下的卫生防疫区域治理：理论、经验与对策[J].学海，2020(02)：53-61.

[90] 锁利铭，马捷，陈斌.区域环境治理中的双边合作与多边协调——基于2003—2015年泛珠三角协议的分析[J].复旦公共行政评论，2017(1)：149-172.

[91] 沈亚平，韩超然.制度性集体行动视域下"河长制"协作机制研究——以天津市为例[J].2021(2020-6)：76-85.

[92] 汪劲.环境法学[M].北京：北京大学出版社 2014.

[93] 王琪，崔野.将全球治理引入海洋领域——论全球海洋治理的基本问题与我国的应对策略[J].太平洋学报，2015，23(06)：17-27.

[94] 王琪，崔野.面向全球海洋治理的中国海洋管理：挑战与优化[J].中国行政管理，2020(09)：6-1

[95] 吴士存.全球海洋治理的未来及中国的选择[J].亚太安全与海洋研究，2020(05)：1-22+133.

[96] 汪伟全.空气污染的跨域合作治理研究——以北京地区为例[J].公共管理学报，2014，11(01)：55-64+140.

[97] 王英，李令军，刘阳.京津冀与长三角区域大气 NO_2 污染特征[J].环境科学，2012，33(11)：3685-3692.

[98] 易承志.跨界公共事务、区域合作共治与整体性治理[J].学术月刊，2017，49(11)：67-78.

[99] 余敏江，杨旭."以邻为壑"如何走向"同衾共枕"——一项基于黄河流域的跨行政区合作治理研究[J].公共治理研究，2021，33(06)：5-13.

[100] 周卫.成渝地区双城经济圈跨界河流污染协同治理机制研究——基于制度性集体行动理论的视域[J].重庆行政，2021，22(06)：77-81.

[101]张晓.中国水污染趋势与治理制度[J].中国软科学，2014(10)：11-24.

第二篇　案例篇

第八章 “桑吉”轮倾覆溢油生态环境损害赔偿案例

引言：“桑吉”轮倾覆溢油生态环境损害补偿事件是一个多个行为主体、多个行动环节和多个行动舞台所形成的治理问题。

第一节 “桑吉”轮倾覆溢油事件始末

北京时间2018年1月6日19点51分许，在巴拿马注册的“桑吉”油轮与中国香港货轮“长峰水晶”在距上海以东约300公里（160海里，中国专属海洋经济区）的海面上发生碰撞。“长峰水晶”船头严重受损，船上中国船员全部逃生，1月10日残轮停靠舟山老塘山码头。然而，“桑吉”油轮碰撞后引发大火，虽然交通部门及时组织灭火，但是由于火势凶猛无法控制，于1月14日下午4时45分发生爆炸沉入海底。“桑吉”轮残骸沉没在舟山以东大约400公里处的东海海域（北纬28°21′48″，东经125°57′55″）。据查，“桑吉”轮为巴拿马籍油船，英文名“SANCHI”，隶属伊朗光辉海运有限公司（BRIGHT SHIPPINGLIMITED），船长274米，本次装载凝析油约13.6万吨，由伊朗驶往韩国，船上共有32名船员，其中伊朗籍30人，孟加拉国籍2人，并且全部遇难。

1月6日晚发生的碰撞事故导致“桑吉”轮着火，熊熊大火持续了8昼夜之久，“桑吉”轮于14日下午突然发生爆燃，全船剧烈燃烧，火焰高达800至1000米左右，烟柱长达3000多米。下午4点45分许“桑吉”轮从雷达屏幕上消失，意味着船体沉入海中，泄漏海面的残油继续燃烧，大火于15日上午9时58分才熄灭。据现场目击者称，沉船周围海面上飘油清晰可见，油污颜色亮白色，油带两侧有黑色的和褐色的污油随波逐流。从14日下午沉船直至15日，漂浮海面的溢油不断扩散，面积从约10平方公里扩大到约58平方公里。

由于事故发生海域距离中国最近，中国也成为世界媒体关注的焦点。虽然中国外交部等政府机构一再表示中方在事故后采取了非常及时的应对措施，但实际情况被认为可能非常糟糕。“桑吉”油轮携带的13.6万吨原油和自身油箱内上千吨的重柴油提炼度都不足，所以起火后的“桑吉”并不是“安安静静的燃烧”，而是黑烟滚滚，许多未能充分燃烧的高分子链燃料随着热气蒸腾进入云层。美国海军7日表示，从日本冲绳嘉手纳空军基地调遣一架P-8A波塞冬侦察机搜索了3600平方海里的海面，没有发现失踪的船员。澳大利亚主要报纸《悉尼先驱晨报》8 日报道，眼下还不清楚该油轮已经造成多大的环境损害，也不清楚它泄漏出多少原油在海上。报道还指责："中国政府没有提供有关油轮运载石油泄漏量的详情。中国外交部只是声称，这次事故正在调查。"环保组织"绿色和平"表示担心可能发生环境损害，并将监督清理泄漏原油的行动。①

"桑吉"轮事件受到了国际社会的高度关注。外交部发言人陆慷于 1 月 16 日再次在例行记者会上强调，中方始终高度重视"桑吉"轮油船的搜救工作，个别所谓中方救援不力的说法不符事实、不负责任。"东海油船事故发生后，中方始终高度重视'桑吉'轮油船的搜救工作。中国领导人在事故发生之后第一时间指示有关部门全力搜救。事故发生当天，中方调集了 9 艘船只全力进行搜救。从第二天起，现场救援船只始终保持在 13 艘以上，中方还协调了韩国、日本船只参与搜救，并从上海、江苏等地调集力量参加搜救。"

陆慷表示："伊朗劳工部长、驻华大使事发后不久就抵达上海，见证了中方进行救援工作的全过程，伊方派出的救援人员也很快抵达了难船所在地点。伊劳工部长回国后表示，中方并未延误救火，一直竭尽全力灭火救人。昨天伊外交部发言人表示，'桑吉'轮沉没前，中伊各方救援力量已做好登船准备，最终因爆燃未果。对于这样复杂的事故，前阵子有关方面指称中方没有尽力救援的说法是不正确的，不能在没有仔细调查的情况下指责别人。目前来看，中方已最大程度给予了伊方必要配合。伊方上述表态可以说明，前阵子个别所谓中方救援不力的说法不符合事实，也是不负责任的。关于善后工作，中方领导人已指示有关部门依法合规进行妥善处理。欢迎伊朗方面参与事故调查，愿为伊遇难船员家属来华提供签证等方面便利。"②

尽管中方正在全力救援之中，包括不顾风险一度登临"桑吉"轮找到了黑匣子和两具遇难船员遗体，但日本对国际社会还在反复强调着现在油轮已经到了日本"专属经济区"。即使已经是这样的悲剧了，日本都不忘第一时间大打国际舆论战，强调这里是日本专属经济区，这里已经不是中国的了！

1 月 25 日上午，中国、伊朗、巴拿马、中国香港特区海事主管机关经友好协商达成共识，并共同签署了联合开展"桑吉"轮和"长峰水晶"轮碰撞事故安全调查协议。事故调查工作将在协议框架下，由四方联合组成的调查组组织开展。

第二节　"桑吉"轮倾覆溢油对东海生态环境的损害及后续治理

上一次油轮大灾难发生于 2002 年 11 月。当时，"威望"油轮沉没，造成欧洲有史以来最恶劣的环境灾难之一。那起事故造成大约 63,000 吨燃料油(大约是"桑吉"目前装载量的一半)泄漏到大西洋上，损害了法国、西班牙和葡萄牙的海岸，迫使西班牙关闭产量最丰

① 360 百科. 1·6 东海船只碰撞事故. https://baike.so.com/doc/27118111-28506689.html

② http://www.chinadaily.com.cn/interface/yidian/1120781/2018-01-17/cd_35520284.html.

富的渔场。而反观这次的“桑吉”轮沉没，情况似乎来得更为糟糕。此次“桑吉”轮倾覆溢出来的油不是一般的油，而是凝析油。据悉，“桑吉”轮运载凝析油共计13.6万吨。凝析油被称作天然汽油，在地下是气体，采出到地面后才呈液态。在常温下凝析油为浅褐色液体，密度、黏度较低。它与汽油相仿，挥发性极高，温度越高越易挥发，因此凝析油入水后会快速挥发，水面残留极少，但在空气中弥漫遇明火易引起爆炸。凝析油中含有毒的硫化氢及硫醇等成分，挥发后会对大气造成一定的污染，同时经燃烧分解会生成一氧化氮、二氧化氮、氮氧化物、硫氧化物等有毒烟雾，通过吸入、侵入皮肤等方式对人体造成中毒伤害。凝析油的特点十分显著，更容易炼出高附加值的石油制品，如航空燃料等，但其缺点也非常突出，一旦发生溢油事故很难处置，目前还没有有效的处置方法和手段。研究表明，这种类型的油(凝析油)，5小时左右，挥发量大概可达到99%；24小时内，几乎完全挥发。此外，“桑吉”轮本身还带有大约2000吨左右380号的船用燃油，如果它与残存的凝析油一起持续泄漏对东海海洋环境造成严重污染是不可避免的。虽然，专家都在说凝析油比汽油轻，挥发性好，但是此次“桑吉”轮装载的凝析油数量巨大，13.6万吨凝析油相当于1400个加油站的储量，燃烧产生的废气相当于我国年汽车尾气总量的千分之一。

BBC报道此次“桑吉”油轮相撞事件时称，这可能是1991年以来最严重的海船漏油事故，如果所装的油全部泄漏，将成为全球第十大石油泄漏事件。英国南安普敦大学国家海洋中心的海洋地理学家西蒙·博克索尔此前在接受采访时说，“如果船只携同大量完整货物沉没，那么就相当于在海床上放了一个慢慢释放凝析油的定时炸弹。这一地区的数百公里范围内可能会长期禁止捕鱼。”常州大学石油工程学院黄维秋等多位教授表示，油轮沉没将污染深层海水和海底沉积物，对周边海洋生态环境产生十几年甚至几十年的长久影响。同时由于凝析油燃烧会产生大量氮氧化物、硫氧化物等有毒烟雾，对于周边空气也会产生较大影响，在烟雾灰尘沉积和雨水冲洗下落后，烟雾中的硫化物也会对海水产生二次污染。南通大学环境工程系主任沈拥军副教授称，燃烧烟雾对于大气污染相对较为严重，不过幸好目前正值冬季，上海长江口海域盛行西北季风，对我国沿海地区的城市空气质量影响不会太大。

据媒体报道，国家海洋局已经针对沉船溢油事故，组织有关部门和机构持续在现场开展空海立体监视监测，及时掌握溢油分布、漂移扩散状况，做好事发海域生态环境状况影响评估工作。

1月12日9时，监视发现事故船舶附近有彩虹色的轻微油污带，采样分析显示，海水中石油类物质浓度为5.46-21.3μg/L。13时，事故船舶附近海域发现长约5公里的油污带，自船首向东北方向延伸，右舷中部附近海面油污仍有燃烧情况。

1月13日，监测人员在事故船舶附近海域进行了采样分析，监测结果显示，海水中石油类物质浓度高值为25μg/L，可见油轮凝析油燃烧对大气质量产生影响比较大，对海水水质影响微乎其微。

1月15日，“桑吉”轮爆炸沉没之后第二天，国家海洋局已经组织监测人员在沉船周边海域开展现场环境监测，共设 7 个站位采集水样。监测结果显示，部分站位发现油污带、油膜，个别站位石油类物质严重超标，高达 1261μg/L，是沉船前的 50 倍，为劣四类海水水质。同时，海面上可见由沉船位置向东延伸的油污带，长约 18.2 公里，宽约 1.8～7.4 公里，油污面积较前一日明显扩大。

1 月 16 日，据船舶现场监视，多次发现油污带。当日 9 时，距沉船位置北侧两公里处发现长约 9 公里、宽 50～500 米的油污带，呈西北—东南走向；10 时，距沉船位置西北侧 19 公里处发现东西走向，长约 6 公里、宽约 1 公里的油污带。图像覆盖海域监测到条带状油污分布区，油污集中区面积约 69 平方公里，另有约 40 平方公里有零星油污分布。同时，国家海洋局工作人员在沉船周边海域开展现场监测，共采集 31 个站位水样。监测结果显示，部分站位发现黑色油污带，并伴有浓重的油污味。石油类物质浓度高值为 997.5 微克/升，超过第四类海水水质标准限值。2 个站位的石油类物质浓度超过三类标准，13 个站位的石油类物质浓度超过一类标准。

1 月 22 日，中国国家海洋局根据卫星遥感数据分析发现，截至 1 月 21 日海面已出现三处条块状溢油分布区，面积最大的分布区约 328 平方公里，最小的约 1 平方公里。总面积则达到 332 平方公里，为上周三(1 月 17 日)101 平方公里的三倍。至 1 月 21 日上午 4 时左右，海警船发现有油膜以沉船点为中心，向周边海域扩散。其中在沉船点西北五公里处发现约长 5.4 公里、宽 1.4 公里的油污带。海洋局人员在现场采集 16 个样本，证实其中两个的石油类物质浓度超标。

“桑吉”轮爆炸沉没之后究竟对东海的海洋环境有何影响和危害，定量的评估为时过早。但是，从事故发生的海域位置以及“桑吉”轮所载油品的特性以及燃烧情况综合分析，大致可以初步得出以下结论性判断：

(1)沉船溢油污染面积可能会扩大

“桑吉”轮装载 13.6 万吨凝析油以及自身船用燃油 2000 吨左右，两种油品相加共计 13.8 万吨。虽然该船碰撞后大火燃烧了 8 昼夜之久，爆炸沉没之后漂浮海面上的残油亦燃烧到第二天才熄灭，但是可以断定事故船的舱内残油尚未全部耗尽，很可能还有为数不少的残油连船体一起下沉入海。所以，东海海域受到油污染的面积不仅限于目前测到的大约 58 平方公里，随着沉船船体内残油的外泄以及在风浪和潮流的作用下油污染面积还将扩大。

(2)沉船中心区污染严重危害巨大

“桑吉”轮燃烧爆炸沉没的中心区域的海洋环境毫无疑问遭到极大破坏，无论水质、底质、生物必然受到严重的油污染以及油轮倾覆后海面浮油燃烧产生的有毒物质的巨大影响，成为重灾区。从“桑吉”轮发生事故一小时内 32 名船员全部遇难、凝析油爆燃和燃烧时产生的有毒物质危害有多大可见一斑。因此，油轮爆炸沉没后残油在海面上长时间燃烧产生的有毒物质对海洋环境的危害不可小觑。从理论上讲距离沉船中心区域越远的海域受到污染的程度越小，但是由于东海海流流系复杂，不排除污染物质随海流向外扩散的可能性，从而使污染区域和污染程度呈不规则状态。

(3)沉船溢油对近海环境危害有限

据专家初步分析，总体上由于凝析油具有极强的挥发特性，以及“桑吉”轮爆炸沉没中心区域距离海岸比较远(大约400～500公里)，因此，此次“桑吉”轮海损溢油事故对我国近海海洋环境造成巨大影响的可能性不大，即使有影响也不会是破坏性极大的灾难性危害。值得注意的是，由于“桑吉”轮的沉没包括船用燃油在内的残油泄漏，以及东海不规则流系作用，局部近海海洋环境被污染的可能性依然不能排除，务必提高警惕。

为了减少此次沉船溢油事件对海洋环境的危害，必须对凝析油和船用燃油进行相应的治理。对于凝析油的治理很难处置，目前还没有有效的处置方法和手段。用原来清除重油或原油的方式方法处置入海凝析油，显然完全不适用。中国青年报·中青在线记者了解到，事发后第二天，上海海事局找到秦皇岛一家环保公司，要求运输处理浮油的材料到事发海域，但“吸油宝”使用后的具体效果还不得而知。“因为凝析油具有极强的挥发性，根据官方发布的数据，推测事发海域油污带厚度在0.3微米左右，以‘吸油宝’的能力完全不在话下。”朱玉浩说。

据了解，“吸油宝”由苏州大学副校长路健美教授团队发明，获得过2014年国家科技进步二等奖。相比于传统“吸油”方法，具备吸得快、吸得多、可反复使用三大优势。

“吸油宝”是一种新型聚合物吸附材料，外形是酷似海绵的白色绒布，外面包裹着一层特殊的高分子布。用“吸油宝”制成的鱼鳞型吸油拖栏，每组长约10米，可以根据实际所需进行组装，固定在船只上对污染区域进行拦截，“吞”光油污。

“奥秘在于我们创新了材料的化学结构组织。”苏州大学副校长路健美说，国际上的同类产品吸附速度一般需要4～6小时，而“吸油宝”仅需2～11秒便可将油污牢牢“锁住”，而且吸附倍率很高，特别适合对“桑吉”轮漏油这样的突发事故进行应急处理。

此外，因为“吸油宝”外面包裹了一层高分子布，就好像穿上了坚固耐磨的铠甲，反复使用1000次还能保证吸附效率不减，这样也大大压缩了使用成本。在海上回收一吨油传统方法需要50万元，而使用“吸油宝”最少只需5万元。

据了解，“吸油宝”已在“7·16大连输油管道爆炸”、松花江污染、墨西哥湾原油泄漏等不同类型的环境污染事故中“大显身手”。

2013年，在“11·22青岛输油管道爆炸事件”中，漏油导致张戈庄附近4万平方米左右的海域污染，在处理油污时使用了“吸油宝”。朱玉浩说，整个过程只用了5天，半年后回到事发地查看时，发现生态环境已基本恢复，藤壶、钉螺、蚝等海洋生物在原污染区域大量繁生。而运用吸油毡和消油剂等传统清污手段的海域，事故两年后仍遗留大量油污，水体浑浊。[①]

而对于船用燃油的治理，如果漂浮海面结成块状，可以用吸油毡，围油栏等传统方法

① 金羊网.“桑吉”号大火熄灭后如何治理污染亟待关注. http://www.sohu.com/a/217175442_119778. 2018-1-17

清除，以此尽量减少对海洋环境污染造成的危害。

而在最新的治理情况中，交通部持续协调力量开展海上防污清污行动，协调海洋气象部门对溢油漂移情况和现场天气海况进行预测，根据油污分布及漂移情况，使用消油剂、围油栏、吸油毡以及喷洒消防水等方式回收并促进油膜分散和挥发。难船沉没后，交通部增加了现场清污力量，调集3艘专业清污船舶、2艘拖轮前往现场增援，并从上海、浙江、江苏紧急调集防污物资前往现场。目前，参加现场清污行动的中方船舶共计5艘：分别为"海巡01""深潜号""德深""华吉""中国海警2502"。此外，韩国1艘船舶、日本1艘船舶也在现场参与清污作业。开展清污行动以来（截至30日），累计使用消油剂42.5吨、吸油拖栏768米、吸油毡440公斤，累计出动船艇近134艘次，清污面积约225.8平方海里。根据水下机器人勘察情况，目前交通部正在研究制定水下残油清除方案，希望从根本上消除溢油隐患。①

第三节　"桑吉"轮倾覆溢油生态损害补偿及其争端

这次"桑吉"轮倾覆溢油事件是中国历史上遭受的最为严重的海洋污染事件，给我国东海带来了巨大环境经济损失及海洋生态的永久性的损害。作为受害方的中国有权向当事人（即"桑吉"轮所有人、保险人或财务保证人）提起诉讼并要相应的赔偿。当事方如何补偿、补偿多少取决于当事人责任范围的鉴定，以及"桑吉"轮溢油事件适用法律的调整范围。

一、当事人责任范围的鉴定的争端

由于海洋环境污染成因复杂、评估鉴定机制不健全等因素，难以追究责任者，法院将克服环境污染举证难的问题，尽可能让责任人做出赔偿。其次，由于此次油轮碰撞事故的案发地离陆地较远，没有目击证人，且"桑吉"轮上的船员全部遇难，也面临举证困难的问题。虽然在第一时间内协调伊朗、巴拿马和中国香港等相关实质利益方组成联合调查组，开展联合调查，并认为两船未按照《1972年国际海上避碰规则》第五条要求保持正规瞭望，且均未按照避碰规则第七条要求就碰撞危险做出正确的判断。但是调查报告也列明了各方分歧的主要观点，中国调查官认为"桑吉"轮和"长峰水晶"轮在碰撞前18分钟正在形成"交叉相遇局面"，作为让路船的"桑吉"轮没有采取让路行动是造成事故的直接原因。而伊朗和巴拿马调查官认为"长峰水晶"轮在碰撞前15分钟未将船归回到计划航线而采取的向右小幅度调整航向的行动是造成事故的直接原因。

① http://www.mot.gov.cn/2018wangshangzhibo/sangjilun_sec/

二、“桑吉”轮事件使用法律调整单位争端

船舶油污责任问题涉及多个国际公约和多部国内法的并存与冲突，一直是海商法实践中的难题。

该轮此航次装载的13.6万吨货油为凝析油，根据其挥发特性，该油应属于非持久性油类；另有作为燃油的柴油约1000吨，则属于持久性燃油范畴。凝析油若系非持久性油品，则不属于1969(暨1992)《国际油污损害民事责任公约》(下称1969年油污公约)规定调整的油类，因此其油污责任可排除对该公约的适用，即“桑吉”轮所有人、保险人或财务保证人)不需要依该公约申请设立“油污损害赔偿责任限制基金”(下称油污基金)；柴油燃油系持久性油类，且“桑吉”轮为油轮，虽然其所载燃油系航行自用，并非货物，但根据1969年油污公约，如一并发生了泄漏，损害赔偿的民事责任理论上受该公约调整。也就是说，仅就燃油的泄漏，“桑吉”轮所有人等相关方似应依1969年油污公约设立专属性质的油污基金；同一艘船舶，货油和自用燃油均发生泄漏，在货油油污不适用1969年油污公约、自用燃油适用该公约的情况下如何处理，法律似无明确规定，中国司法亦未见审判实例，故这个问题或将是处理本次海难泄油事件的重要法律争点。对此问题的处理或有三种设想：

(1)货油吸收燃油，整体不适用1969年油污公约；

(2)燃油吸收货油，整体适用1969年油污公约；

(3)分类解决，即货油油污不适用1969年公约，燃油油污适用该公约。但此种分类的前提应该是货油和燃油对海洋环境的污染等损害从技术上可进行划分，而估计现有科技手段难以做到这一点。

根据1969年油污公约，油轮发生规定的油污损害事实，船舶所有人、保险人或者财务保证人应向有管辖权的法院申请设立油污损害赔偿责任限制基金，又因1969年油污公约规定该限制基金的数额依据船舶吨位计算，故若“桑吉”轮最终不论是整体适用1969年公约或是该公约仅对燃油油污损害适用，上述船舶所有人等均须申请设立油污限制基金；若整体不适用1969年油污公约时，无须申请设立该项专属基金。另外，在适用1969年油污公约的情况下，还将适用中国最高人民法院《关于审理船舶油污损害赔偿纠纷案件若干问题的规定》，否则便也不适用最高人民法院的该项司法解释。换句话讲，最高人民法院关于油污损害赔偿的司法解释，仅在油污损害符合1969年油污公约和《2001年国际燃油污染损害民事责任公约》两个国际公约规定的油类污染时方可适用。

“桑吉”轮海难事件由船舶碰撞引起，油污损害赔偿问题若确定不适用1969年公约，则该油污损害虽然涉及中国的“民法通则”“侵权责任法”“环境保护法”和“海洋环境保护法”等所规定的特殊侵权责任，但在损害的赔偿问题上，很可能会作为船舶碰撞损害的一个方面和组成部分纳入中国海商法第十一章关于《海事赔偿责任限制(LLMC)的调整范畴》，而此时“桑吉”轮所有人等可以依据中国海商法该章节的规定，申请设立海事赔偿责

任限制基金。若如此，对“桑吉”轮而言，应该是一大“福音”，而对于中国的海洋环境保护等则无疑是一种“痛苦的结局”。①

第四节 “桑吉”轮倾覆溢油生态损害补偿的治理困境

“桑吉”油轮沉没在长江口以东约160海里处，燃烧9天又向东南漂移100多海里，远超我国12海里领海范围。其对我国的海洋生态带来的问题首当其冲的无疑是航运业。事故发生的地点在上海辖区附近，而上海港又是世界上最繁忙的港口之一，其日吞吐量可谓巨大，如果凝析油得不到安全处理，势必会给航运带来很大麻烦。另一大冲击是渔业。作为我国最重要的渔业捕捞区之一，东海近海的渔业捕捞区年捕捞量在30万吨以上。而凝析油对鱼类危害巨大，凝析油不像原油，原油在自然微生物的作用下可以分解，而凝析油会杀死分解石油的微生物。因此此次事故将涉及海洋生态损害赔偿，以及对近海渔场的损失赔偿，涉及的东海海洋生态损害赔偿数额巨大。损失赔偿范围包括：

(1)预防措施费用，即为减轻或者防止海洋环境污染、生态恶化、自然资源减少所采取合理应急处置措施而发生的费用。

(2)恢复费用，即采取或者将要采取措施恢复或者部分恢复受损害海洋自然资源与生态环境功能所需费用。

(3)恢复期间损失，即受损害的海洋自然资源与生态环境功能部分或者完全恢复前的海洋自然资源损失、生态环境服务功能损失。

(4)调查评估费用，即调查、勘查、监测污染区域和评估污染等损害风险与实际损害所发生的费用。

(5)收入损失。我国法律规定，油轮船载的持久性油类造成的油污损害赔偿范围包括因油污损害造成的收入损失。同样，在欠缺对非持久性货油油污损害赔偿范围规定的情况下，为保护我国海洋权益，应倾向于认定非持久性货油油污损害赔偿范围包括收入损失等间接损失。②

国际上对发生油污的赔偿的主要依据是1992年的民事责任和基金公约。CLC民事责任公约保证在发生油污事故后，船东的互保协会(Pand I Club)会对受污染国进行部分赔偿。在此案中，赔偿金额可达7800万美元。除此以外，货主的部分赔偿责任也会由其加入的民事基金公约(fund convention)支出。如果中国加入了这个公约的话，得到的赔偿金额可高达2亿9000万美元。如果中国还加入了补充基金公约的话，则可以得到高达

---

① 万邦法律. 海事审判专家解析“2018.1.6”东海船舶碰撞油污事件中桑吉轮的法律责任等问题. https://www.sohu.com/a/218989196-726570,2022,8,26.

② 於世成，张阳.“桑吉号”油污损害赔偿适用海事赔偿责任限制的分析[J]. 上海对外经贸大学学报，2018,25(03):61-70.

10亿多美元的赔偿。但问题是中国并没有加入这个92基金公约和补充公约，这12亿多美元就分文得不到了，而这样的灾难，赔偿金额都应该是在十亿上下的。

中国不加入上述国际公约主要是因为中国的油公司要聪明。这个基金是根据各国的油品运输量来按比例交费的，一个事故发生，各国都按比例赔付，例如日本油公司占14%，印度油公司占13%等等。中国是最大的油品进口国之一，这笔费用不会少，而中国选择赌一次，赌中国的海域不会发生巨大的溢油事件，结果现在确确实实发生了。

中国从2012年起自办了一个船舶油污赔偿基金。到现在为止，基金规模只有6亿多人民币，对于这次的油污，简直是杯水车薪。根据伦敦的国际油污赔偿基金统计，在过去40年间，它总共赔付了8亿多美元。当然，中国对渔民或沿海居民的赔偿不会有外国高，这也解释了目前为止没有人关注这个问题。[①]

笔者出生于不知道是哪里的东部，东部沿海土生土长的渔民家庭，在事故发生五个月之后，问了身边以捕鱼为生的亲朋好友，得知他们对"桑吉"轮倾覆溢油事件竟毫不知情，并且了解到当地的渔业部门也对此漠不关心。虽然此次事故的事发地离东部沿岸很远，专家也预测不会对沿岸的居民造成影响，但是这次世上最大的凝析油溢油事故多多少少对东海渔民的经济收入有影响。而政府部门不仅没有大力宣传此次事故可能造成的危害和发布相关的预警信息，也没有准备相应赔偿机制去补偿东海的渔民。也许消灭了问题就是解决的最好问题的办法吧！

所以，现阶段我国又缺少一个完善的生态环境损害补偿制度，当国家自然资源受到损害，现有制度中存在具体索赔主体缺位的问题。而建立一个完善的生态环境损害补偿制度，需要从立法上明确规定生态环境损害赔偿范围、责任主体、索赔主体、索赔途径、损害鉴定评估机构和管理规范、损害赔偿资金等基本问题，但我国目前立法条件又相对不够成熟。针对生态环境损害补偿资金管理，目前我国并没有统一规定，对补偿资金的使用和环境修复费用的支付产生一定的阻碍。

基于受害方角度，提出以下最大化地实现油污损害赔偿、维护我国的海洋权益的应对措施：

一、积极加入相关国际公约

我们LLMC的赔偿限额远远低于如92基金公约和补充公约及2010HNS公约限额标准，且所有油污损害还有与其他限制性债权共享LLMC基金数额限制。加入这些公约不仅可以弥补我国非持久性货油油污损害赔偿限制责任的空缺，同时也符合国际法发展趋势，而且当其他类型有毒有害损失发生时更有利于国家利益的保护。随着"一带一路"建设的深入、我国对外贸易的进一步发展以及经济强国建设的推进，客观上也要求我们强化国家间的法律建设。因此，对于国际公约，我们要抱着开放的态度，辩证看待条约的权

① http://k.sina.com.cn/article_5699924037_153bdf045034002q7k.html

利与义务关系，在承担大国应付的国际法责任的同时，也进一步保护国家的利益。

二、完善国内立法

我国有关立法部门就非持久性油污损害赔偿问题应予以立法规定，建议相关方参照国际公约的规定，对《海商法》LLMC 的限额进行调整，平衡受害方的合法权益，最终加强对我国海洋环境的保护。

三、积极推动国际立法

国际法的发展离不开国家实践，我国应积极把握国际法话语权，积极参与国际立法，发扬法律自信，主动维护国家利益，保障国家诉求得以实现。如 1967 年 Toorry Canyon 事故之后，船舶油污给附近海域国家造成了严重的污染，LLMC 基金的限额严重不匹配巨额的油污损害赔偿费用，受害国因此积极呼吁对船舶油污污染损害进行单独的责任限制，各方最终在国际海事组织的组织下制定了 1969 年《国际油污损害民事赔偿责任公约》。此次“桑吉”轮凝析油爆炸在船舶油污损害事故中尚属首次，若现行有关国际公约无法有效保障我国利益，国家应积极与国际海事组织等国际组织合作，推动相关国际公约的立法完善。

第九章　杭州湾南岸围海造田环境损害治理案例

杭州湾南岸位于宁绍平原，自西部到东部有绍兴平原、三北平原、三江平原（黑龙江、松花江、乌苏里江冲积而成），下面是对 2006—2017 年杭州湾南岸的生态环境做出的总结。

至 2015 年，杭州湾南岸水域海水水质变化特点：1）主要污染：无机氮、活性磷酸盐；2）杭州湾南岸附近水域受 COD 污染影响较小，达到一类海水水质标准，但还是在不断上升；3）杭州湾南岸附近水域受重金属铅污染，但自 2010 年以来污染减弱。总体看来，在杭州湾南岸，人类行为对海水质环境有一定影响。

2016 年杭州湾近海生态环境状况概述①：1）近岸海域水质：整个海域是劣四类水。主要污染：无机氮、活性磷酸盐。冬季有石油类超过了第一、二类海水质量标准的站点。与前一年相比，无机氮和活性磷酸盐的超标指数没有明显改善，重金属铅超标情况反而好转。2）沉积物：质量良好。有重金属铜超过了第一类海洋沉积物质量标准的站点，除那些站点外其余均符合第一类海洋沉积物质量标准。与前一年相比，石油类和重金属铜超标现象明显好转。杭州湾南岸生态环境体系总体上是不健康的。

2017 年杭州湾近海生态环境状况概述②：1）近岸海域水质：通过数据归纳分析，浙江省水质呈中度富营养化③，杭州湾水质低于中度富营养化。与 2016 年对比，指数在不断下降，说明水质逐渐改善。2）沉积物：质量级别为优良。与上年相比，湿地沉积物等级保持优良，各指标均含量基本稳定波动较小。3）生物生存环境：质量一般。浮游植物、底栖生物生存环境差。但与上年相比，生存环境逐步改善。

从以上年份逐一归纳总结，杭州湾南岸的生态系统虽与前年相比在不断改善中，但总体还是处不健康状态。是哪些行为破坏了杭州湾南岸近海生态环境呢？

---

① 浙江省生态环境厅.《2016 年浙江省海洋环境公报》，http://www.zjepb.gov.cn/art/2017/6/2/art_1201912_13471748.html.2017-06-02.

② 浙江省生态环境厅.《2017 年浙江省海洋环境公报》，http://www.zjepb.gov.cn/art/2018/6/4/art_1201499_18444486.html.2018-06-04.

③ 富营养化是一种氮、磷等植物营养物质含量过多所引起的水质污染现象。

第一节　杭州湾南岸“围海造地”历史概述

杭州湾南岸主要是慈溪市，南部是山丘，北部是海域，中部滨海平原的总面积为 $1718km^2$。杭州湾南岸南部的丘陵面积占比是9.7%，滨海平原的占比是45.2%，滩涂的占比是25.2%，海域的占比是19.9%。慈溪市的滩涂面积占总面积的1/4，环境影响较为严重。滩涂是在岸边水体、风和巨浪的作用下，使泥土和沙子不断堆积形成的以地貌为主的海岸滩地。根据书本分析，慈溪市历史上就被称作“唐涂宋地”，宋朝就有筑塘围涂的行为，到现在的滨海平原就已形成。

大约2亿年前，慈溪全县就已经隆起，成为如今市境的基底。随着多次地壳运动和间断性的火山喷发，地表开始出现褶皱、破裂，岩浆岩侵入发生，最后倾斜式地貌骨架就形成了：南部为丘陵山区、北部为低平洼地。约10万年前，全球海平面出现上升现象，发生了第一次海侵，使庵东—新浦一带北区沦落为浅海；随着（晚更新世中期末）气候变暖，海面再一次上升，出现第二次海侵，使整个市的平原沦落为沧海；大约15000年前（晚更新世晚期），整个市复裸露变成陆域，海岸线移至现在的舟山群岛东面；距今12000年前（全新世早期），气候逐渐升暖，海侵大层面发生，海面上升130多米；距今约6000年，海面已经达到最高位置，比之前海面高出1～2米，全境又沦落为浅海，南部各个山也变成了孤岛；距今5000年前发生了海退，南境山麓又裸露为沼泽地带，北面还是沧海；距今约2500年，杭州湾在水动力冲刷下变成喇叭型，陆域持续被供沙，南岸淤涨成陆地，整个慈溪被分为南北两片：南部是湖积和海积一带，有很多湖泊，历经泻湖的沼泽化，地层中留下了泥炭层和黑色有机质土层；北部是杭州湾海积平原，没有天然的湖泊和河流，在杭州湾上游泥沙、东海大陆架的细沙以及杭州湾坍塌陆地供沙的作用下逐渐演变为陆地。到宋朝时期，海岸线已移动到周巷、浒山、观城、龙山。

慈溪滩涂的近代演变：慈溪淤涨总是形成持续的淤积，是一种常见的淤涨型滩涂，有明显的相变和季节变化：一般是大潮淤积，小潮冲刷；夏季淤积，冬季冲刷；淤积期滩面坡度是0.25‰，冲刷期坡度略有增加为0.27‰；在风和巨潮等强动力影响下，滩面刷低，巨风暴后，滩面处于不动状态，连续循环。

从古到今，慈溪市海岸线的变化被一道道海塘所记载。如表9.1所示：

表9.1　慈溪海塘始建年份和海岸线外移速率

海塘名称	始建年份	与前一海塘距离（米）	海岸线外移速度（米/年）
谢令塘-大古塘	1047—1341		
二塘-界塘	1489	1700	6～12
三塘-榆柳塘	1724	4430	19

续表

海塘名称	始建年份	与前一海塘距离(米)	海岸线外移速度(米/年)
四塘-利济塘	1734	700	30
五塘-晏海塘	1796	1000	20
六塘-永清塘	1815	2000	30
七塘-澄清塘	1892	1000	21
八塘	1952	3700	74
九塘	1986	1000	52
十塘	1992	2600	104
十一塘	2002	1120	112

第二节 杭州湾南岸围海造田环境损害评估

围海造地是一项人类活动,是通过人工修建堤坝、土石填埋方等工程将自然形成的海洋空间变为陆地,目的是用于农业耕地或城市建设。它是我国现在海岸开发利用的最主要模式,也是近岸区域暂缓陆地供求压力、拓宽生存和发展经济的有效手段,社会经济效益非常明显。然而,与此同时,生态环境也因此被遭破坏。

首先,围海造地行为对杭州湾南岸的生态圈造成了巨大的影响,致使整个杭州湾海域的地形、地貌、水文等自然条件发生变化,从而影响动物的栖息环境和植被演替。该行为损坏了海洋环境资源,破坏了渔业和自然景观,还使我国气候发生不利变化,经研究考证,沿海湿地的消失可能加剧内陆旱情:地面的水分通过大气循环与海洋交换,一旦陆地上的湿地变少,云将很难聚成,降水也会减弱。

其次,围海造地工程造成了其与海洋产业之间的摩擦。该工程在实施过程中因废弃物的排放对养殖环境造成严重的负面影响,旁边海洋的水质标准有所下降,不同层面上影响盐业的取水环境,旅游业也因此被影响。

到2015年为止,杭州湾的生态服务体系总值不断降低。在土地利用类型中,滩涂、草滩湿地和水体的价值变化最大。在研究期间,宁波杭州湾新区围海造地活动的实施使区内滩涂和草滩湿地的面积急剧缩小,水域面积迅速扩大,进而引发滩涂和草滩湿地总体价值大幅降低,水体总价值大幅增长。

第三节 杭州湾南岸"围海造地"环境损害的利益相关者分析

对杭州湾南岸围海造地环境损害有影响的利益相关者大致可以定义为:参与到环境

损害评估中，并在其中有某些利益诉求的组织团体或个人；能够被环境损害评估影响到其利益诉求的组织团体或个人。利益相关的组织可分为：政府（有中央政府、地方政府和地方环保主管部门）、建设单位、环境评价单位和大众。在杭州湾南岸环境损害行为中具体利益相关者分析如表 9.2。

表 9.2 杭州湾南岸海洋环境损害评估中的利益相关者分析

利益相关者		利益诉求
政府	中央政府	经济和环境协调发展。
	地方政府	偏重经济的发展。
	国家环保部门	环境保护。
	地方环保部门	部门收益，环境保护。
企业		利润最大化。
公众	社区居民	知情权、参与权、环境保护、环境公正。
	环境组织	
	社会媒体	
环评机构		利润最大化。

环境影响评估单位与建设单位（企业）：环境影响评估单位和建设单位一样，都是以自我利益为目的，如果没有法律束缚，他们不计后果为求一己私利而活动。建设单位就是企业，目标很明确，即利益最大化，在“围海造地”的同时对环境造成了巨大损害，企业必须根据政府的要求委托环评单位对环境损害进行评估。但因有法不依、执法不严、以盈利为目的等原因，环评单位总会帮助企业通过“不良”环评实现双赢局面。在一些地方，环境影响评估单位和企业之间存在从属关系，一些利益和价值取向潜移默化地干扰价值判断，直接影响环评单位的自我调查、分析和评估。

政府与建设单位的博弈：对于杭州湾“围海涂地”项目建设单位，如果建设单位未依法提交有关文件，并自我主张施工行动，有关行政部门就可责令单位立即停止该行为，逾期补办手续，逾期未办理手续的可进行直接处罚。但以上建设项目经济发展前景和利润可预见，罚款远不及机会成本来得高，所以真正有威慑力的是：“责令停止建设”。对于已开工的项目，一般已经投入大量的成本，所以一旦停止，损失将颇为惨重，在这种情况下，企业可采取的有效措施是进行环评并通过审核。

环保部门与环评单位的博弈：一方面，“环评”运作上的不合法行为导致内部相当一部分人与谋求利润的环评单位靠关系拿回扣。一些环评机构为组织（除“环评”外）的第三市场拿出高达 35%的回扣，这些钱都是通过现有的媒介或工资的方式付给环保机构。另一方面，一些环保部门与环评单位之间存在着复杂的关系，环境影响评估单位一般隶属于环保部门，因此一些环境影响评估单位往往在建设单位面前吹捧环保部门，同时介绍他们之间的业务。正是由于这层关系及各种潜在的利益，无法保证环境影响评估单位的独立性，其员工的奖金可能来自环评单位不正当得来的“贡献”。

公众与其他利益相关者的博弈。同政府：信息没有双面一致，政府的道德上存在一定问题。在公众不知情的情况下，按照自己的利益办事，在环境损害管理中偏偏选择败德的行为：不透明程序以及暗箱操作。同企业：企业利益明确，组织机构清晰，目标明确，但大众的参与能力薄弱，渠道狭小，分散度高，组织成本过高，信息不透明，搭便车等。同环评方：环境影响评估方由专业的环评人员运作，而公众由于一些不必要的利益原因被环评方隔绝在外，环境影响评估方经常屈从于建设者的利益而无法对公众的环境权益做出客观的评估，与此同时，公众在项目建设中的作用并不大，双方之间的博弈也不明晰。

第四节　杭州湾南岸“围海造地”环境损害现有整治成效和存在问题

组织领导上，需实行严厉考核问责制。根据市建设领导组在协调解决治理期间所遇到的问题，完善定期的小组会议制度、信息共享制度、工作汇报上传制度和总结表述制度。市生态办定期对该治理方案实施行动进行监察，监察情况纳入生态建设考核体系，并对省级各部门和相关地市进行严格考核，实行一票否决制度。对组织领导不当、治理工作上进展速度慢的小组，采用挂牌督查、区域限批、彻底消除荣誉等方法对相关责任人进行谈话。宁波当地政府是杭州湾南岸片区环境损害治理的责任实体，必须按照整体治理计划中的目标任务来制定详细可行的环境损害实施方案、对具体项目加以完善，在专家论证后上传印发行动，并在年终前报浙江省生态办备案。

对联防联控进一步强化，并做到协同配合。浙江省级各部门要加强服务意识，完善配套政策、继续加强技术方面指导，协调处理各地治理期间所遇到的各种类型的问题，以保证工作任务有效实施、重点项目顺利开展、治理按时达标。杭州湾南岸各政府必须加强环境保护的合作，以海洋污染源联合监管控制为重点，在海洋损害协同整治、重大海洋污损事件防范措施、海洋生态修复工程相关方面开展大量合作。

加大投入力度，保证工程效益。市和县政府要建立政府、政府外的企业、社会组织团体及公众投入机制，以此加大投入力度。对政策性银行、商业银行、国际金融组织加大重点工程的信贷支持来进行鼓励和引导，更新外界多种融资模式。全面开展重点工程，备足工程建设资金，加强项目进度和质量管理，确保项目按原先计划实现。

加快平台建设，强化科技支撑。支持对相关高校、科研院所与企业共建环保技术创新平台的鼓励，支持相关海洋环境技术研究机构创建省级和国家级技术中心，逐步健全海岸区域环境损害技术服务机制，对土地点源环境损害控制新方法、农业和农村非点源环境损害控制新方法、海洋生态破坏监测新路线、杭州湾重大生态损害行为应急解决措施的研究及受到损害的生态圈恢复方式加以着重关注。

促进公众参与，强化舆论监督。各市可在各自的网站上建立环境损害治理工作一栏，对工作任务落实情况、重点过程进展实况、各入湾断面水质勘测实况和杭州湾南岸环境监测实况做到及时更新，使公众能够及时了解环境损害治理工作进展和成效。充分利用电视、广播和互联网等新闻介质，建立健全公众参与制度，提升人民群众的环境知情权、参与权和监督环境，充分发挥群众监督和舆论监督的作用，营造良好的社会舆论氛围。

我国杭州湾南岸"围海造地"海洋环境损害现有的传统治理模式存在着不少问题，主要可以概括为以下几点：

(1)治理主体：类型单元

在杭州湾南岸"围海造地"环境损害现有治理中的主体虽然较多，但类型却非常单一，宁波市地方政府一直以来扮演着负责管理的主体的角色。传统治理模式强调杭州湾区域各地政府间的环保协作，而忽视了其他多元主体，如在海洋环境损害治理中起到重要作用的社会组织团体、民众等。但在很多时候，公众没有很好地参与到监督政府决策过程中，尽管有所参与，却因为其本身较差的参与意识而起不到实质作用。

(2)治理客体：认知偏差

从现有的杭州湾南岸"围海造地"造成的环境损害治理整合计划来看，它基于海洋环境问题，针对海洋环境污染采取相应的治理措施，但涉海活动的参与者的行为直接造成杭州湾海洋环境的损害，而不是其本身自我的损害，政府、企业和其他第三方相关利益者等的行为是影响海洋环境质量的最主要因素。近几年来，杭州湾南岸一些大型化工程项目，如"围海造地"，从本质上损害海洋环境利益，印证了地方政府间单个实体对环境损害治理客体认识偏差的传统治理方式。

(3)制度体系：不完善

新制度的供给：制定一套新的规则。解决新制度供给问题的方式是建立群体信任和认知，这样人们才会有合作意识，才会诞生规则。海洋与陆地最大区别在于：一是海洋无穷尽的流动性；二是海洋空间复合程度高；三是海洋对外完全开放，难以准确划分界限。为了经济的可持续发展，杭州湾某一地区的开发利用不仅影响该地区内的自然生态环境和经济效益，而且将不可避免地影响邻地近区域乃至更大范围的生态环境和经济效益。所以，一方区域中心在谋求自身利益时，由于海域的强流动性殃及了四面八方邻近海域中心，此时邻近区域中心的海洋环境被污染，造成经济上的损失，也必定影响原有的制度。所以，这些相互有牵连的中心区域在解决海洋环境损害的问题上需要有一个新的制度，实现共赢共利。

(4)治理方式：行政管制为主

近年来尽管杭州湾南岸地方政府试图通过加大投入力度、落实项目资金等方法抑制海洋环境污染行为的发生，但从现实看来此行为破坏了生态圈。该地方政府更多的是采用"重点项目、重点整治、统一行动"等治理方法，往往出现"头痛医头，脚痛医脚"的治理效果,其本质无非是行政性治理上的力度加强。① 政府也处于相对垄断的支配地位,权力集于一身,过分集权将在很大程度上使公共服务需求最大化。

(五)监督体系:存在漏洞

杭州湾地方政府在此环境损害治理中,主要强调对省级各部门和相关地市进行严格考核,依靠省生态办对其组织进行不定期检查监督,没有组织内部建立自我监督机制,没有对第三方(如公众)的知情权起到强化作用,舆论参与且能对行为进行监督的平台都没有开展起来。由于政府在治理过程中起主导作用,权力过分集中,所以其他第三方组织力量非常薄弱,最终只能听取上级的意见,其中监督就可能毫无意义。

① 王洛忠,刘金发.中国政府治理模式创新的目标与路径[J].理论前言,2007(6):24-25。

第十章　宁波近岸海域海面漂浮垃圾治理案例

宁波近岸海面漂浮垃圾治理一直是宁波市政府处理公共事务的重要内容，宁波市海上漂浮垃圾成分复杂，来源广泛。因此，自 2012 年起，宁波市出台了一系列举措来治理海上漂浮垃圾问题，期间取得了一些成效，同时也暴露了一些问题。

第一节　宁波近岸海域海面漂浮垃圾问题的现状

宁波近岸海域海面的污染物主要有以下几类：

一、渔业生产产生的废弃物

宁波地处东南沿海，位于我国大陆海岸线中段，它的地理位置和先天的资源条件决定了农林牧渔业是宁波的第一产业。但是渔业的发展也带来了渔业生产废弃物污染海洋环境的问题，泡沫、救生衣、废弃渔船、废弃渔网是其产生的主要垃圾，一方面影响海洋景观，另一方面影响船舶航行安全。捕捞渔船与小型船只产生的废机油与油水混合物也严重污染了水资源。此外，宁波水产养殖中病死水生动物和渔药、饲料包装物等废弃物未经处理和收集，直接排放或丢弃到养殖场附近的现象比较严重，对水环境或周边环境造成了污染和危害。目前宁波市渔业局也在积极处理与规划中。

二、塑料垃圾

塑料垃圾在宁波海上漂浮垃圾中占的比重比较高，与渔业废弃垃圾共占总量的87%。[①] 塑料垃圾对宁波海域的生态安全产生了严重的威胁，不仅因为它难以降解，还因为它容易被水生生物吞进腹中，危害海洋生态系统健康。宁波海上漂浮塑料垃圾来源比较广泛，包括塑料包装袋、塑料瓶、农用塑料膜、浮标等等。

---

① 刘红丹，金信飞，焦海峰．海洋生态示范区建设中开展海洋漂浮垃圾综合管控的探索——以浙江省宁波市为例[J]．环境与可持续发展，2018，43(3)：82-85.

三、生活垃圾

生活垃圾主要来自于水域周边的人家和零散的牧渔户。宁波河流比较多，周边生活着许多人家，过去有些人家生活垃圾不分类，直接倾倒入河，虽然目前生活垃圾已经能做到分类并集中处理，但是出海牧渔产生的生活垃圾仍然大多是直接扔进海里。

四、大米草

大米草是外来物种，20世纪60年代我国为了防浪固堤引入大米草，但是大米草却迅速繁殖堵塞航道，严重影响了海水交换能力。贝类、藻类、鱼类及其他小型海洋生物无法在生长大米草的滩涂上生存，并且火烧、刀砍、药灭等方法对大米草的繁殖影响很小。① 西沪港是象山港的重要内港，曾经西沪港1.8万亩滩涂遭受了大米草的侵袭，占当时象山港总面积的95%。② 经过当地政府和民众几年的努力，目前宁波各个海港大米草的泛滥程度已经得到了抑制。

第二节　宁波治理近岸海域海面漂浮垃圾的举措

一、建立"滩长制"主体责任制

宁波市成立了"滩长制"工作协调小组，由市委副书记担任组长、总滩长，分管副市长担任副组长、副滩长。县和区设立滩长，由区县党委、政府等领导担任县级海湾海滩的滩长，乡镇党政领导和其他干部担任乡镇级海滩的滩长。③ 建立"滩长制"是试图构建一个分工明确、责任明确、统筹协调的工作机制。滩长负责所辖滩涂近岸垃圾的清理。港口、码头、水产品加工厂、旅游景点等由使用近岸海域的具体主体清理其产生的海上漂浮垃圾；其余近岸海域的海面漂浮垃圾由所在的区县政府以及开发区的负责人负责清理。滩长制依赖于领导的组织能力，滩长需要对所辖近岸海域情况深入了解，并号召公民、志愿组织等等参与到滩涂治理中去。

二、加大近岸海域漂浮垃圾监测和惩治力度

为进一步加强近岸海域海面漂浮垃圾监管处置工作，宁波市政府出台了《关于做好宁

---

① 周文丹.4万滩涂变绿油油草原围剿甬江大米草. http://www.zjnews.zjol.com.cn/system/2014/11/05/020341264.shtml.2019-4-18.

② 陈国勇.象山将投资8亿花3年时间彻底治理大米草受害区域[N]，宁波日报，2013(9):1.

③ 宁波市人民政府办公厅.《关于做好宁波市近岸海域海面漂浮垃圾监管处置工作的通知(甬政办发(2017)141号)》，http://gtog.ningbo.gov.cn/art/2017/12/13/art_1711_863404.html.2019-04-18.

波市近岸海域海面漂浮垃圾监管处置工作的通知》(甬政办发〔2017〕141 号)。这个《通知》是对接下来海洋生态治理工作的总体指导,明确了"滩长制"要继续建设,同时要加强对海洋漂浮垃圾的监测力度。2018 年市海洋与渔业局等其他政府部门已经开启了对近岸海域海面漂浮垃圾监测与调查,并预计 2020 年基本建成近岸海域海面漂浮垃圾预警预报平台。① 市海洋与渔业局也新颁布了《宁波市海洋环境与渔业水域污染事故调查处理暂行办法》,进一步明确了水域污染事故出现后的应急处理办法,以及对造成事故的企业处以罚款,对在处理过程中失职的责任人追究责任。

三、建立联动治理

宁波市政府、宁波市海洋与渔业局、宁波市环保局等其他政府部门之间,政府与第三部门之间实行了联动治理。比如浙江省海洋水产研究所承担了"杭州湾北岸沿岸海域漂浮及海底垃圾清理"的项目,浙江省海洋监测预报中心组织专家对其所承担的杭州湾海域垃圾清理(一、二期)项目进行了验收。根据报告,项目实施后杭州湾北岸的近岸海域海面的漂浮垃圾大量减少,周围海洋景观明显获得质的提升,海洋生态多样性得到改善。另外,在海洋治理过程中,不同性质的工作主要由担职责的海洋保护部门实施,但是其他相关部门也辅助它行使职权。

四、引进新型技术优化海洋治理过程

象山巡查工作引进了无人机进行巡查,2017 年 3 月海监支队象山大队执法人员同监测服务中心技术人员前往爵溪街道开展"海岛巡查"行动,这次海岛巡查采用了无人机航拍的方式进行。无人机的使用是海洋执法手段的有力补充,可以解决行政执法人员日常巡查的监管盲区问题,能够全方位、全区域的观察到海岛海水情况,大大提升了象山县的海洋监管能力和执法力度。② 西沪港整治大米草则引进了海上大型绞吸船挖掘技术,不仅技术操作简单,弃土输送也方便,开挖成本相对较低。

要对宁波海上漂浮垃圾的网络治理模式进行构建,首先需要将多元主体引入治理体系中。宁波在治理海上漂浮垃圾过程中建立了联动治理,但是其中大多强调政府内部部门之间的相互配合,企业与政府,社会组织与企业的联系较弱,还未形成一个系统的治理网络。其次,在多元主体的互动过程中可能出现恶性竞争、信息不对称、利益冲突等情况,这就需要建立一个运行机制来使治理网络顺利进行。

五、引入多元主体共同治理

宁波市在治理海洋环境应引入多元主体共同治理模式,政府、企业、公众、第三部门在

① 宁波市人民政府办公厅.《关于做好宁波市近岸海域海面漂浮垃圾监管处置工作的通知(甬政办发(2017)141号)》,http://gtog.ningbo.gov.cn/art/2017/12/13/art_1711_863404.html.2019-04-18.

② 余建文.今年宁波施放无人机巡查 149 个无居民海岛[N],宁波日报,2017(3):2.

网络治理结构中处于同等地位，但在具体的公共事务处理过程中所扮演的角色有所差别，[①]每个行动主体在公共治理过程中扮演的角色取决于他们各自的能力、知识和自己的力量，他们相互的关系是彼此合作又彼此制约。政府内部，宁波市政府与宁波市环保局、市海洋与渔业局、宁波市海事局等其他政府部门联动治理海洋生态环境。比如入海流域垃圾、海上漂浮物的拦截、打捞、运输、统一无害化处理是由各区县（市）政府、开发园区管委会做牵头单位，市水利局、市住建委配合工作，浙江省政府在资金、技术、资源给予市级各政府部门足够的支持，同时各政府部门给予及时、有效的反馈。

在宁波市海洋治理过程中政府和企业、企业与民众、政府与民众之间也应充满互动，并在互动中结成伙伴关系。政府与企业的伙伴关系是通过共同行使权力、共同承担责任、共同承担风险形成的，[②]在这种伙伴关系中政府承担了引导的角色。政府通过提供一系列的财政补贴、税收减免等等政策，激励企业主动承担起节能减排、技术改革的责任，并带动着整个渔业的技术更新。此外，企业也可以减轻政府的财政压力，政府可先建立海洋垃圾清理项目由企业竞标，再由研究专家进行验收，群众、社会组织、媒体进行监督，同时政府要对重点排污企业（例如宁波钢铁有限公司、宁波科元塑胶有限公司）进行监管，企业也能反作用于政府，使其出台对自己有利的政策。针对渔业从业市场乱象问题，宁波政府部门应该严格控制相关企业的从业资格，对符合从业资格的公司颁发许可证，通过控制进入治理网络的主体质量和数量减轻政府协调各个利益主体冲突时面临的问题。

公众作为海上漂浮垃圾治理结果最直接的受益者，也应参与到宁波海上漂浮垃圾治理中来。乡镇街道的负责人可以时不时组织近海岸垃圾清理活动，倡导居民、村民积极响应。政府也应善于利用社会组织的信息和力量，减轻政府宣传维持近岸海域清洁理念的压力，也可以利用媒体对海洋生态安全的环保意识进行宣传，并对阶段治理取得的成果进行监督和报道。政府、企业、公众相互分享信息与资源，相互竞争与合作，共同构成一个治理网络。

六、宁波海上漂浮垃圾的网络治理运行机制

（一）建立信任机制

各方治理主体互动的基础除了一系列正式的规则外，更多是以社会关系来联系的，在这种情况下，信任就成了必要的前提。[③] 在网络治理环境中竞争与合作并存，竞争不仅存在于政府、企业、公众之间，也存在于政府和企业内部。宁波各级政府与海洋环保部门实行了政务公开，定期撰写工作报告，发布相关规章制度，总结海面垃圾清理活动内容等等，公众可以通过各个政府部门的官方网站进行查看，并且政府招标信息应该是透明公开的，企业可以进行良性竞争。通过海洋环保意识的培养和信任机制的建设，企业也能够主动

---

① 王琪. 公共治理视域下海洋环境管理研究[M]. 北京：人民出版社，2015.

② 王琪. 公共治理视域下海洋环境管理研究[M]. 北京：人民出版社，2015.

③ 谭莉莉. 网络治理模式探析[J]. 甘肃农业，2006(6)：209-210.

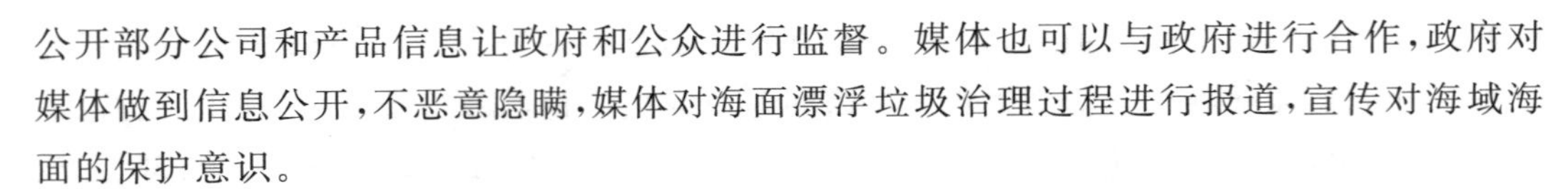

公开部分公司和产品信息让政府和公众进行监督。媒体也可以与政府进行合作，政府对媒体做到信息公开，不恶意隐瞒，媒体对海面漂浮垃圾治理过程进行报道，宣传对海域海面的保护意识。

（二）建立协调机制

治理主体都有其各自的利益需求，有些利益需求甚至要牺牲其他参与主体的利益。出于理性人的考虑，各个利益主体考虑自己的利益可能无法达成一致的意见或者由于错误的信息传递而发生误会，这就需要建立协调机制。[①] 宁波市政府在近岸海域海面漂浮垃圾治理中，面对宁波市环保局、市海洋渔业局，宁波市水利局等政府部门利益需求不同的情况，宁波市政府出台了《宁波市人民政府办公厅关于做好宁波市近岸海域海面漂浮垃圾监管处置工作的通知》（下文简称《通知》），统一规划，明确部分责任归属，宏观把控以协调各级政府与各个海洋环保部门的工作和利益。但是《通知》对各政府部门的协调太过笼统，在具体问题上宁波市政府还应制定更为明确、具体、合理的“契约”。社会方面，政府需要通过激励政策和监督工作联合调整企业获取经济利益的行为和工业废物排放达标的冲突。

（三）建立适应性机制

宁波近岸海域漂浮垃圾情况和社会的变化要求政府治理政策等作出相应的调整。宁波市政府 2017 年发布了《海洋环境与渔业水域污染事故调查处理暂行办法》（以下简称《暂行办法》），同时废止了 2003 年 7 月发布的同类型的污染事故调查处理办法，体现了政府治理政策对海面漂浮垃圾状况和社会环境变化的适应。而海洋垃圾治理模式为适应变化的治理需求和目标，应由原来的政府单一模式变为多元治理主体的网络治理模式。另外，根据宁波市政府发布的《通知》，其下属各个县、区政府应该根据自己当地的实际情况制定适合各自的治理政策。这又是治理政策对不同地方的适应性。

（四）建立网络治理保障机制

1. 法律法规保障机制

海洋垃圾治理过程中充满了许多不确定的因素，这就需要一个切实、明确、制度化的体系来为它提供保障。法律法规保障机制的建立可以明确网络治理主体在网络治理中的责任义务，也能约束各个治理主体的行为，对其违法行为进行惩治。现行的宁波市近岸海域海面漂浮垃圾治理相关的规章制度主要来自于《中华人民共和国海洋环境保护法》《中华人民共和国渔业法》《中华人民共和国水污染防治法》等等法律法规。这些法律法规大多抽象，只规定了一些原则上的问题，地方在使用的时候也应该加入具体内容。此外，各级政府、海洋环境保护部门、市综合行政执法局等部门的行政执法人员执法时要做到有法可依，保障公平、公正。宁波市颁布的《暂行法》中详细规定了水域污染事故的处理程序、处理办法、惩罚力度，明确了责任归属和追责方式，为水污染事故的顺利处理提供了保障，

---

① 谭莉莉．网络治理模式探析[J]．甘肃农业，2006(6)：209-210．

也为行政执法人员提供执法依据。

2. 制度保障机制

制度保障机制对网络治理来说也十分重要。首先透明的信息公开制度是各个治理主体相互信任、相互合作、平等治理的保障。如今宁波市政府部门的信息公开制度已经比较完善，各政府部门的通知及活动信息都会通过官方网站和新闻媒体途径进行公示，年末各政府部门都会有一份详细的工作报告。但是现在宁波市企业信息公开方面还是做得差强人意，企业信息获取比较困难。其次，宁波市建立的“滩长制”是对领导组织能力的加强，滩长负责所辖滩涂的垃圾清理工作，组织结构进行了改革，但是宁波市政府、环保局、海洋与渔业局等第三部门间职能有所交叉，容易造成“都不管”的情况出现，而这问题还需要制度建设来明确具体的职能归属，从而保障“滩长制”有效运行。最后，考核制度也是必不可少的，政府应该对企业或者企业自身应该定期进行考核，以保障海洋垃圾治理的最优状态。

3. 监督机制

多元治理主体相互合作又相互制约，为平衡各方面的利益，减少海洋漂浮垃圾的排放，监督机制是必不可少的。政府除了要对重点排污企业进行监督之外，相关县乡（市）、开发园区的负责人应对海面漂浮垃圾进行实时监管，建立长期有效的监督工作。同时企业、社会组织、媒体也应对政府的行为进行监督。目前，媒体主要通过官方微博、微信等途径更新时事热点，配以图文描述，简单直观地向民众展现政府活动，以达到宣传和监督的目的。但是媒体还需拥有独立的话语权，与政府、企业合作的同时还要实地采访，独立思考，摄取真实有效的信息。

第三节　宁波治理近岸海域海面漂浮垃圾的成效和问题

宁波近岸海域海面的垃圾治理是长期困扰着宁波政府的问题，不仅因为海洋环境对作为海港城市的宁波尤为重要，还因为海域海面漂浮垃圾的严重性让其亟须解决。近几年来，在政府、企业、公众等其他治理主体的共同努力下，宁波近岸海域海面的垃圾清理工作已经取得了不错的成果，但同时它也存在着一些问题妨碍着宁波近岸海域海面垃圾的清理工作。

一、宁波治理近岸海域海面漂浮垃圾取得的成效

经过政府各部门、公众、第三部门等多方的努力，宁波近岸海域海面漂浮垃圾的治理已经初见成效，塑料、大米草、海上废弃船舶、芦苇等漂浮垃圾已经明显减少，江、河和海水质量有明显提高。过去，象山港大米草泛滥的现象十分严重，严重损害了滩涂周边水产养殖散户的利益。如今，通过人工挖掘和零星分布地区人工清除相结合的方法，象山港的大

米草已在可控的范围内，同时挖掘出来的土堆放在一起，通过土地规划，划为了建设新区，这样既解决了西沪港大米草疯长的问题，又解决了西沪港用地面积少的问题。

截至 2017 年 10 月，宁波市已有 136 条入海河流提前消灭劣 V 类水体，封堵入海排污口 79 个，已整治入海排污口 92 个，完成统一标识 252 个。[①] 生活垃圾已经能做到收集后分类存放、分类处置。乡、镇、街道的负责人能做到定期组织巡查小组，重点观察河道水质、河岸水岸保洁、沿河口排污、河道违建等情况，找出问题集中修改。

宁波的近岸海域海面漂浮垃圾工作还带来了良好的社会影响。2013 年宁波启动了“象山港海域海洋表层废弃物清理”公益行动，引起了企业、个人和社会组织的积极参与，5 年来已累计投入专项经费 130 万元。经媒体的宣传和报道，越来越多的人认识到海洋环境清洁的重要性，越来越多的人参与到当地举办的海洋垃圾清理公益活动中。而随着近岸海域海面漂浮垃圾治理行动如火如荼地进行，生产“河道拦截漂浮式浮筒”“电线电缆海上漂浮管道浮筒”“水质检测浮标”等相关产品的公司也因势而起，带来了良好的经济效益。

二、宁波治理近岸海域漂浮垃圾中的问题

宁波近岸海域漂浮垃圾主要面临的问题一是海域面积大，污染物复杂，监督难度大。[②] 宁波市海域总面积为 9758 平方公里，主要港口、海湾包括象山港、石浦港、三门湾、杭州湾等，大面积的海域、发达的海上贸易、水产品加工产业、渔业让宁波海洋漂浮垃圾的监督难度加大。其渔船废机油直排入海监督难度较大，难以衡量污染程度，一旦造成污染难以及时发现。二是渔业技术需要更新。宁波市渔业的捕捞方式是以底拖为主，底拖是一种对底层鱼类伤害很大的捕捞方式，长此以往会破坏海洋生态的平衡，降低海洋的自净能力。另外，渔业技术更新速度跟不上渔业发展速度，这样随着渔业发展的加快，为保障经济利益企业自然就会舍弃部分对海洋环境的保护。三是企业从业资格把控不严，造成许多技术、企业文化、企业组织化不成熟的公司进入市场，一部分公司仅为了追求经济利益，忽视对海洋资源的保护。不仅如此，过多的企业相互竞争不仅对自净能力有限的海洋来说是一种负担，还增加了运用市场机制来调节海洋漂浮垃圾网络治理过程的难度。四是海洋漂浮垃圾后续处置难。[③] 塑料垃圾本就是很难处置的一种东西，它既难以降解又不能焚烧。渔船废机油一旦直排入海也难以清理，因为它会因为海水的流动而分散。除此之外，将大米草挖掘出后掩埋的做法是否会造成周围生态环境敏感也是一个具有争议的问题。五是宁波近岸海域海面的治理还未形成一个可以长期治理并能够可持续发展的

---

① 宁波市海洋与渔业局.《2017 年海洋环境报》，http://www.nbagri.gov.cn/nygbView/2901651.html.2019-04-18.

② 刘红丹，金信飞，焦海峰.海洋生态示范区建设中开展海洋漂浮垃圾综合管控的探索——以浙江省宁波市为例[J].环境与可持续发展，2018，43(3)：82-85.

③ 宁波市海洋与渔业局.《宁波市海洋生态环境治理修复若干规定》(政府令〔2016〕231 号)，https://www.ehs.cn/law/103774.html.2019-04-19.

工作体系。政府部门内部存在职责交叉,权力职能归属不清晰的问题;相关企业大多不愿意公开自己内部的事务,给了个别企业浑水摸鱼的机会;社会组织在海面漂浮垃圾治理过程产生的影响较小等等,这些问题都不利于宁波近岸海域海面垃圾治理工作的持续进行。六是治理需要投入的资金很大。例如西沪港的大米草治理花费了大量的资金,开挖的成本虽不高,但是弃土运输工程巨大,花费高昂,这给政府造成了很大的财政压力。

第十一章　象山港海洋与渔业资源保护治理案例

引言：随着海洋经济的不断发展，海洋生态环境面临着严峻的挑战。海洋环境保护日益受到人们的关注，合理利用与开发海洋已成为人们的共识。海洋具有开放性和流动性的特点，因而海洋环境治理具有整体性与跨界性的特点，这使得海洋治理成为复杂公共问题，治理难度较大。象山港海洋治理已走向综合治理的道路，政府出台了多项政策文件，治理成效仍有提升的空间。近年来关于海洋环境治理的研究逐渐增多，大多倡导调动政府、非营利组织（以下简称 NGO）、企业、公众等多主体的积极性，实现政府间、部门间、各类组织间的通力合作。但是，如何实现多主体间的紧密合作呢？象山港海洋与渔业资源保护进程中有过哪些重要的法规与政策文件？在治理过程中形成了怎样的非正式网络？治理网络中存在哪些核心行动者以及发挥着什么作用？本章试图回答上述问题。

第一节　象山港海洋与渔业资源保护的危急性

象山港位于宁波市东南部，地处 N29°24′～29°46′和 E121°25′～122°00′的范围内，在穿山半岛与象山半岛之间，东临太平洋，北面紧邻杭州湾，南邻三门湾，东侧为舟山群岛，是一个由东北向西南深入内陆的狭长形半封闭型海湾，在理想的深水避风港。全港纵深 60 多千米，港深水清，一般水深在 10～15 米。象山港海域面积 391.76 平方公里，渔业资源十分丰富。同时，象山港水面开阔，滩涂平缓，水体营养盐丰富，非常适合发展传统贝类养殖、海藻养殖和海水网箱养殖，是浙江重要的海水养殖基地。

象山港区域空间保护和利用规划范围按照汇水区域依山脊线及行政界线划定，象山港区域涉及鄞州、北仑、奉化、宁海、象山五县（市）区 23 个乡镇。陆域面积 1776 平方公里，区域总面积为 2868 平方公里。规划区域包括北仑梅山街道、白峰镇、春晓街道，鄞州瞻岐镇、咸祥镇、塘溪镇，奉化莼湖镇、裘村镇、松岙镇，宁海梅林街道、桥头胡街道、跃龙街道、桃源街道、强蛟镇、西店镇、深甽镇、大佳何镇，象山西周镇、墙头镇、大徐镇、黄避岙乡、贤庠镇、涂茨镇共 23 个乡镇（街道）。[①]

---

① 宁波市政府.《象山港区域空间保护和利用规划 2013—2030》，http://ghj.ningbo.gov.cn/art/2015/10/30/art_18283_1290768.html. 2015-10-30.

随着海洋经济活动的不断增加,一方面为海洋经济的发展带来动力,另一方面也对海洋环境保护造成负面影响。根据2017年12月25日中央环保督察相关新闻报道,督察发现,浙江省海洋生态保护不力,对海洋开发利用统筹不够,违法围填海、违规养殖、入海排污等问题比较突出,导致部分近岸海域水质持续恶化,全省2016年劣四类海水比例高达60%,杭州湾、象山港、乐清湾、三门湾4个重要海湾水质全部为劣四类。[①] 由于象山港属半封闭型的狭长内陆海湾,污染物的降解和扩散滞留时间较长,[②]加上近年来沿岸沿港工业的迅速发展,以及入海排污口污水排放量大量增加,使得海洋环境受到十分严重的影响。如表11.1所示,在有些乡镇,陆源污染比海水养殖源污染更加严重,对海洋的治理应做到海陆联动。同时,随着近年海域水质的下降,渔业资源面临极大的威胁,亟需对象山港海洋与渔业资源保护的现状和问题进行分析。

表11.1 按总氮、总磷计算的污染源强度

	乡镇	总氮			总磷		
		陆源	海水养殖源	合计	陆源	海水养殖源	合计
象山港流域	大徐	105.7	3.1	108.8	11.8	0.5	12.3
	黄避岙	27.8	204.3	232.1	3.7	30.4	34.1
	墙头	78.9	97.2	176.1	16.1	14.5	30.6
	涂茨	28.4	32.9	61.3	4.5	4.9	9.4
	西周	180.5	36.5	217.0	26.5	5.4	31.9
	贤庠	163.5	8.2	171.7	15.8	1.2	17.0

资料来源:吕华庆:《象山港海域环境评价与发展》,海洋出版社2015年版,第13页。

第二节 象山港海洋与渔业资源保护的综合治理

一、政策文件梳理

(一)管理阶段(2004—2012)

在法律法规方面,2004年开始实施的《浙江省海洋环境保护条例》(下文简称《条例》)对于浙江省海洋环境保护事业有十分重要的意义,《条例》于2017年修改,更加适应当前的治理实际。随着象山港开发活动的日趋活跃和临港工业的发展,注入象山港的污染物不断增加,加上一些不科学的海洋、海岸工程建设,对象山港海洋环境产生了较大影响,造

① 浙江生态环境厅.《2017年12月25日中央环保督察相关新闻汇总》,http://www.zjepb.gov.cn/art/2017/12/25/art_1385859_15043124.html.2017-12-25.

② 薛旭初.有效保护象山港海洋渔业资源[N].宁波日报,2017-05-11(10).

成污染加剧、赤潮灾害频发、海水质量超标严重、渔业资源衰退、海洋生态趋于恶化。[①] 在这种背景下，2005 年出台了《宁波市象山港海洋环境和渔业资源保护条例》。2014 年 8 月，市人大常委会法工委发布《条例》立法后评估报告[②]，指出这是省内较早制定港湾海洋与渔业资源保护的地方性法规，具有较强的针对性和可操作性，取得了较好的成效，为海洋环境和渔业资源等的保护与利用提供了重要的法律保障，促进了区域经济与环境协调发展。具体来说，在海洋生态修复方面，宁波市海洋与渔业局持续多年实施了象山港区域渔业资源增殖放流，推进象山港海洋牧场试验区建设，开展了海岛海岸带整治修复、象山港海域表层废弃物清理等专项行动。[③]

随着象山港区域的不断发展，《宁波市象山港海洋环境和渔业资源保护条例》有些方面已无法适应实际管理需求，具有一定的滞后性，宁波市人大常委会 2019 年立法计划已将《条例》的修订提上日程，以确保《条例》更好地促进象山港区域可持续发展。《宁波市生态区保护条例》也正在立法调研阶段。

（二）区域治理阶段（2013—2017）

随着人们对海洋渔业资源保护意识的提升，一项聚焦海洋与渔业资源保护的公共政策呼之欲出。2013 年 6 月，浙江开始酝酿渔场修复振兴计划，首次提出开展“一打三整治”专项执法行动。2014 年 5 月 23 日，浙江省委十三届五次全会审议通过的《关于建设美丽浙江创造美好生活的决定》，把浙江渔场修复振兴列入近期要取得突破的重点工作。时隔 5 天，省委、省政府专题召开部署动员会，随后印发了《关于修复浙江渔场的若干意见》，全面拉开了浙江渔场修复振兴暨“一打三整治”行动大幕。[④] 宁波市各县（市）区积极响应，比如象山县积极完善联动执法管理机制，开展海上执法检查 300 余次，出动执法人员 3000 余人次，检查渔船 975 艘，严厉打击“三无”船舶。[⑤] 浙江渔场修复振兴暨“一打三整治”行动对象山港海洋与渔业资源保护具有重要的推动作用。

2015 年 10 月发布的《象山港区域空间保护和利用规划 2013—2030》[⑥]是首个聚焦于象山港区域保护治理的公共政策，综合协调象山港区域的社会、经济、环境发展，保护该区域的生态环境，合理利用资源。《规划》指出要将象山港区域打造成为宜居、宜业、宜游的美丽港湾，浙江的“维多利亚港”，提出“国家生态海湾、国家级海湾公园、国家海洋生态文

① http://www.nbrd.gov.cn/art/2014/8/28/art_2767_658537.html

② 宁波人大.《宁波市象山港海洋环境和渔业资源保护条例》立法后评估报告[EB/OL].. http://www.nbrd.gov.cn/art/2014/8/28/art_2767_658537.html. 2014-08-28.

③ 宁波人大.《宁波市象山港海洋环境和渔业资源保护条例》立法后评估报告[EB/OL].. http://www.nbrd.gov.cn/art/2014/8/28/art_2767_658537.html. 2014-08-28.

④ 人民网. 决胜大渔场——浙江渔场修复振兴暨“一打三整治”行动综述. http://cpc.people.com.cn/n/2015/1116/c162854-27820367.html. 2015-11-16

⑤ 象山县海洋与渔业局. 袁荣祥来象调研“一打三整治”等工作[EB/OL]. http://www.xiangshan.gov.cn/art/2016/8/29/art_1229044846_45267311.html. 2016-08-29

⑥ 宁波市政府.《象山港区域空间保护和利用规划 2013—2030》，http://ghj.ningbo.gov.cn/art/2015/10/30/art_18283_1290768.html. 2015-10-30.

明特区”的总体发展目标。其中生态环境保护战略包括加强海洋综合管理,加强对海洋开发的依法管理及组织协调,促进海洋经济可持续发展。未来象山港区域形成“一带、一轴、两区”空间结构,构建生产、生态、生活三位一体、协调发展的整体格局。总之,《规划》的发布助力象山港环境保护走向了区域治理的道路。

在这之后,宁波市陆续出台了多项政策,为象山港海洋与渔业资源保护提供了保障。2015 年 12 月发布的《宁波市生态保护红线规划》是浙江省首个生态保护红线规划,旨在加大对重点生态功能区、生态环境敏感区和脆弱区等区域的保护。2016 年 12 月发布的《宁波市环境保护“十三五”规划》中的重点任务之一“生态环境保护”,其中包括实施“一港两湾”等重点区域的生态保护。

(三)网络治理阶段(2018—2021)

在区域治理阶段,象山港被看作一个整体,非常强调五个县市(区)的合作治理。但是在浙江省和宁波市层面均未出台海域污染防治的整体性政策,仅仅围绕渔业“一打三整治”行动难以彻底解决海洋治理中存在的问题。2018 年 1 月发布的《浙江省近岸海域污染防治实施方案》指出要推进海洋生态整治修复,推动象山港等污染严重的重点海湾综合治理及沿海城市毗邻岸线的整治修复,该方案的发布对象山港的治理具有重要意义,因为在浙江省层面非常重视象山港的污染防治。2018 年 5 月发布的《浙江省海岸线整治修复三年行动计划》提出岸线统筹保护、生态岸线修复、海岸环境整治等五大主要任务。

2018 年 6 月,《宁波市近岸海域污染防治行动方案》提出要坚持陆海统筹,控制污染物入海总量,改善近岸海域环境质量;严格控制围填海,保护近岸海域自然岸线,提高海域自净能力;严格控制过度捕捞行为,加强生态保育,维护沿海生态系统健康和修复能力。2018 年 12 月发布的《宁波市打赢治水提升战三年行动方案》提出要强化入海排污口整治和直排海污染源监管、加强水产养殖污染防治、加强近岸海域生态保护和修复等六部分内容。2018 年陆续发布的四项政策均强调了近岸海域生态保护迫在眉睫,在这样的政策环境中,不同组织之间的联系越来越多,参与到象山港渔业资源保护的组织也越来越多。

2020 年 3 月,农业农村部印发《“中国渔政亮剑 2020”系列专项执法行动方案》,行动目标是“加强渔政队伍建设,提升执法效能,有效落实海洋休禁渔制度及其他各项资源养护措施,清理取缔一批涉渔‘三无’船舶和‘绝户网’,强化水域执法监管,严厉打击各类涉渔违法违规行为,维护渔业生产秩序,确保渔民群众生命财产安全,保障和推动渔业高质量发展。”[①]随着对海洋与渔业资源保护意识的提升,相关的公共政策越来越多,并且更具有针对性,非常有利于象山港海洋环境的保护工作。表 11.2 是关于象山港海洋与渔业资源保护的法规及政策汇总。

随着国家、省、市层面针对海洋环境与渔业资源保护公共政策的增加,政府注意力更多的转移到这方面,象山港区域的地方政府积极响应,与之相关的非营利组织和企业也参

① 农业农村部. 农业农村部印发《“中国渔政亮剑 2020”系列专项执法行动方案》[EB/OL]. http://www.yyj.moa.gov.cn/gzdt/202003/t20200310_6338502.htm. 2020-03-10.

与其中。近岸海域污染治理方案与渔政亮剑行动的执行将象山港海洋治理推向了新的阶段。总之，越来越多的组织加入了这场渔业资源保卫战。与宁波市海域污染防治的正式网络一样(见图 11-2)，象山港逐渐形成了海洋与渔业资源保护的非正式网络(见图 11-3)。

表 11.2 关于象山港海洋与渔业资源保护的法规及政策汇总

发布时间	发文机关	文件名称	内容提要
2004.01	浙江省人大	《浙江省海洋环境保护条例》	为保护海洋资源，改善海洋环境，防治污染损害，维护生态平衡，保障人体健康，促进经济和社会的可持续发展所制定的条例。
2005.04	浙江省人大	《宁波市象山港海洋环境和渔业资源保护条例》	为保护和合理利用象山港海洋和渔业资源，促进港域经济和社会的可持续发展所制定的条例。
2014.05	浙海渔振办	《浙江渔场修复振兴暨"一打三整治"》	深化海上"打非治违"、加快海洋捕捞转型升级、强化水生生物资源养护、推进海洋生态环境修复整治。
2015.10	宁波市规划局	《象山港区域空间保护和利用规划2013—2030》	为综合协调象山港区域的社会、经济、环境发展，保护该区域的生态环境，合理利用资源，特编制的规划。
2015.12	宁波市政府	《宁波市生态保护红线规划》	为加大对重点生态功能区、生态环境敏感区和脆弱区等区域的保护，大力推进经济发展方式转型升级所制定的规划。
2016.12	宁波市政府	《宁波市环境保护"十三五"规划》	环境空间管控；大气环境保护；水环境保护。
2018.01	浙江省环境保护厅	《浙江省近岸海域污染防治实施方案》	控制围填海，保护近岸海域自然岸线，提高海域自净能力；控制过度捕捞行为，加强生态保育，维护沿海生态系统健康和修复能力。
2018.05	浙江省海洋与渔业局	《浙江省海岸线整治修复三年行动计划》	全面加强海洋生态红线管控，坚守自然岸线保有目标，优化海岸线功能、改善海岸景观、提升海岸价值，推进受损海岸线修复，保障海岸线资源可持续利用。
2018.12	宁波市政府	《宁波市打赢治水提升战三年行动方案》	推进水环境质量持续提升；深入推进近岸海域污染防治；全面开展河湖生态修复。
2020.03	农业农村部	《"中国渔政亮剑2020"系列专项执法行动方案》	打击涉渔违法违规行为，确保渔业绿色高质量发展，推动水域生态文明建设。

二、整治措施与行动，几个重要的行动计划，参与主体、内容、目标和大概的成效

在国家和省市层面开展了多项渔业资源保护的行动，象山港区域也随之展开。以下将介绍三项较为重要的行动，分别是禁渔休渔行动、“一打三整治”和“渔政亮剑 2020”行动。（如图 11-1）

图 11-1 “中国渔政亮剑 2020”海上执法行动

（一）禁渔休渔制度

伏休管理制度的有效实行是避免悲剧发生，促进海洋渔业资源可持续利用的前提。2020 年 5 月 1 日 12 时起，象山 2782 艘渔船就将进入伏休期。为强化伏休管理，象山县严管应休渔船，严打非法渔船，盯住 5 月 1 日全面休渔，8 月 1 日部分作业开捕和 9 月 16 日休渔全面结束三个时间节点，构建以港管渔体系，联动联勤执法体系，强化渔船异地休渔管理，陆域管理以及配套辅助船管理等工作，充分整合渔政、公安、海事、港航、海警等力量，严格执行铁律十五条，落实最严格的伏休管理制度。

在伏休期前一天，浙象渔 49026 号渔船上，船老大董如光正和船工们一起整理网具。“我们渔民都很支持伏季休渔的。”他告诉记者，尽管由于疫情的原因，出海的次数减少了很多，但是随着禁渔政策的不断推进，他可以感受到大海资源的变化。①

（二）“一打三整治”

非法渔具泛滥，“三无渔船”猖獗，成为“东海无鱼”的首因。据调查，浙江的“三无渔

① 象山港网站. 中国渔政亮剑 2020！伏休将至，象山海陆联动严打各类涉渔违法行为[EB/OL]. . http://www.cnxsg.cn/6302903.html. 2020-04-30.

船”在2013年达到最高峰，数量达1.3万艘，明令禁用的各类渔具达11万多顶(张)。为了管好家门口这片海，把东海的鱼找回来，2013年6月，浙江开始酝酿渔场修复振兴计划，首次提出开展“一打三整治”专项执法行动。2014年5月28日，浙江省委、省政府专题召开部署动员会，随后印发了《关于修复浙江渔场的若干意见》，全面拉开了浙江渔场修复振兴暨“一打三整治”行动大幕。①

值得一提的是，象山县获评浙江渔场修复振兴暨“一打三整治”行动优秀单位，可见象山在象山港区域进行的工作成效显著。根据象山县水利和渔业局发布咨询，该县开展涉渔“三无”船舶清剿行动，严厉打击海上偷捕行为。全县累计开展海上执法检查1347航次，登检渔船6511艘，巡检码头3464个，巡逻岸线8400公里，发现并整改安全隐患渔船485艘，依法查扣涉嫌违规渔船156艘，开展清港行动17次，查扣小型“三无”船筏126艘，清理地笼网等违禁网具11204顶，查获违禁渔获物20.12万公斤，破获非法捕捞案件17起78人并移交公安。②

(三)“渔政亮剑2020”行动

2020年3月，农业农村部印发《“中国渔政亮剑2020”系列专项执法行动方案》，这是继2017、2018、2019年度后，中国渔政再次出重拳，严厉打击涉渔违法违规行为，确保渔业绿色高质量发展，推动水域生态文明建设。③ 2020年4月，宁波市农业农村局印发《宁波市“中国渔政亮剑2020”系列专项执法行动实施方案》，全面落实海洋及内陆相关水域休禁渔制度及其他各项资源养护措施，坚决清理取缔涉渔“三无”船舶和“绝户网”，严厉打击各类涉渔违法违规、涉黑涉恶渔业案件，维护渔业生产秩序，确保渔民群众生命财产安全，保障和推动渔业高质量发展。④

2020年4月30日上午，宁波市2020年海洋伏季休渔暨“中国渔政亮剑2020”海上执法行动在石浦渔政码头正式启动。“在接下来的四个半月，我县将投入全部执法力量，开展不间断地海上巡航检查，要求每艘执法船艇每月保持15天以上在海上巡航，一方面严防境外疫情海上输入，另一方面重点对非法捕捞等违法行为进行打击。”象山县水利和渔业局相关负责人介绍。⑤ 2020年6月16日，县海洋与渔业执法队组织执法船开展海上巡航检查行动，出动中国渔政33205船，对象山县所属渔区进行巡航执法检查，共查获2艘

① 叶慧. 决胜大渔场——浙江渔场修复振兴暨“一打三整治”行动综述[EB/OL]. http://cpc.people.com.cn/n/2015/1116/c162854-27820367.html. 2015-11-16.

② 象山县水利和渔业局. 全市第一！象山获评浙江渔场修复振兴暨“一打三整治”行动优秀单位[EB/OL]. http://www.xiangshan.gov.cn/art/2021/2/25/art_1229056258_58942775.html. 2021-02-25.

③ 农业农村部. 农业农村部印发《“中国渔政亮剑2020”系列专项执法行动方案》[EB/OL]. http://www.yyj.moa.gov.cn/gzdt/202003/t20200310_6338502.htm. 2020-03-10.

④ 宁波市农业农村局. 宁波市农业农村局关于印发宁波市“中国渔政亮剑2020”系列专项执法行动实施方案的通知[EB/OL]. http://www.ningbo.gov.cn/art/2020/4/20/art_1229095999_962581.html. 2020-04-20.

⑤ 象山港网站. 中国渔政亮剑2020！伏休将至，象山海陆联动严打各类涉渔违法行为[EB/OL].. http://www.cnxsg.cn/6302903.html. 2020-04-30.

“三无”船舶。[①]

三、整体网络分析

海洋环境治理不同于传统的海洋环境管理，强调多治理主体参与和整合协调，突出特征是着眼于跨界合作治理。多治理主体包括政府、NGO和社会公众，政府作为海洋环境治理的主导力量，发挥引领、组织和协调作用。象山港区域的治理主要涉及市、区、乡镇三个层级，以象山县为例，根据“宁波市象山县部门责任清单”，一项任务的完成往往涉及多个部门。职责交叉、分散的现象较为明显，由此产生了部门间协作的需求[②]，同时也加大了部门间协同的难度。各部门相互间推诿扯皮的现象也可能会发生。2018年大部制改革之后的政府部门责任清单暂未公开，但部门间职能交叉的现象很难根除，新成立的部门需要磨合，再加上陆海统筹的要求，政府内部协同的需求仍会存在。

社会网络是指群体中行动者之间互动的结构和类型，社会网络分析是一种有用的分析工具，可用于评估行动者如何通过彼此之间的联系进行合作，也能够评估行动者之间的联系。[③] 根据在政府网站收集的相关数据，经过编码后转化为社会网络数据，在Ucinet[④]中分析并绘制了正式网络与非正式网络图（见图11-2和图11-3）。正式网络是根据宁波市近岸海域污染防治行动方案绘制，行动者之间的关系是政策文件中所规定的，并且网络具有明确的目标。非正式网络中行动者之间的联结表示组织在象山港海洋与渔业资源保护过程中的合作关系，这种非正式网络类似于偶得网络，没有事先设立的目标，具有更多样、异质的行动者。[⑤]

将分析以下几个网络指标：

· 密度（Density）指实际联结与所有可能联结的比率。

· 中心势（Centralization）指一个图在多大程度上表现出向某个点集中的趋势。[⑥]

· 点入度（In-degree centrality）是进入到该点的其他点的个数，即该点得到的直接关系数。

· 点出度（Out-degree centrality）是该点直接出发的关系数。

· 中介中心度（Betweenness centrality）测量的是行动者对资源控制的程度。如果一个点处于许多其他点对（pair of nodes）的捷径（geodesic）（最短的途径）上，就说该点具有

---

① 象山港网站. 查获2艘“三无”船舶！象山渔政执法部门开展海上巡航检查[EB/OL]. http://www.cnxsg.cn/8854160.html. 2021-06-22.

② 刘爽，徐艳晴. 海洋环境协同治理的需求分析：基于政府部门职责分工的视角[J]. 领导科学论坛，2017(11)：21-23.

③ Partelow S and Nelson K. Social networks, collective action and the evolution of governance for sustainable tourism on the Gili Islands, Indonesia[J]. Marine Policy, 2020, 112.

④ Borgatti S P, Everett M G, Freeman L C. Ucinet for Windows: Software for social network analysis[J]. Harvard, MA: analytic technologies, 2002, 6: 12-15.

⑤ 马汀・齐达夫，蔡文彬. 社会网络与组织[M]. 北京：中国人民大学出版社，2007.

⑥ 刘军. 整体网分析[M]. 上海：格致出版社，2019.

较高的中介中心度。[①]

表 11.3 显示了正式网络和非正式网络的总体指标。节点是每个网络中的组织数量，联结(两点间的线段)是这些组织之间的联系，密度是实际联结与所有可能联结的比率。正式网络与非正式网络的密度相差很大，其中非正式网络的密度非常低，这是因为偶得网络的密度往往较低，并且“只有在网络规模大致相同的前提下，才可能对不同网络的密度进行比较”[②]。中心势指的是一个图在多大程度上表现出向某个点集中的趋势，[③]非正式网络与正式网络的中心势相差不大，行动者均围绕着海洋与渔业部门，不同的是政策执行中的非正式网络会呈现出同一区(县)行动者之间的关系更加紧密，不同区(县)的行动者之间的联系比较少。

根据各级政府已公布的相关政策文件，有关海洋与渔业资源保护的行动或规划往往需要政府内部紧密的纵向与横向协同，图 11-2 中的正式网络比图 11-3 中的非正式网络图稠密。在政策文件中不同行动者之间存在着广泛的联系，而在实际执行中非正式网络呈现出类型更加复杂、数量更多的行动者。在象山港海洋与渔业资源保护的过程中，政府发挥了重要的作用，但政府内部整合协调仍存在一定不足。总而言之，无论从政策文件还是实际执行的角度进行判断，目前象山港海洋与渔业资源保护网络都已存在。

表 11.3　正式协作网络和非正式协作网络

网络指标	正式网络	非正式网络
行动者数量	20	60
联结	262	240
平均度数	13	4
密度	0.689	0.068
中心势	0.287	0.277

表 11.4 显示了非正式网络中 14 个组织的中心度数据，包括点出度、点入度和中介中心度。根据图 11-2 与图 11-3 网络可视化的呈现与中心势的数据，可以发现两个网络都具有明显的几个网络核心，网络呈现集中的态势。结合中心度的数据，发现高中心度的组织往往是与水利或渔业相关的政府部门，比如象山县水利和渔业局、宁波市海洋与渔业执法队、奉化区海洋与渔业执法队。宁波市海洋与渔业部门在资源保护治理中扮演着重要角色，“一打三整治”专项行动期间开展联合清港行动，市级层面对象山港、杭州湾、三门湾等重点港湾、港口和海域开展每月一次的联合执法清剿行动，各区县(市)对辖内所有涉海区

① 刘军. 整体网分析[M]. 上海:格致出版社,2019.

② 马汀·齐达夫,蔡文彬. 社会网络与组织[M]. 北京:中国人民大学出版社,2007.

③ 刘军. 整体网分析[M]. 上海:格致出版社,2019.

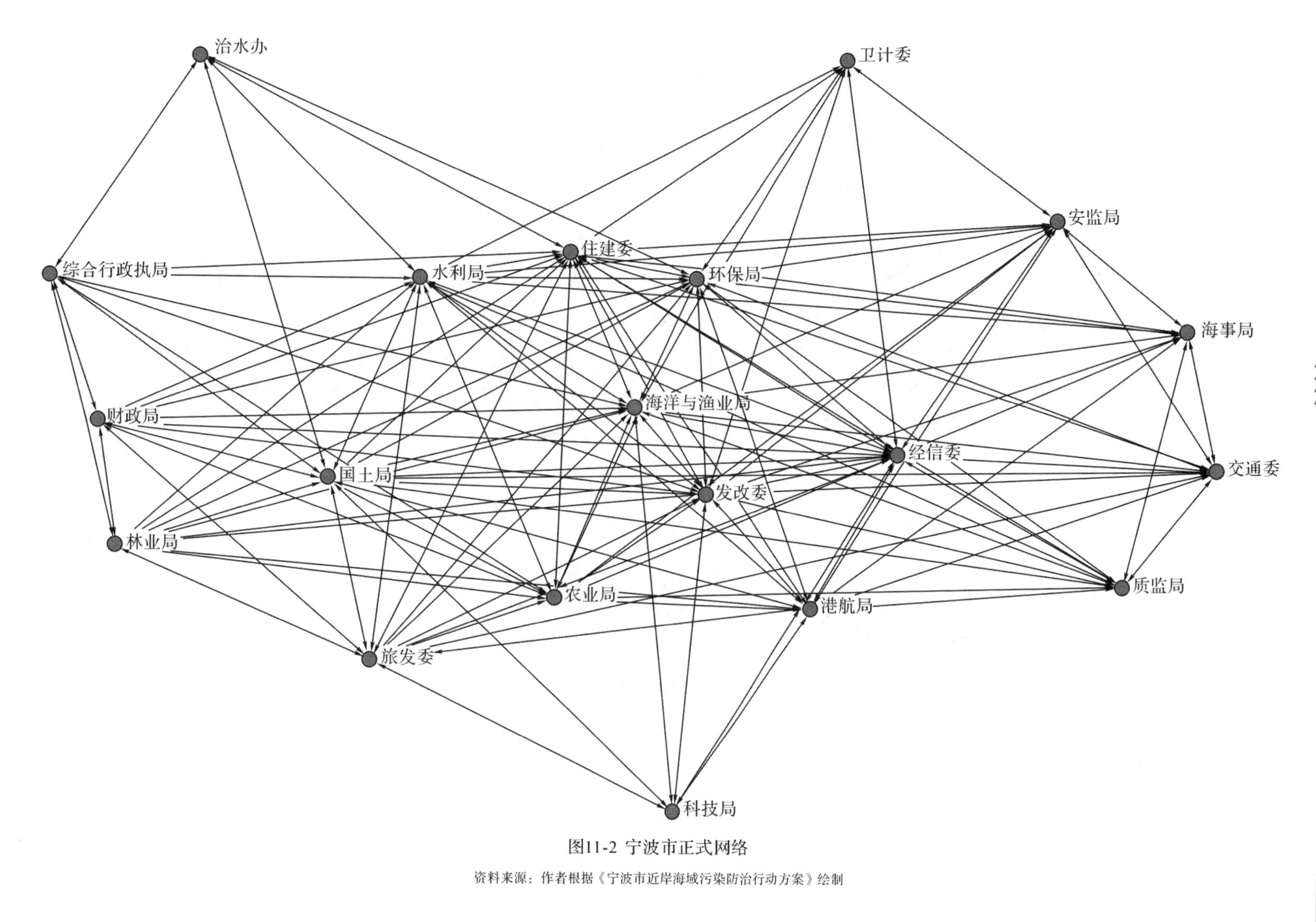

图11-2 宁波市正式网络

资料来源：作者根据《宁波市近岸海域污染防治行动方案》绘制

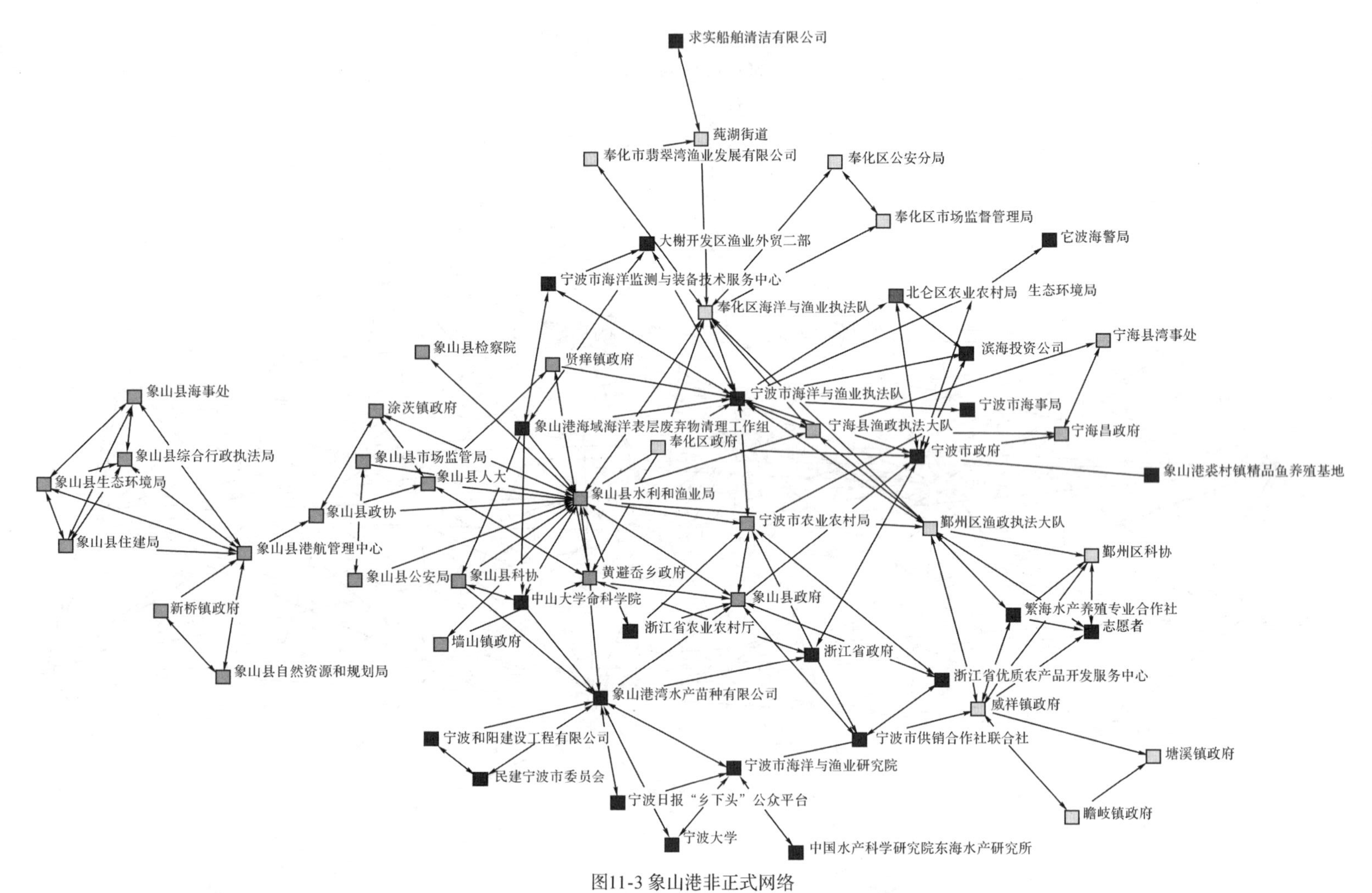

图11-3 象山港非正式网络

资料来源：作者自制

域开展全覆盖、地毯式联合清剿行动。[①] 此外，各县区的水利与渔业部门有着较高的中心度，仔细观察非正式网络图能够发现该网络有着几个以水利与渔业部门为中心的小网络，已用颜色进行区分，并且几个 NGO 在图中离得比较近，均处于图中的靠下位置。中心度排名前 14 的组织中企业组织和 NGO 仅各有一个，虽然在非正式网络中 NGO 和企业组织的数量并不少，但是中心度普遍偏低，换句话说，这些组织在网络中的影响力有限。

非正式网络"核心与边缘"的计算结果支持了以上观点。处于核心的组织包括宁波市政府、宁波市海洋与渔业执法队、象山县水利和渔业局、象山县政府、奉化区海洋与渔业执法队、鄞州区渔政执法大队、宁海县渔政执法大队、宁波市农业农村局等。处于边缘位置的组织包括宁海县政府、奉化区公安分局、奉化区市场监督管理局、奉化区翡翠湾渔业发展有限公司、志愿者、繁海水产养殖专业合作社、宁波市海洋与渔业研究院等。非正式网络中产生的联结主要围绕水利与渔业部门，而其他企业和 NGO 的影响力较为有限。在未来，政府部门应增加处于核心位置的组织之间的联系，以降低交易成本，积极引导更多的企业和 NGO 参与渔业资源保护，创造出更多的合作机会。

表 11.4　非正式网络行动者中心度

组织	类别	点出度 (out-degree centrality)	点入度 (in-degree centrality)	中介中心度 (betweenness centrality)
象山县水利和渔业局	政府部门	18.000	19.000	1700.176
宁波市海洋与渔业执法队	政府部门	15.000	14.000	803.055
奉化区海洋与渔业执法队	政府部门	9.000	8.000	560.617
宁波市政府	政府部门	8.000	9.000	233.686
象山港湾水产苗种有限公司	企业	8.000	11.000	573.057
象山县政府	政府部门	8.000	8.000	292.700
鄞州区渔政执法大队	政府部门	8.000	8.000	587.693
咸祥镇政府	政府部门	7.000	7.000	330.093
宁波市农业农村局	政府部门	7.000	7.000	145.860
黄避岙乡政府	政府部门	7.000	8.000	184.226
象山县港航管理中心	政府部门	7.000	7.000	646.333
象山港海域海洋表层废弃物清理工作组	政府部门	6.000	3.000	37.400
宁海县渔政执法大队	政府部门	6.000	6.000	170.950
宁波市海洋与渔业研究院	非营利组织	5.000	5.000	201.460

① 象山县海洋与渔业局. 袁荣祥来象调研"一打三整治"等工作[EB/OL]. http://www.xiangshan.gov.cn/art/2016/8/29/art_1229044846_45267311.html. 2016-08-29.

第三节　象山港海洋与渔业资源保护的成效和问题

不同的政府部门、NGO、公众等行动者对象山港海洋环境治理付出了努力，亦有一定成效，比如违法围海造地现象得到有效管控、渔场资源修复有力，但通过对正式政策网络和非正式协作治理网络的对比研究，以及对环保督察新闻文本的分析，能够发现象山港海洋环境治理存在问题发掘的动力依赖、地方政府间协作不足和NGO参与较少的问题。

一、象山港海洋与渔业资源保护取得的成效，在政策文件中提到的目标，目前新的数据

（一）违法围海造地现象得到有效管控

《宁波市人民政府办公厅关于加强围填海管控工作的意见》于7月30日起正式实施。根据意见，宁波市将严格落实生态保护红线的管控要求，进一步加强海域海岸线保护和整治修复，到2020年，全市整治修复大陆生态岸线不少于110.07公里，确保大陆自然岸线保有长度不低于248公里。严控严管填海造地、坚决保护自然岸线以及规范围填海报批等一系列举措将有效解决违法围海造地的部分问题。

（二）渔场资源修复有力

对渔场资源修复有直接影响的是休渔期政策的执行情况。为了对休渔期政策进行宣传，象山县海洋与渔业局、县市场监管局、县商务局、县综合行政执法局联合执法深入实地进行政策宣传。休渔期开始后，象山县海洋渔业主管部门对重点海域、港口和码头进行监管，其他部门进行陆上监管，以促进渔场资源修复。在非法捕捞的治理方面，管理力度也较大；2018年7月，宁波市海洋与渔业执法支队在象山港等区域查获多艘违法捕捞的渔船。渔业资源增殖放流能够修复受损海洋生态环境，也能为渔民增产创收；2017年，宁波市海洋与渔业研究院与中国水产科学研究院东海水产研究所联合开展增殖效果跟踪调查，发现当年放流的144.9万尾黄姑鱼鱼苗为象山港区域渔民带来了近400万元的收益，投入产出比为1∶6。

根据象山县海洋与渔业局在2016年8月发布的信息，该县在渔场修复方面成效显著。“自2014年6月开展浙江渔场修复振兴暨‘一打三整治’专项执法行动以来，我县按照‘深、准、实、狠’的要求，完善联动执法管理机制，开展海上执法检查300余次，出动执法人员3000余人次，检查渔船975艘，严厉打击‘三无’船舶；处理‘船证不符’捕捞渔船1707艘，清理地笼网3.89万顶、串网6.73万米；加强休渔禁渔管理，依法查处违规渔船34艘，查获违规货车11辆，检查农贸市场经营户1.53万家次，餐饮店7011家次，查获违

禁渔获物 2.32 万公斤，刑拘非法捕捞船员 64 名。”[①]

据象山县水利和渔业局统计，2021 年上半年象山县水产品总产量 19.78 万吨，同比增长 5.9%。其中海水产品产量 19.34 万吨，增长 5.8%。海洋捕捞稳中向好，近年来，通过伏季休渔、增殖放流等举措，海洋渔业资源恢复效果比较明显。水产养殖平稳发展，上半年，海水养殖产量 5.04 万吨，比上年同期增长 3.0%。[②]

二、象山港海洋与渔业资源保护存在的问题

政府部门、NGO、公众等对象山港海洋环境治理付出了努力，也有一定成效，但象山港海洋环境治理存在动力依赖、协作缺乏和 NGO 参与较少的问题。

（一）动力依赖：打破常规治理体系的环保督察

环保督察能发现政府在治理中的诸多问题，而政府海洋治理的动力似乎来源于督察。仅在近四年，各级政府就频繁出台了多项政策文件，目的是推动象山港海洋环境综合治理，但是效果欠佳，近岸水质仍旧较差。值得注意的是，在中央环保督察指出海洋治理中存在的问题之后，有关政府高度重视，在短时间内发布了多达 4 万余字详细具体的整改方案。该整改方案比以前出台的各种行动、规划更加具体，细节也更多。在常规治理体系中明确要解决的问题却被环保督察一针见血地指出[③]，能够说明常规治理体系的低效，甚至是失灵。

中央环保督察、省环保督察以及国家海洋督察都会挖掘出政府治理实践中存在的严重问题，为何常规治理体系难以发现自身存在的不足，而督察制度能够发掘如此之多的问题呢？因为督察是通过“高位推动”来打破常规治理体系或科层运作机制，“通过自上而下的政治动员方式来开展环境督察，行使一系列非常规权力来实现特定任务”[④]。这种形式一方面，确实能够发现大量需要解决的治理难题，有益于政府于社会协同解决问题；另一方面，通过高压态势对科层体制的强力干预可能会影响常规治理机制的运作和发展，使常规治理的动力来源依赖于督察，不利于常规治理体系制度化的发展。

（二）协作缺乏：地方政府间的合作困境

由于海洋的流动性与开放性，以及海洋环境治理的整体性和跨界性，政府内部的协作显得尤为重要。污染物主要来自陆地，而海洋环境管理部门的职责并不涉及陆地，便需要

---

① 象山县海洋与渔业局．袁荣祥来象调研“一打三整治”等工作[EB/OL]. http://www.xiangshan.gov.cn/art/2016/8/29/art_1229044846_45267311.html. 2016-08-29.

② 象山县人民政府．2021 年上半年象山农业经济运行情况简析．http://www.xiangshan.gov.cn/art/2021/8/27/art_1229044846_58960587.html. 2021-08-27.

③ 浙江省第一环境保护督察组指出，《象山港区域保护和利用规划纲要》明确要求清除西沪港互花米草危害，但象山县推进不力、进展迟缓。

④ 戚建刚，余海洋．论作为运动型治理机制之“中央环保督察制度”——兼与陈海嵩教授商榷[J]．理论探讨，2018(2):157-164.

海陆协作，协同治理海洋环境污染。[1] 象山港区域涉及5个县(市、区)，20多个街道(乡镇)，不同地方政府之间的利益存在分歧十分正常。虽然存在沿象山港海岸生态带，但是处于海洋产业区或生态引导区的县(市、区)之间的发展目标和利益是不同的，海湾环境的保护不能仅靠生态引导区的努力，只有五个县(市、区)协作治理才能达到保护生态环境的目标。

与协作需求相对应的是实践中地方政府协作的欠缺[2]。根据绘制的非正式协作网络图，可以发现虽然总体上形成了一个治理网络，但是对海洋实施的整治行动多以"单打独斗"的方式进行，很少存在政府间的协同治理。除了关键的行动者处于网络中心之外，象山县、奉化区、北仑、鄞州区和宁海县的行动者分别形成了"单独抱团"的情况，相互间的协作不足。

(三)政府主导：NGO缺乏参与

宁波市的环保公共组织数量较少。通过中国社会组织公共服务平台的检索，发现只有5家公共组织涉及环境保护。根据2019年6月发布的《中国海洋环保组织名录》，宁波市有2家NGO涉及海洋环保，分别是宁波北仑志愿者协会岩东环保志愿服务大队和宁波市绿色科技文化促进会，后者有全职员工5人，兼职员工10人，志愿者人数300人，而前者只有志愿者，后者的主要合作伙伴既包括政府部门也包括大学和其他社会组织。

总的来说，NGO不仅数量少，而且专业化水平较低。治理主体碎片化现象明显，仍然是以传统的政府单方治理为主，NGO和公众的协作并不多见。根据图11-3能够发现最多的NGO是大学和研究机构，也有部分志愿者的参与，专业的海洋环境社会组织非常少，目前仅有刚成立的象山港溢油应急志愿者队伍。仅靠政府单方的力量很难解决海洋的复杂公共管理问题，这也解释了为何象山港区域治理非常困难。

---

① 刘湘洪.海南省海洋环境协同治理分析[J].改革与开放，2017(7)：27-28+31.

② 吕建华，罗颖.我国海洋环境管理体制创新研究[J].环境保护，2017，45(21)：32-37.

第十二章 温州洞头蓝色海湾治理案例

海洋作为地球上最宝贵的自然资源、生命保障系统的基本组成部分，她所承担的功能不仅仅是人类的孕育、生存还有发展。尤其是近几十年，国际上海洋经济飞速发展，逐渐成为一个具有重大战略意义的新兴领域。进入21世纪以后，我国海洋经济的发展更是取得了飞跃，由于政策的支持与市场的激活，我国海洋产业规模持续扩大、类型日益增多，产业结构也得到了优化，社会经济方面的效益均显著提高，在我国沿海地区的经济社会发展中更是发挥了举足轻重的作用。但与此同时，由于过度开发和使用，导致了海洋生态环境遭到严重破坏，陆源受到大面积污染，滨海湿地面积缩减，海洋生态灾害频发，自我修复能力下降，自然岸线减少，部分滩涂荒废，岛体受损，生态系统受到威胁。为全面贯彻落实党的十八大精神，建设海洋强国，加快推进海湾综合整治和生态岛礁修建，大力推动海洋生态环境质量改善。这些问题若一直不能得到解决，海洋生态和海洋经济将难以可持续发展。

在这样的背景下，为了我国海洋生态系统的平稳运行和海洋经济的可持续发展，2016年，财政部，国家海洋局发布《关于中央财政支持实施蓝色海湾整治行动的通知》，决定中央财政对沿海城市开展蓝色海湾整治给予奖补支持；2019年，中共中央国务院印发《长江三角洲区域一体化发展规划纲要》，指出推进蓝色海湾协同治理。近年来，在党中央的高度支持下，蓝色海湾项目蓬勃发展。2016年，浙江省人民政府办公厅关于印发浙江省生态环境保护“十三五”规划的通知和关于印发浙江省参与长江经济带建设实施方案(2016—2018年)的通知，将蓝色海湾项目进行细化分解，落实责任。因此，温州积极顺应时代潮流，结合当地的区位优势，努力探索生态环境新路子。

第一节 温州洞头蓝色海湾治理的政策背景

为落实“开展蓝色海湾整治行动”的工作部署，十八届五中全会以后，国家在沿海地区确定了包括广东汕头、山东日照、温州洞头、宁波象山等首批18个试点城市，并由中央财政给予了较大力度的奖补支持，主要实施了海岸整治、滨海湿地和岛体恢复、清淤疏浚等一系列修复工程。2016年，温州洞头区率先成为全国首批8个蓝色海湾行动试点城市之一，获得了中央对其包括渔港疏浚、沙滩修复、生态廊道三大工程69个项目的3亿元补助资金。三年来，在区政府的高度重视下，温州洞头区打造了全国海洋生态修复高水平样板，同时还创新推出“蓝色海湾指数”这一先进研究成果，凭借其取得的优异成效，于2019

年再次获得蓝湾二期中央财政 2.26 亿元补助，成为全国唯一连续两次获得国家奖励支持的地区，是浙江在全国蓝湾整治行动中一张响当当的金名片。

洞头渔场是浙江省内的第二大渔场，仅次于舟山渔场。改革开放以来，洞头以其海洋资源得天独厚，始终致力于海岛基础设施建设和区域优势提升。洞头凭借海岛特色，做大做强海洋经济相关优势产业，尤其是海洋环境质量批零住餐业、交通运输等依海型产业均得到长足的发展。在海洋资源污染形势严峻的情况下，温州洞头凭借自身优势跻身为蓝色海湾整治行动的第一批试点城市。

东岙—半屏山是洞头国家海洋公园的核心区域，也是洞头作为“海上花园”一道美丽的风景线，但由于一直存在沙质岸线受损严重、景观破碎化程度高、沿岸村落整体面貌破旧凌乱、丰富的遗址及文化资源得不到有效的发掘和妥善保护等问题，温州市蓝色海湾整治行动，主要在这里开展整治与修复。

项目主要以 1982 年出台的《中华人民共和国海洋环境保护法》和 2002 年开始实施的《中华人民共和国海域使用管理法》等陆续出台的法律法规条例作为法律依据，根据浙江省下达的多项地方政策，研究出一套洞头办法（见表 12.1）。通过实施海洋环境综合治理、沙滩整治修复和生态廊道建设三大工程，三线并行推动沿海、近海景观生态化改造提升，对陆源污染、近岸固体废弃物清理及海洋环境跟踪监测技术进行加强与升级，努力实现生态、生产、生活“三生融合”最大化，达到总体提升区域生态功能、景观功能和文化功能的目的，并于 2018 年年底基本完工。[①]

表 12.1　洞头区蓝色海湾相关政策梳理

	发布时间	法规条件与相关文件名称
法律层面	1982	《中华人民共和国海洋环境保护法》
地方层面	2002	《中华人民共和国海域使用管理法》
	2006	《防治海洋工程建设项目污染损害海洋环境管理条例》
	2010	《防治船舶污染海洋环境管理条例》
	2017	《海岸线保护与利用管理办法》
	2020	《关于组织申报中央财政支持海洋生态保护修复项目的通知》
	2017	《关于在全省沿海实施滩长制的若干意见》
	2017	《浙江省海岸线保护与利用规则》
	2018	《浙江省海岸线整治修复三年行动方案》
	2018	《关于开展入海排污口规范化整治提升工作的通知》
	2020	《洞头区社会资本参与海洋生态保护修复项目建设管理试行办法》
	2020	《洞头区养殖用海生态保护与管理暂行办法》

① 林雪萍，李昌达，姜德刚，刘建辉，黄博，吾娟佳. 蓝色海湾评估体系构建及初步应用研究——以温州市洞头区为例[J]. 海洋开发与管理，2020，37(5)：46-51.

第二节　温州洞头蓝色海湾治理中各方行动者的举措和治理现状

洞头海洋资源十分丰富，渔港景涂具有得天独厚的优势。洞头渔场是浙江第二大渔场。洞头浅海滩涂广袤，养殖发展潜力巨大。2016 年以来，洞头实施海洋环境综合治理、沙滩整治修复、海洋生态廊道建设三大工程，总投资 4.76 亿元。央视《焦点访谈》和《新闻联播》等栏目专门报道了洞头海洋生态整治修复工作的典型做法和成就，蓝色海湾整治典型样本受到媒体和社会大众的点赞。

一、温州洞头蓝色海湾治理中各方行动者的举措

在温州洞头近五年的蓝色海湾整治行动中，各方行动者的积极性被充分调动起来，并展开了有效的合作和共赢性竞争。

（一）政府形成蓝色海湾治理的合力

政府参与中可以分为中央政府部门间接参与洞头蓝湾整治行动与洞头区地方政府及有关政府部门之间对蓝湾整治进行治理。

参与洞头蓝色海湾整治行动的中央政府部门主要是自然资源部、财政部和原国家海洋局。其中自然资源部参与行动主要是通过蓝色海湾指数评估技术规范的立项。而财政部与前国家海洋局提供建设经费，并且为蓝色海湾整治行动实施成效好的城市设立专项奖予以补助。同时自然资源部的海岛研究中心与原国家海洋局的南海规划与环境研究院均参与了蓝色海湾指数评估技术规范的研究起草和实践推广。

洞头区的蓝色海湾治理与其他地区整治的不同之处是，洞头为了蓝色海湾项目特别在海洋渔业局下成立了海洋与渔业发展研究中心，并由海洋与渔业发展研究中心领导整个洞头蓝色海湾整治项目的发展，负责前期制定整个项目的政策框架，后期检测评估，项目推进，迎接检查验收。如蓝色海湾指数评估技术规范这一全国首创成果的推出就是在洞头区海洋与渔业发展研究中心的领导下产生的。在洞头蓝色海湾整治项目的治理网络中，海洋与渔业发展研究中心无疑是起到了主导作用。除此之外，洞头区地方政府参与到蓝湾整治行动当中的政府部门还有洞头区财政局、洞头区发展和改革委员会、洞头区自然资源和规划局等，各自起到了保障资金、总规划师、用海用地的审批和管理、生态环境保护的标准和衡量、海监执法等作用。值得一提的是，在正在进行的洞头蓝色海湾二期工程中，洞头区政府专门成立了蓝色海湾整治项目领导小组，由区政府主要领导任组长，区政府分管领导任副组长，各有关单位主要负责人作为组成成员。领导小组定期召开例会研究部署项目实施中存在的问题，按照部门工作职责，落实项目实施主体，强化项目进程中的督查与监管。

（二）企业与政府紧密合作

从洞头蓝色海湾整治行动的实践来看，该项目以洞头区海洋与渔业发展研究中心为牵头，以洞头区政府为中心主导，洞头区财政部门、东岙村集体、浙江重山实业有限公司等二十余个来自不同领域、不同层面的治理行动者参与。

温州洞头主要采用“上级专项奖励＋地方政府自筹＋社会资本参与”的模式开展蓝色海湾相关工作。项目向社会资本抛出橄榄枝，吸引众多民营企业如浙江重山实业有限公司、洞头区木心合文化旅游公司、温州环岛酒店开发有限公司等参与投资运营。这些社会资本参与蓝湾治理主要按“谁修复，谁受益”的原则，通过投资整治项目来获得一定期限的自然资源资产使用权等权利，为自身带来收益。例如浙江重山实业有限公司为承包的青山岛沙滩投入修复资金 2000 万元，项目的建设对周边海岸整治和海滩质量提升起到了极大地推动作用，同时带动了多种旅游项目的建设。沙滩修复后将委托给业主对沙滩及周边相关配套进行运营和管养，运营权 20 年（到期后视情况再协商），不仅推动了生态项目建设，还很好地解决了后续管理衔接的难题。

温州洞头海洋局还引入“渔港管理物业化”的社会化服务模式。该模式为政府向具备资质的社会企业招标购买渔港内的非执法管理服务，如与物业公司的管理员和保洁员签订合同使其负责防波堤、码头、港池等区域的保洁，渔港内渔业码头以及配套设施的管理等工作。将清洁、纠错、提醒、劝导等非处罚类的工作作为服务购买，在执法人员与资源不变的情况下提高了效率。

在这种模式下，通过竞争性磋商政府采购方式引进市场内具有丰富建设和先进管理经验的社会资本，由企业参与整治行动进行资金筹措、建设和运营管理。政府与企业形成“利益共享、风险共担、全程合作”的共同体，对项目实施产生合力，即使政府的财政负担减轻，又令企业的投资风险减小，还增加了投资主体的多元化。在修复生态环境的同时，增强了蓝色海湾整治的影响力，带动了滨海旅游发展，实现了生态效益、社会效益和经济效益综合显现，是具有可持续性的修复新模式。

（三）居民择业向旅游业转变

政府在大力刺激洞头经济的发展，将工程项目承包给企业的同时，还在旅游业方面对居民采取了鼓励政策。不仅是企业，洞头居民也可以从中获得可观的收入。以前洞头的传统产业多为海上捕捞与养殖，但由于当前海洋生态破坏与海洋渔业资源稀缺，且政府为鼓励洞头旅游业发展，近几年大力鼓励沿海居民转产转业。如东岙村原有渔民基本上都已完成转产转业，开始从事旅游业，经营民宿或其他旅游相关生意。例如东岙村目前拥有民宿 83 家、餐饮 14 家、商铺 28 家。有钱有房子的村民亲自经营、没有钱但有房子的村民租给别人经营、没有钱也没有房子的村民就自己务工。政府对想要经营民宿的村民开放注册登记所需的流程与费用也尽量减免。通过对经营民宿的村民访谈可得知，中低档的民宿一年也可以为家庭额外增收五六万。疫情期间的洞头旅游业停滞，政府还为每家民宿补贴 6000 元。洞头区蓝色海湾整治的焦点——东岙村，更是在 2019 年的时候，被评为浙江省充分就业村。提到民宿，也有典型的外来资本经营的民宿，这也就证明了洞头蓝色海湾的修复成果对外来资本的引入有很大的吸引力且有足够的市场潜力。而以旅游者的身份来看，生态环境修复后会吸引到更多的游客前去观赏游玩，同时带动洞头区的经济发展。2018 年，仅仅放眼东岙村一村就接待了游客 30 万人，获取高达约 2 亿元的旅游综合收入。东岙村集体经济收入在这样政策的大力支持与村民主的积极经营下也从 2016 年的 7 万元增长为 2018 年的 70 万元，户均收入更是在短短两年内提高了 10 万元，村内的经济产值和村民的生活水平都发生了可见的飞跃。[①]

（四）非政府组织参与蓝色海湾治理

在温州洞头针对东岙村的沙滩治理中，东岙沙滩修复后，租赁和委托给东岙村集体，对于后续的管理、维护和开发，由村集体通过将沙滩经营权承包给公司经营，并向其收取费用来平衡管理费用。除此之外，海霞妈妈平安志愿者服务协会、溢香救援服务中心等社会组织也是蓝色海湾治理的非政府组织中的重要部分。据调研了解，这些社会组织在日常中自发组织参与维护沙滩环境，成为除企业外，维护治理成果的重要力量。

另外，由大量专家以及技术人员组成的温州蓝色海湾生态修复技术高水平创新团队作为非政府组织，也为政府部门（主要是洞头海洋与渔业发展研究中心）提供了极大的技术和理论支撑，共同完成了蓝色海湾指数评估技术规范的起草，使得蓝色海湾的理论研究更上一层楼。

二、温州洞头蓝色海湾治理现状

温州洞头继 2016 年获得“蓝色海湾”资金扶持之后，再一次得到国家的大力支持，项目争取资金 2.26 亿元。洞头区也是全国唯一一个连续两次获得中央蓝色海湾整治项目奖励支持的区（县）。2019 年温州市洞头区蓝色海湾整治项目主要实施海岸带、滨海湿地和海岛海域生态修复三大工程、9 个子项目，重点突出“破堤通海、生态海堤、十里湿地、退养还海”，通过实施一系列生态化修复工程，进一步呈现“水清、岸绿、滩净、湾美、物丰、人和”的新景象，打造生态健康、环境优美、人岛和谐、监管有效的生态岛礁，加快建设“海上花园”。如今，洞头区蓝色海湾一期项目已顺利完成。具体而言，其蓝色海湾治理基本达成以下现状：

（一）项目的执行机构权责落实

参与洞头蓝色海湾整治行动的中央政府部门主要是自然资源部、财政部和原国家海洋局。其中自然资源部参与行动主要是通过蓝色海湾指数评估技术规范的立项，而财政部与原国家海洋局参与行动主要是通过提供建设经费，并且为蓝色海湾整治行动实施成效好的城市设立专项奖予以补助。洞头为了蓝色海湾项目特别在海洋渔业局下成立了海

① 中国自然资源报：《浙江温州：蓝色海湾保卫战》，http://thepaper.cn/newsDetail_forward_3939625. 2019-07-17.

洋与渔业发展研究中心，并由海洋与渔业发展研究中心领导整个洞头蓝色海湾整治项目的发展，负责前期制定整个项目的政策框架，后期检测评估，项目推进，迎接检查验收。区政府还专门成立蓝色海湾整治项目领导小组，定期召开例会研究部署项目实施中存在的问题，按照部门工作职责，落实项目实施主体，并将这一项目列入区重点工程考核，督促各实施单位加快建设步伐。

在项目的执行上温州洞头还根据《国家海洋局关于开展"湾长制"试点工作的指导意见》按照属地管理、条块结合、分片包干的工作要求，全面实施"湾（滩）长制"，形成了"市、区级总湾长—乡级、村级滩长—协管员"的全市覆盖网，由区政府分管副区长担任区级湾（滩）长，由各街道（乡镇）政府一把手担任乡镇级湾（滩）长，在区海洋与渔业局设立"湾（滩）长制"办公室。乡镇人民政府、街道办事处与承接主体签订购买政府服务合同，由承接购买服务的村委会确定村级滩长或专职协管员，协助推进海滩综合整治和保护管理工作，还设专职联络员负责联络工作。"湾（滩）长制"下，区、乡镇（街道）政府是海湾、海滩综合整治和保护管理的责任主体，乡镇（街道）湾（滩）长是本辖区责任海滩治理和保护的直接责任人，负责组织领导责任海湾、海滩的治理和保护工作。[①]

（二）发展与保护并肩推进

洞头区在经济发展的同时，对生态保护也有着同样高的要求。2015 年，鹿西综合交通码头最初选址在鹿西岛西南方的"老虎礁"，该处有水域水深上的优越条件，又临近老码头，交通便利。但部分村民对此持反对意见，认为作为鹿西岛的标志性景观的"老虎礁"，比起开发，更应当予以保护。

洞头区政府针对村民诉求，确立了"保护不可再生的岸礁海岸线旅游资源"的政策，并对原设计方案进行优化调整，码头选址移至已开发利用的人工岸线区域，并通过提升码头综合利用率及管理的自动化水平，以减少占用宝贵的岸线资源。为此，该工程延误了一年工期，增加约 200 万元造价。

此外，鹿西综合交通码头、小三盘通村公路、中心渔港港区道路二期工程等项目，均为保护优质自然海洋生态资源，而改变原来的方案和线路，使得"发展"与"保护"并行不悖。温州洞头的"梦幻海湾项目"亦正在建设中，这是洞头迄今为止，单体投资额最大的项目，以"人造蓝海、围而不填"作为亮点，体现了洞头区这些年来重视保护海洋资源的可持续发展理念。

（三）蓝色海湾整治修复评价指数体系的提出与实践

在项目的评估上，温州洞头区还特别创新研发出一套蓝色海湾整治修复评价指数体系，并将这项研究成果在全国范围内推广。据洞头区海洋与渔业局副局长、洞头区海洋生态与藻类研究院院长李昌达介绍："蓝湾指数体系"是指在一定时期内，从生态环境恶化是

① 洞头区人民政府：关于印发《洞头区湾（滩）长制实施意见》的通知，http://www.dongtou.gov.cn/art/2017/10/21/art_1254247_11961775.html. 2017-10-21.

否得到控制，海洋环境质量有无改善，海岸、海域和海岛等生态环境功能有无明显提高，海洋生态安全有无保障，促进沿海城市经济社会可持续发展的程度等多个维度对蓝色海湾整治工程进行评价的指数和对照标准体系。“蓝湾指数体系”的评价指标主要包含水清、岸绿、滩净、湾美、物丰、人和这六项，还包括管理保障、约束指标两项颇具洞头特色的指标。洞头区根据这套体系进行自我评估，得到的数据为：东岙沙滩“蓝湾指数”BBI＝85.99，整个蓝湾工程评估结果为0.84，从中反映出工程修复效果显著，修复对象状态稳定，海湾质量的状况良好、稳定，保护措施和管理比较全面。这种大数据不止能够评估政策执行情况，而且能更好地指导农渔民的生产生活。温州海洋环境监测中心站作为实践该评估技术规范的主要单位，正在大力推广应用该评估技术。

由此可见，温州的蓝色海湾政策目标为“保护环境＋经济发展”，在实际行动中充分发挥政府、市场、社会团体和民众的参与，各行动者之间形成了良好的互动。洞头是全国唯一的一个连续两次入围蓝色海湾整治行动工程的一个县区，在蓝色海湾整治行动，真正把它落到实处，体现了海洋生态文明建设的要求，生态、生产、生活、社会效益、经济效益、生态效益都得到全面的提升，形成了政府主导、社会进入、民众参与的良好的局面。例如在沙滩修复及维护管理、渔港海域海岸带垃圾清理管理、红树林湿地公园管理、海岸带贝藻类增殖管理维护等项目中，政府部门积极引入社会资本、社会组织、居民的力量共同参与、共同治理，形成了其乐融融的局面。

第三节　温州洞头蓝色海湾治理中尚需解决的问题

一、居民利益与企业利益、政府规划间存在矛盾

政府治理海洋环境极大地改善了居民的生活，充分提高了居民就业率，但是政府与居民之间的联系仍存在一些问题。如在政府承包项目给企业的同时忽视占用了居民的原有的资源，导致部分居民的利益被侵占，于是对政府与企业的行为产生不满。这就需要政府加强对基层群众满意度的反馈，在蓝色海湾指数技术评估标准中的“居民满意度”一项为100％，但通过走访居民发现实际满意度并不像数据显示的这么高，后得知居民满意度的调查并未大范围的普遍铺开调研，因此这一数据的信度缺失，也反映出政府应更关注基层居民的诉求，加强交流。除此之外，洞头不同整治地区的居民也会产生一些不同的诉求：如早期治理的村子由于治理重心偏移以及政策的逐渐完善，看到其他村的治理成效更好导致游客大量转移会产生不平衡的心理；未得到治理的村庄的居民同理。这需要政府统筹考虑，尽量平衡各个地区的治理发展。

居民这一主体对蓝色海湾整治行动起到的贡献主要体现在经济方面。蓝色海湾整治行动带来的生态改善使得居民经济状况逐渐变好，同时反过来对洞头的经济起到促进作

用。但民宿高度饱和，使得许多民宿在大多数时候被闲置，占用较多土地资源，因此会与政府规划产生一定冲突。

二、非政府组织在治理环节力量薄弱

治理主体的多样化不够完善，其中非政府组织在整治行动中的参与度相对较低。例如东岙沙滩修复后，租赁和委托给东岙村集体，对于后续的管理、维护和开发，由村集体通过将沙滩经营权承包给公司经营，并向其收取费用来平衡管理费用。除此之外，海霞妈妈平安志愿者服务协会、溢香救援服务中心等社会组织也是参与蓝色海湾治理的非政府组织中的重要部分。据调研了解，这些社会组织在日常中自发组织参与维护沙滩环境，成为除了企业外，维护治理成果的重要力量。但由于政府侧重于与市场合作，导致非政府组织的参与度与话语权整体偏低。如村委会和街道除了东岙村典型的“村企共建”模式之外，参与最多的只有对民宿的管理。

三、监督机制不够完善

在项目的监督上，蓝色海湾整治项目领导小组与其他政府部门为监督与被监督关系，没有设立专门的监督部门或小组进行专项监督，海湾的管理基本由检察院提起公益诉讼进行监督。洞头区检察院于2019年4月针对非法海水养殖等行为部署开展“守护蓝色海湾”专项监督活动，除了对餐饮店污水直排污染海洋、禁渔期内非法捕捞损害渔业资源等问题进行监督，还对洞头区涉及人为方式侵占滩涂湿地、未足额缴纳海域使用金、围填海政策法规规划落实不到位、海洋生态环境保护监管不力等问题进行了专项排查。但村民和其他非政府组织在监督环节体现的作用比较薄弱，对项目资金流向和具体落实进度没有明确的认知。

附：温州洞头区蓝色海湾治理典型案例

案例(一)

浙江温州借助社会资本推进“海上花园”建设

一、项目概况

温州市洞头“蓝色海湾”整治行动项目，以提升海岛及周边海域生态环境质量和生态服务功能为目标，针对海洋环境质量下降、自然岸线受损、滨海湿地生态功能退化等问题，开展海洋环境综合整治、沙滩整治修复、红树林湿地建设等工程。项目吸引浙江重山实业有限公司、温州环岛酒店开发有限公司、洞头区木心合文化旅游公司等民营企业参与投资运营。

二、主要做法

2003年5月和2006年6月，时任浙江省委书记习近平先后两次到洞头视察指导工作，提出了“将洞头建成温州海上花园”和“加快建设半岛工程，促使温州从滨江城市向滨海城市跨越”的战略构想，为洞头的发展指明了方向。温州市洞头区牢记嘱托，一张蓝图绘到底，持续做好海洋生态保护、修复、提升三篇文章，特别是2016年以来，借助“蓝色海湾”整治行动项目，按照全域规划、整岛修复原则，将“蓝色海湾”整治项目总体方案设计统一纳入全域景区化概念性规划，做好各子项目方案的衔接。同时，出台了《温州市洞头区社会资本参与海洋生态保护修复项目建设管理试行办法》，明确按照“谁修复、谁受益”的原则，通过赋予一定期限的自然资源资产使用权等方式，积极探索社会资本参与海洋生态修复新模式。

三、运作模式

本项目采用“上级专项奖励＋地方政府自筹＋社会资本(民营经济资本)参与”模式开展工作。

一是东沙渔港边的沙滩修复，由温州环岛酒店开发有限公司投资500万元建设，兼顾酒店配套与生态功能，政府明确竣工验收五年后对企业投入的投资成本进行回购。回购前，企业负责沙滩管养工作，也允许企业对外进行社会化服务外包。目前该沙滩完工后大大提升了浅水湾养老休闲产权式酒店周边配套环境，实现了政企双赢。

二是青山岛沙滩修复，由浙江重山实业有限公司投入2000万元，项目建设过程中同步对周边海岸线进行整体环境整治提升，并带动了温泉泥浆、青山海洋牧场、离岛度假等项目建设。沙滩修复后将委托给业主对沙滩及周边相关配套进行运营和管养，运营权20年(到期后视情况再协商)，有效解决生态项目建设与后续管理衔接难题。

三是采用“村企共建”模式，村民参与陆域配套设施建设、后续运营等可获得一定利益，并通过整体海岛旅游综合开发带来游客接待、休闲度假等流量经济及溢出效应，实现了农民转产增收、企业获益增效。韭菜岙沙滩修复后，将其租赁给洞头区木心合文化旅游公司，由该企业负责管理、维护、开发。

此外，还吸引了社会资本参与红树林湿地生态养殖等。通过让社会资本参与海洋生态保护修复，既能减轻地方财政压力，又可以利用开发成果反哺生态环境，一举多得。

四、主要成效

一是海洋生态功能得到提升。通过“蓝色海湾”整治行动项目，洞头已完成清淤疏浚157万平方米，修复沙滩、卵石滩面积10.51万方，建设景观廊道23.73公里，提升南塘湾滨海湿地公园330亩，种植红树林419亩，修复污水管网5.69公里，第一类二类水质面积占比增加10.4%。其中，红树林湿地的建成恢复了底栖生物生境，吸引了大批候鸟来此栖息。项目的实施，有效改善了海洋生态环境，呈现出水清、岸绿、滩净、湾美、岛丽的蓝色海湾新景象，展开一幅“城在海中、村在花中、岛在景中、人在画中”海上花园新画卷。

二是有效带动社会资本投入。通过吸引社会资本参与海洋生态保护修复，既能减轻地方财政压力，又可以发挥企业经营管理灵活等优势，加快推动项目实施。同时，按照“谁修复、谁受益”的原则，相关企业在开展生态修复后，获得一定期限的自然资源资产使用权，并借助优良的生态环境，可以获得可观的投资回报。

三是带动周边群众致富。以洞头区东岙村为例，借助“蓝色海湾”整治行动，持续探索美丽经济的海岛实践模式，2019年，村级年度总收入从6000万元增加到1.3亿元，旅游综合年收入达5000万元，先后获评国家3A级景区、中国美丽休闲乡村、浙江省百强魅力乡村等金名片，实现了黄沙变黄金、石屋变银屋的乡村蝶变，从一个经济薄弱村一跃成为远近闻名的景区村、网红村，成为“绿水青山就是金山银山”在洞头的真实写照。

案例启示：社会资本助力海洋生态修复，增加洞头区滨海湿地面积，改善近海海水水质，提升了自然景观效果，为洞头区创造出的良好近海生态环境，满足人民对优美生态环境需要的同时，通过赋予企业一定期限沙滩等优质旅游资源的使用权，充分发挥浙江省、温州市及洞头区等多企业商业运营管理优势，给企业带来可观的收入，带动了滨海旅游发展，实现了生态效益、社会效益和经济效益综合显现。

案例(二)

打造蓝湾行动样板 推进海上海岛生态保护理念实践
——温州市洞头区修复海洋生态促进生态价值实现典型案例

一、案例背景

洞头是全国14个海岛区(县)之一,也是温州唯一的海岛区,拥海而兴、以海为美、因海闻名。然而,在20世纪90年代,随着经济快速发展和人类活动,海岛洞头的海岸线生态环境也曾遭受了不小的破坏,海水污染、鱼虾减产、建材取沙、填海造地,海岛上东岙沙滩、韭菜岙沙滩、西山头沙滩、凸垄底卵石滩等岸线长度近2公里的一处处天然沙砾滩逐渐"凋零",甚至消失,只剩一些碎石、乱石和垃圾,还经常出现污水横流、臭气熏人的现象。

2016年,以"蓝色海湾"为载体,国家开始大力整治修复海洋生态,范围以海湾为重点,拓展至其毗邻海域和其他受损区域。同年,国家首批蓝色海湾整治项目落户温州市洞头区,项目总投资4.76亿元,规划面积15平方公里,涉及洞头区17个村、2.5万人。经过持续4年的投入和实施,温州湾洞头海域生态环境得到明显改善,初步展现"水清、岸绿、滩净、湾美、物丰、人和悦"生态、和谐的美丽海湾美好风姿,生态文明建设的海上实践硕果累累,"碧海蓝天"与"绿水青山"共同勾勒出"金山银山"的美丽画卷。带来了环境"颜值"、生态"价值"和地区"产值"的多重提升。洞头区以蓝色海湾整治为主抓手,推进海洋生态环境修复,利用生态"杠杆"撬动产业崛起、海岛振兴,走出一条"碧海蓝天也是金山银山"的海岛"两山"实践之路,2018年成功入选全国第二批"两山"实践创新基地。

二、主要具体做法

洞头蓝色海湾项目包括海洋环境综合治理、沙滩整治修复和生态廊道建设三大类70余个子工程。实施范围在洞头本岛东片,该区域是洞头海洋岸线最为独特曲折、自然风光最为秀丽、民俗风情最为浓郁的区域。

(一)狠抓项目建设

洞头蓝色海湾项目包括海洋环境综合治理、沙滩整治修复和生态廊道建设三大类70余个子工程。实施范围在洞头本岛东片,该区域是洞头海洋岸线最为独特曲折、自然风光最为秀丽、民俗风情最为浓郁的区域。在项目设计上,将蓝色海湾整治纳入全域景区化概念性规划，做好各子项目方案设计的衔接，最大程度体现生态功能和经济效益；在组织保障上，成立区级项目领导小组，建立项目工作例会制度，做到"一月一研究一推进"。开通审批"绿色通道"，将项目列入区重点工程考核，强化实施过程监督；在资金监管上，设立蓝色海湾整治项目专户，实行财务统一核算机制，切实提高资金使用绩效。

（二）实施海陆共治

把"治海"和"治陆"相结合，实现从陆地到海洋的全程监控、同步治理。狠抓剿灭劣Ⅴ类水工作，持续推进海岛水库、山塘、河道（沟）水质提升。实施"花园洞头"建设行动，已建成4条美丽乡村风景线、51个花园村庄、2500个花园庭院、33座花园厕所、35.5公里花园公路，极大改善了海岛人居环境。实施引海入城工程，尤其是对洞头环岛西片围垦区已确权3710亩海域，采取围而不填的方式，策划打造投资估算20亿元的"梦幻海湾"项目，利用水域空间建设"海上城市"，提升岛城优雅浪漫、休闲舒适的和美气质。

（三）突出融合效应

通过实施东沙渔港疏浚工程，港区平均水深提高2.7米，进一步改善港区避风条件，为渔业经济的稳步发展扎牢基础。通过岸线资源整治修复、沿线村居改造升级，打造岩海凸垄底等一批海洋生态村庄，推进渔家民宿集聚发展。通过实施海洋生态廊道项目，将分散的景点、渔村、离岛串珠成链，"人海合一、生态漫游"的海岛旅游格局逐步形成，游客纷至沓来。目前，海洋环境在线监测系统、港池疏浚、沙滩修复、湿地公园、海洋地质公园、红树林、海藻场、鸟类保护、生态廊道、海洋生态村庄建设、废油污水处理等一大批项目已经建成并发挥积极效应。

（四）拓展民资参与

蓝色海湾实施过程中，专门出台了《温州市洞头区社会资本参与海洋生态保护修复项目建设管理试行办法》，按照谁修复、谁受益原则，通过赋予一定期限的自然资源资产使用权等产权安排，探索实践社会资本参与海洋生态修复新模式。比如，东沙渔港边的人工沙滩，由浅水湾酒店项目业主温州环岛酒店开发有限公司投资500万元建设，兼顾酒店配套与生态功能，政府明确竣工验收五年后对企业投入的建设成本进行回购；韭菜岙沙滩、东岙沙滩修复后，分别租赁和委托给洞头木心合文化旅游公司、东岙村集体，对于后续的管理、维护和开发，由企业、村集体通过经营来平衡管理费用；蓝湾二期项目由浙江重山实业有限公司投入2000万元开展青山岛沙滩修复，并对周边海岸线进行整体环境提升，政府将修复好的沙滩委托给该公司进行运营和管养，并给以20年的经营权限；这些民资参与海洋生态修复的例子有效解决了生态修复项目建设与后续管理衔接等难题。

（五）健全长效机制

设立环境保护和生态建设专户，每年生态专项工作经费不少于800万元。将生态红线的理念应用于海域管理，划定海洋生态红线区总面积635.7平方公里，占洞头管辖海域面积的23.5%，分区分类制定管控措施，牢牢守住海洋生态安全底线。率全国之先创设（中国）蓝色海湾整治修复评价指数体系，用于蓝色海湾整治修复效果评估，目前《蓝色海湾指数评估技术规范》也列入国家海洋行业标准制定计划。同时，温州洞头还根据《国家海洋局关于开展"湾长制"试点工作的指导意见》，按照属地管理、条块结合、分片包干的工作要求，全面实施"湾（滩）长制"。形成了"市、区级总湾长—乡级、村级、滩长—协管员"的全市覆盖网。由区政府分管副区长担任区级湾（滩）长，由各街道（乡镇）政府一把手担任乡镇级湾（滩）长。在区海洋与海业局设立"湾（滩）长制"办公室，确保这一制度长效运作。

（六）紧扣绿色发展，放大生态效应

一是开展清淤疏浚，"浅湾变美港"。东沙渔港是洞头第二大渔港，也是洞头避风性能最好的渔港之一，历史悠久，每天可进出渔船近百艘，然而几年前因为垃圾漂浮、淤泥堵塞，致使渔船已无法进出港。通过清淤疏浚，港内水深平均提升2.7米，改善了渔港水质，满足了各类渔船安全避风需要，东沙渔港也被有关专家称之为"中国最美渔港"。二是实施沙滩修复，"黄沙变黄金"。修复整治了东岙、沙岙、凸垄底、韭菜岙等沙砾滩，面积共10多万平方米，重现了老一辈洞头人记忆中那个拥有碧海、金沙、礁石、海岸线的海岛美景，还美景于民。水蓝了，沙多了，景美了，游客自然更多了。蓝色海湾整治项目的生态文明和经济效应不断溢出。单以东岙沙滩为例，2019年东岙村接待游客达到38万人，旅游综合收入约2亿元，原来的老房子5万元没人买，现在100万元群众都不肯卖。位于蓝色海湾整治区域的渔家民宿达151家2265张床位，占全区的61.63%，户均年收入达10万元以上，带动千余名渔农民就业创业。三是建设生态廊道，"盆景变风景"。生态廊道将大沙岙、炮台山、仙叠岩、半屏山等景点串珠成链，把一个个"盆景"变成一道道"风景"。在保护基岩岸线和海岸生物的同时，让人换个角度亲近海洋、欣赏海洋，有效拉长了游客游览时间。近三年，洞头区共接待国内外游客2302.21万人次，同比增长17.90%；旅游社会总收入104.2亿元，同比增长17.05%。

（七）统筹海陆共治，突出融合效应

将"治海"与"治陆"相结合，实现海陆并进、同步治理。一是持续深化污水治理。洞头全区范围内已全部消除"垃圾河、黑臭河"，近岸海域一、二类水质面积占比增加27.3%，劣四类水质面积占比减少27.1%。二是腾挪发展新空间。将岸线资源整治修复与"大拆大整、大建大美"相结合，对部分景边村、岛屿实行整

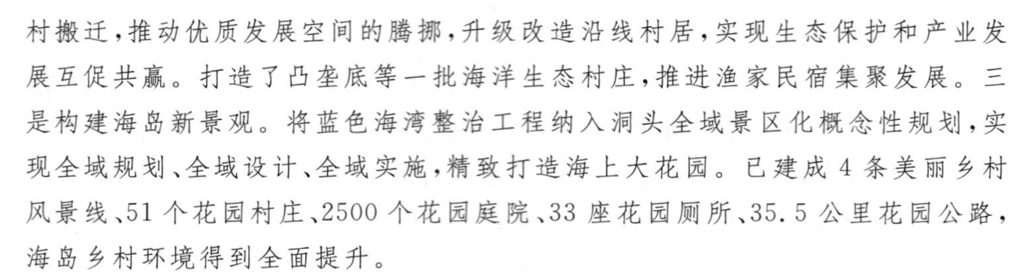

村搬迁，推动优质发展空间的腾挪，升级改造沿线村居，实现生态保护和产业发展互促共赢。打造了凸垄底等一批海洋生态村庄，推进渔家民宿集聚发展。三是构建海岛新景观。将蓝色海湾整治工程纳入洞头全域景区化概念性规划，实现全域规划、全域设计、全域实施，精致打造海上大花园。已建成4条美丽乡村风景线、51个花园村庄、2500个花园庭院、33座花园厕所、35.5公里花园公路，海岛乡村环境得到全面提升。

(八)注重改革创新，健全长效机制

创新机制是洞头蓝湾整治的关键一环，也使得洞头蓝湾经验有了"即插即用"可借鉴性和推广性。一是首创成效评估体系。率全国之先创设(中国)蓝色海湾整治修复评价指数体系，用于蓝色海湾整治修复效果评估。目前《蓝色海湾指数评估技术规范》也列入国家海洋行业标准制定计划。二是专设资金监管制度。建立蓝色海湾资金监管、财务核算、跟踪审计等制度。采用蓝色海湾整治项目总户和实施单位专户"1＋6"模式，加快资金拨付和使用，提高资金使用绩效。三是定制项目审批流程。制定蓝色海湾项目审批方案，对蓝色海湾项目统一立项，并根据各子项目进展给予后续批复。各行业主管部门对项目实行分类审批，简化审批流程，提高审批速度。四是激发全民护海意识。建立"湾(滩)长"制度，将排污入海口监管、岸线整治修复、近岸养殖管理等工作任务压实到街道(乡镇)；完善环卫保洁机制，设立岸上废油回收点，启用海上垃圾、废油回收船。实现海岸清洁志愿行动常态化，洞头区"海霞妈妈"、海岛卫士等34支志愿者队伍，年均开展志愿活动300次以上。

三、取得的主要成效

洞头区通过开展蓝色海湾整治，让普通百姓成为海洋生态红利最大的受益者，使良好的海洋生态成为海岛人民永续利用的金山银山，为打造乡村振兴海岛样板奠定基础。"蓝色海湾"整治行动实施4年来，"绿水青山"海岛模式已然重启，区域海洋环境质量明显改善，海洋生态建设领域取得了长足发展。2018年洞头荣获了中国最美休闲度假胜地称号，生态环境公众满意度蝉联温州市第一、排名前列，并获评浙江省首批全域旅游示范区。仅2019年"国庆"7天假期，洞头共接待游客47.57万人，旅游收入2.14亿元，分别同比增长20.68%和20.7%。

洞头蓝色海湾整治项目作为我国海洋生态整治修复主要典型样本，相继被央视《焦点访谈》、《新闻联播》、《美丽中国》等专题报道，并入选中华人民共和国成立70周年大型成就展，被中国海洋工程咨询协会评为2019年度十大优秀海洋工程。2019年4月，温州市再次入围国家蓝色海湾项目支持城市，继续在洞头区开展二期蓝湾建设。2019年11月，《蓝色海湾指数评估技术规范》被自然资源部列入国家海洋行业标准制定计划。

四、评价启示

蓝湾工程打通了“两山”转化通道。通过实施蓝色海湾工程，水更净、海更蓝、岸更绿、湾更美，带来了环境“颜值”、生态“价值”和地区“产值”的多重提升。利用生态“杠杆”撬动产业崛起、海岛振兴，海岛群众换了一种方式“靠海吃海”，走出一条“碧海蓝天”也是金山银山的海上“两山”之路。正是有了蓝色海湾工程的加持，2018 年洞头区成功入选全国第二批“两山”实践创新基地，为践行“两山”理念提供了海岛经验。

一是美了生态。“蓝色海湾”整治行动实施 4 年来，“绿水青山”海岛模式已然重启，区域海洋环境质量明显改善，海洋生态建设领域取得了长足发展。2018 年洞头荣获中国最美休闲度假胜地称号，近岸海域水质状况明显好转，一类、二类水质面积占比增加 27.3%，劣四类水质面积占比减少 27.1%，生态环境公众满意度蝉联温州市第一。沿海近岸景观不断优化，铸就山、海、天、人和谐相容的优美画卷。

二是富了渔村。蓝色海湾整治项目大大提升洞头旅游服务能力，有效拉长游客游览时间。近三年，洞头区共接待国内外游客 2302.21 万人次，同比增长 17.90%；旅游社会总收入 104.2 亿元，同比增长 17.05%，旅游从业人口占就业人口 20%以上。以东岙沙滩为例，2019 年东岙村接待游客达到 38 万人，旅游综合收入约 2 亿元，原来的老房子 5 万元没人买，现在 100 万元群众都不肯卖。位于蓝色海湾整治区域的渔家民宿达 151 家 2265 张床位，占全区的 61.63%，户均年收入达 10 万元以上，带动千余名渔农民就业创业。

三是乐了百姓。通过实施蓝湾工程，用项目来带动人，用机制来管理人，用实实在在的红利来引导人，让老百姓的价值观和行为方式发生转变，增强了爱海护海的生态自觉，为人海和谐共生奠定基础。“栽下梧桐树、引得凤凰来”，良好的生态环境，吸引着越来越多的城里人、投资商留在海岛，外出务工者和在外大学生回归家乡，每年回乡创业人数超 1000 人。

参考文献

1. Abe J, Brown B, Ajao E A, et al. Local to regional polycentric levels of governance of the Guinea current large marine ecosystem[J]. Environmental development, 2016, 17: 287-295.

2. Adam S and Kriesi H. The network approach[J]. Theories of the policy process, 2007, 2: 189-220.

3. Ali Memon P and Kirk N A. Barriers to collaborative governance in New Zealand fisheries: Pt I[J]. Geography Compass, 2010, 4(7): 778-788.

4. Aligica P D and Boettke P J. Challenging the Institutional Analysis of Development: The Bloomington School[M]. NewYork, NY: Routledge, 2009.

5. Amy R P, Marco A J and Ostrom E. Working Together: Collective Action, the Commons and Multiple Methods in Practice[M]. Priceton, NJ: Priceton University Press, 2010.

6. Andersson K P and Ostrom E. Analyzing Decentralized Resource Regimes from a Polycentric Perspective[J]. Policy Sciences, 2008, 41(1): 71-93.

7. Ansell C and Gash A. Collaborative governance in theory and practice[J]. Journal of public administration research and theory, 2008, 18(4): 543-571.

8. Arild V. Environmental governance-from public to private? [J]. Ecol. Econ. 148 (c) (2018) 170-177.

9. Atkinson M M and Coleman W D. Strong States and Weak States: Sectoral Policy Networks in Advanced Capitalist Economies [J]. British Journal of Political Science, 1989, 19(1), 47-67.

10. Aumann R and Hart S. Handbook of Game Theory[M]. Amsterdam: North-Holland, 1992

11. Aumann R J. "Address," Second World Congress of the Game Theory Society [M]. Marseilles, 2004

12. Aumann R and Robert J. Presidential Address[J]. Games and Economic Behavior, 2003(45): 2-14.

13. Avoyan E, van Tatenhove J and Toonen H. The performance of the Black Sea Commission as a collaborative governance regime [J]. Marine Policy, 2017, 81:

285-292.

14. Howard B C. Blue growth: stakeholder perspectives[J]. Marine policy, 2018, 87: 375-377.

15. Francois B. Ocean governance and human security: ocean and sustainable development international regimen, current trends and available tools. UNITAR Workshop on human security and the sea. Hiroshima, Japan, 2005.

16. Bakker K. Neoliberalizing nature? Market environmentalism in water supply in England and Wales[J]. Annals of the association of American Geographers, 2005, 95 (3): 542-565.

17. Barrett N S, Buxton C D and Edgar G J. Changes in invertebrate and macroalgal populations in Tasmanian marine reserves in the decade following protection[J]. Journal of Experimental Marine Biology & Ecology, 2009, 370(1-2): 104-119.

18. Basil G and Celine G D. Ocean governance and maritime security in a placeful environment: The case of the European Union[J]. Marine Policy, 2016, 66: 124-131.

19. Benchekroun H N V. Transboundary Fishery: A Differential Game Model[J]. Economica, 2002, 69: 207-221.

20. Berardo R and Scholz J T. Self-Organizing Policy Networks: Risk, Partner Selection, and Cooperation in Estuaries[J]. American Journal of Political Science, 2010, 54(3): 632-649.

21. Bevir M. Democratic governance[M]. Princeton University Press, 2010.

22. Bhuiyan B A. An overview of game theory and some applications[J]. Philosophy and Progress, 2018, 59(1-2): 111-128.

23. Blanco I, Lowndes V and Pratchett L. Policy networks and governance networks: Towards greater conceptual clarity[J]. Political studies review, 2011, 9(3): 297-308.

24. Bodin Ö and Crona B I. The role of social networks in natural resource governance: What relational patterns make a difference? [J]. Global environmental change, 2009, 19(3): 366-374.

25. Borgatti S P, Everett M G and Freeman L C. Ucinet for Windows: Software for social network analysis[J]. Harvard, MA: analytic technologies, 2002, 6: 12-15.

26. Brady G L. Governing the Commons: The Evolution of institutions for collective action [J]. American Political Science Association, 1993, 8(86): 569-569.

27. Brandes O M and Brooks D B. The soft path for water in a nutshell [R]. A joint publication of Friends of the earth Canada, Ottawa, ON, and the POLIS project on ecological governance, University of Victoria, Victoria, BC Revised Edition

August 2007

28. Jacob C, Thorin S and Pioch S. Marine biodiversity offsetting: An analysis of the emergence of an environmental governance system in California[J]. Marine Policy, 2018, 93: 128-141.

29. Kelly C, Ellis G and Flannery W. Conceptualising change in marine governance: learning from transition management[J]. Marine Policy, 2018, 95: 24-35.

30. Cullen-Knox C, Haward M, Jabour J, et al. The social licence to operate and its role in marine governance: insights from Australia[J]. Marine Policy, 2017, 79: 70-77.

31. Carras M C, Porter A M, Van Rooij A J, et al. Gamers' insights into the phenomenology of normal gaming and game "addiction": A mixed methods study[J]. Computers in human behavior, 2018, 79: 238-246.

32. Cashore B. Legitimacy and the privatization of environmental governance: How non-state market-driven (NSMD) governance systems gain rule-making authority[J]. Governance, 2002, 15(4): 503-529.

33. Castells M. Materials for an exploratory theory of the network society[J]. The British journal of sociology, 2000, 51(1): 5-24.

34. Castells M. The space of flows[J]. The rise of the network society, 1996, 1: 376-482.

35. Catarina G. Institutional Interplay in Networks of Marine Protected Areas with Community-Based Management[J]. Coastal Management, 2011, 39(4): 440-458.

36. Chang Y C, Gullett W and Fluharty D L. Marine environmental governance networks and approaches: Conference report[J]. Marine Policy, 2014, 46: 192-196.

37. Charlie C, King B and Pearlman M. The application of environmental governance networks in small island destinations: evidence from Indonesia and the Coral Triangle[J]. Tourism Planning & Development, 2013, 10(1): 17-31.

38. Charlotte H and Ostrom E. A framework for analysing the microbiological commons[J]. International Social Science Journal, 2006, 58(188): 335-349.

39. Chen L L and Meng G and Notice of Retraction: Discuss of ecological cooperation governance in Yangtze River Delta area: Origins and strategies[C]//2011 International Conference on E-Business and E-Government (ICEE). IEEE, 2011: 1-4.

40. Chen S and Ganapin D. Polycentric coastal and ocean management in the Caribbean Sea Large Marine Ecosystem: harnessing community-based actions to implement regional frameworks[J]. Environmental Development, 2016, 17: 264-276.

41. Clark C. Restricted Access to Common Property Fishery Resources: A Game

Theoretic Analysis [C]. Dynamic Optimization and Mathematical Economics. New York: Plenum Press, 1999.

42. Clarke H D, Stewart M C and Whiteley P. Tory trends: party identification and the dynamics of Conservative support since 1992[J]. British Journal of Political Science, 1997, 27(2): 299-319.

43. Claudia P W and Knieper C. The Capacity of Water Governance to Deal with the Climate Change Adaptation Challenge: Using Fuzzy Set Qualitative Comparative Analysis to Distin-guish between Polycentric, Fragmented and Centralized Re-gimes[J]. Global Environmental Change, 2014, 29: 139-54.

44. Cobb R W and Elder C D. Individual orientations in the study of political symbolism[J]. Social Science Quarterly, 1972: 79-90.

45. Cohen P J, Evans L S and Mills M. Social networks supporting governance of coastal ecosystems in Solomon Islands[J]. Conservation Letters, 2012, 5(5): 376-386.

46. Cole D H and Mcginnis M D. Elinor Ostrom and the Bloomington School of Political Economy[M]. London: Lexington Books, 2014.

47. Cole D. From Global to Polycentric Climate Governance[J]. Climate Law, 2011, 2: 395-413.

48. Coleman J S. Social Capital in the Creation of Human Capital[J]. American Journal of Sociology, 1988, 94(9): 95-120.

49. Cottrell E A. Problems of Local Governmental Reorgani-zation[J]. The Western Political Quarterly, 1949, 2(4): 599-609.

50. Crider and Lucrecia. Introducing Game Theory and its Applications[M]. Delhi: Orange Apple Publication, 2012

51. Crutchfield J. The narine fisheries-A problem in international-cooperation [J]. American Economic Review, 1964, 54(3): 207-218.

52. Armitage D, Plummer R. Environmental governance and its implications for conservation practice[J]. Conservation letters, 2012, 5(4): 245-255.

53. Daailveita A R and Richards K S. The Link between Polycentrism and Adaptive Capacity in River Basin Governance Systems: Insights from the River Rhine and the Zhujiang(Pearl River) Basin[J]. Annals of the Association of American Geographers, 2013, 103(2): 319-329.

54. Dahl R A. Who governs? Democracy and power in an American city[M]. Yale University Press, 2005.

55. Dassen A. Networks: structure and action: steering in and steering by policy networks[M]. University of twente press, 2010.

56. Day J. The need and practice of monitoring, evaluating and adapting marine planning and management-lessons from the Great Barrier Reef[J]. Marine Policy, 2008, 32(5): 823-831.

57. Dean M. Governmentality: Foucault, power and social structure [M]. Sage, 1999.

58. Pierre J(ed). Debating governance: Authority, steering, and democracy[M]. OUP Oxford, 2000.

59. Gilman S L, Deleuze G, Guattari F, et al. A Thousand Plateaus: Capitalism and Schizophrenia[J]. Journal of Interdisciplinary History, 1987, 19(4): 657.

60. Di C A, Marzia B, Stefania M, et al. NGO diplomacy: the influence of non-governmental organizations in international environmental negotiations [J]. Global Environmental Politics, 2008, 8(4): 146-148.

61. Diaz-Kope L and Katrina M S. Rethinking a Typology of Watershed Partnerships: A Governance Perspective [J]. Public Works Management & Policy, 2014.

62. DiMaggio P J and Powell W W. The iron cage revisited: Institutional isomorphism and collective rationality in organizational fields[J]. American sociological review, 1983: 147-160.

63. Djosetro M and Behagel J H. Building local support for a coastal protected area: Collaborative governance in the Bigi Pan Multiple Use Management Area of Suriname [J]. Marine Policy, 2020, 112: 103746.

64. Donald F B. The role of science in ocean governance[J]. Ecological conomics. 1999, 31(2): 189-198.

65. Dong O C. Evaluation of the ocean governance system in Korea[J]. Marine Policy. 2006, 30: 570-579

66. Duit A and Galaz V. Governance and Complexity——Emerging Issues for Governance Theory[J]. Governance,2008,21(3): 311-335.

67. Enríquez-de-Salamanca Á. Stakeholders' manipulation of environmental impact assessment[J]. Environmental Impact Assessment Review, 2018, 68: 10-18.

68. Elinor O, Roy G and James W. Rules, Games and Public Common-Pool Resources[M]. Ann Arbor: University of Michigan Press, 1994.

69. Elinor O. A Diagnostic Approach for Going beyond Panaceas[J]. Proceedings of the National Academy of Sciences, 2007, 104(39): 15-18.

70. Elinor O. A General Framework for Analyzing Sustainability of Social-Ecological Systems [J]. Science, 2009, 325(5939): 419-422

71. Elinor O. An agenda for the study of institutions[J]. Public Choice, 1986, 48

(01)：3-25.

72. Elinor O. Background on the Institutional Analysis and Development Framework[J]. Policy StudieJournal，2011，39(01)：17

73. Elinor O. Do institutions for collective action evolve? [J]. Journal of Bioeconomics，2014，16(01)：8

74. Elinor O. Understanding Institutional Diversity[M]. New Jersey：Princeton University Press，2005.

75. Erik O，Silje H and Alf H H. How integrated ocean governance in the Barents Sea was created by a drive for increased oil production[J]. Marine Policy，2016，71：293-300.

76. Estévez R A，Veloso C，Jerez G，et al. A participatory decision making framework for artisanal fisheries collaborative governance：Insights from management committees in Chile[C]//Natural Resources Forum. Oxford，UK：Blackwell Publishing Ltd，2020，44(2)：144-160.

77. Evan W M. Organization theory：Structures，systems，and environments[M]. John Wiley & Sons，1976.

78. Folke C，Thomas H，Olsson P，et al. Adaptive Governance of Social-Ecological Systems[J]. Annual Review of Environment and Resources，2005，30：441-473.

79. Foucault M. Power：the essential works of Michel Foucault 1954-1984[M]. Penguin UK，2019.

80. Fox H E，Mascia M B，Basurto X，et al. Reexamining the science of marine protected areas：linking knowledge to action[J]. Conservation Letters，2012，5(1)：1-10.

81. Freeman J L and Stevens J P. A theoretical and conceptual reexamination of subsystem politics[J]. Public policy and administration，1987，2(1)：9-24.

82. Dan G，Young O，Jing Y，et al. Environmental governance in China：interactions between the state and "non-state actors"[J]. Environment. Management. 2018，220 (8)：126-135.

83. Smith G. Good governance and the role of the public in Scotland's marine spatial planning system[J]. Marine Policy，2018，94：1-9.

84. Galaz V，Crona B，Oaterblom H，et al. Polycentric Systems and Interacting Planetary Boundaries-Emerging Governance of Climate Change-Ocean Acidification-Marine Biodiversity[J]. Ecological Economics，2012，81：21-32.

85. Geckil，Ilhan，Anderson，et al. Applied Game Theory and Strategic Behavior [M]. London：CRC Press，2010.

86. Gibson C, Andersson K, Ostrom E, et al. The Samaritan's Dilemma: The Political Economy of Development Aid [M]. New York, NY: Oxford University Press,2005.

87. Glen W. Marine governance in an industrialised ocean: A case study of the emerging marine renewable energy industry [J]. Marine Policy, 2015, 52, 77-84.

88. Gang H P. Governance as social and political communication[M]. Manchester University Press, 2003.

89. Gritsenko D. Explaining choices in energy infrastructure development as a network of adjacent action situations: The case of LNG in the Baltic Sea region[J]. Energy Policy, 2018, 112: 74-83.

90. Gruby R L and Basurto X. Multi-level governance for large marine commons: politics and polycentricity in Palau's protected area network[J]. Environmental science & policy, 2014, 36: 48-60.

91. Gunnar K. Human empowerment: Opportunities from ocean governance[J]. Ocean & Coastal Management, 2010, 53(8): 405-420.

92. Gupta A. Transparency in Global Environmental Governance: A Coming of Age? [J]. Global Environmental Politics, 2010, 10(10): 1-9

93. Haas P M. Prospects for effective marine governance in the NW Pacific region 1[J]. Marine Policy, 2000, 24(4): 341-348.

94. Hajer M. Policy without polity? Policy analysis and the institutional void[J]. Policy sciences, 2003, 36(2): 175-195.

95. Hanf K and Scharpf F W. Interorganizational policy making: limits to coordination and central control[M]. Sage Publications, 1978.

96. Hardin C. The Tragedy of the Commons[J]. Science, 1968, 162: 1243-1248.

97. Hardin G. The Tragedy of the Commons Science [J]. Journal of Natural Resources Policy Research, 1968, 162(13)(3): 243-253.

98. Hartley T W. Fishery management as a governance network: examples from the Gulf of Maine and the potential for communication network analysis research in fisheries[J]. Marine Policy, 2010, 34(5): 1060-1067.

99. Hastings J G, Orbach M K, Karrer L B, et al. Multisite, Interdisciplinary Applications of Science to Marine Policy: The Conservation International Marine Management Area Science Program[J]. Coastal Management, 2015, 43(2): 105-121.

100. Hayekf A. Individualism and Economic Order[M]. Chicago,IL: University of Chicago Press,2009.

101. Heap S H and Varofakis Y. Game Theory: A Critical Introduction[M]. Lon-

don: Routledge, 1995.

102. Heclo H and King A. Issue networks and the executive establishment[J]. Public Adm. Concepts Cases, 1978, 413(413): 46-57.

103. Hilton R. Institutional Incentives for Resource Mobilization: An Analysis of Irrigation Schemes in Nepal[J]. Journal of Theoretical Politics, 1992(4): 283-308.

104. Himes A H. Performance indicators in marine protected area management: a case study on stakeholder perceptions in the Egadi Islands Marine Reserve[D]. University of Portsmouth, 2005.

105. Hjern B and Porter D O. The Ties That Bind? Networks, Public Administration, and Political Science[J]. Organization Studies, 1981, 2(3): 211-27.

106. Horigue V, Aliño P M, White A T, et al. Marine protected area networks in the Philippines: Trends and challenges for establishment and governance[J]. Ocean & coastal management, 2012, 64: 15-26.

107. Horning N R. The Cost of Ignoring Rules: Forest Conservation and Rural Livelihood Outcomes in Madagascar[J]. International Tree Crops Journal, 2005, 15: 149-166.

108. http: //k. sina. com. cn/article_5699924037_153bdf045034002q7k. html

109. http: //www. mot. gov. cn/2018wangshangzhibo/sangjilun_sec/

110. http: //www. nbrd. gov. cn/art/2014/8/28/art_2767_658537. html

111. http: //xxgk. mot. gov. cn/jigou/zcyjs/201807/t20180726_3050645. html

112. https: //baike. so. com/doc/27118111-28506689. html

113. https: //item. btime. com/m_2s21red4u1n

114. https: //new. qq. com/omn/20180115/20180115A02NEF. html

115. Hukkinen J. Institutions, environmental management and long-term ecological sustenance[J]. Ambio, 1998, 27(2): 112-117.

116. Azuz I and Cortéz A. Governance and socioeconomics of Gulf of California large marine ecosystem. Environ Dev[J]. 2016.

117. Jessop B. The crisis of the national spatio-temporal fix and the tendential ecological dominance of globalizing capitalism[J]. International journal of urban and regional research, 2000, 24(2): 323-360.

118. Jessop B. The rise of governance and the risks of failure: The case of economic development[J]. International social science journal, 1998, 50(155): 29-45.

119. Jiang D, Chen Z, Mcneil L, et al. The game mechanism of stakeholders in comprehensive marine environmental governance[J]. Marine Policy, 2019: 103728.

120. Joanna V, Elizabeth B, Simone S, et al. Ocean governance in the South Pacif-

ic region：Progress and plans for action[J]. Marine Policy，2017，79：40-45.

121. John M A and Peter C. Ryner，Ocean Management：Seeking a New Perspective[M]. Traverse Grouplnc，1980.

122. Jordan G and Schubert K. A preliminary ordering of policy network labels[J]. European Journal of Political Research，1992，21(1-2)：7-27.

123. Vivero ILSD and Mateos JCR. Ocean governance in a competitive world. The BRIC countries as emerging maritime powers-building new geopolitical scenarios [J]. Marine Policy，2010，34(5)：967-978.

124. Vivero ILSD and Mateos JCR. New factors in ocean governance：From economic to security-based boundaries [J]. Marine Policy，2004，28(2)：185-188.

125. Julien R，Raphaë l B，and Molenaar E J. Regional oceans governance mechanisms：A review[J]. Marine Policy，2015，60：9-19.

126. Soma J，Nielsen J. R，Papadopoulou Lou N，et al. Stakeholder perceptions in fisheries management-sectors with benthic impacts[J]，Marine Policy，2018，92 (6)：73-85.

127. Soma K，Dijkshoorn-Dekker M W C and Polman N B P. Stakeholder contributions through transitions towards urban sustainability[J]. Sustainable Cities and Society，2018，37：438-450.

128. Katherine H. Identifying new pathways for ocean governance：The role of legal principles in areas beyond national jurisdiction [J]. Marine Policy，2014，49：118-126.

129. Kaufman J and Zigler E. Do abused children become abusive parents? [J]. American journal of orthopsychiatry，1987，57(2)：186-192.

130. Kelly C，Ellis G and Flannery W. Conceptualising change in marine governance：learning from transition management[J]. Marine Policy，2018，95：24-35.

131. Kelly and Anthony. Decision Making using Game Theory[M]. Cambridge：Cambridge University Press,2003.

132. Kenis P and Provan K G. Towards an exogenous theory of public network performance[J]. Public administration，2009，87(3)：440-456.

133. Kersbergen K and Waarden F. 'Governance'as a bridge between disciplines：Cross-disciplinary inspiration regarding shifts in governance and problems of governability，accountability and legitimacy[J]. European journal of political research，2004，43 (2)：143-171.

134. Kickert W. Complexity，governance and dynamics：conceptual explorations of public network management[J]. Modern governance，1993：191-204.

135. Kim S G. The impact of institutional arrangement on ocean governance: International trends and the case of Korea[J]. Ocean & Coastal Management, 2012, 64(64): 47-55.

136. Kingdon J W and Stano EA. Alternatives, and public policies[M]. Boston: Little, Brown, 1984.

137. Klaus T, Laurence T and Sebastian U. Charting pragmatic courses for global ocean governance[J]. Marine Policy, 2014, 49: 85-86.

138. Klijn E H, Koppenjan J F M. Public management and policy networks: foundations of a network approach to governance[J]. Public Management an International Journal of Research and Theory, 2000, 2(2): 135-158.

139. Klijn E H and Koppenjan J. Governance network theory: past, present and future[J]. Policy & Politics, 2012, 40(4): 587-606.

140. Klijn E H, Steijn B and Edelenbos J. The impact of network management on outcomes in governance networks[J]. Public administration, 2010, 88(4): 1063-1082.

141. Kooiman J and Van V M. Self-governance as a mode of societal governance [J]. Public management an international journal of research and theory, 2000, 2(3): 359-378.

142. Fernandez L, Kaiser B, Moore S, et al. , Introduction to special issue: Arctic marine resource governance, Marine Policy, 2015, 72 (10): 237-239.

143. Lane C. Introduction: Theories and issues in the study of trust, [in:] C. Lane, R. Bachman (eds.), Trust within and between organizations, conceptual issues and empirical applications[J]. 1998.

144. Larry K and Ostrom E. The three worlds of action: a metatheoretical synthesis of institutional approaches[M]// Elinor Ostrom, et al. Strategies of Political Inquiry. CA: Sage, 1982: 179-222.

145. Lawrence J. Changing National Approaches to Ocean Governance: The United States, Canada, and Australia[J]. Ocean Development & International Law, 2003, 34(2): 161-187.

146. Lawrence J. The European Union and the Marine Strategy Framework Directive: Continuing the Development of European Ocean Use Management[J]. Ocean Development & International Law, 2010, 41(1): 34-54.

147. Leeuwen J V and Tatenhove J V. The triangle of marine governance in the environmental governance of Dutch offshore platforms[J]. Marine Policy, 2010, 34(3): 590-597.

148. Lewis J M. The future of network governance research: Strength in diversity

and synthesis[J]. Public Administration, 2011, 89(4): 1221-1234.

149. Long R. Legal aspects of ecosystem-based marine management in Europe[J]. Ocean Yearbook Online, 2011, 26(1): 417-484.

150. Loorbach D. Transition Management for Sustainable Deve lopment: A Prescriptive,Complexity——Based Governance Framework[J]. Governance, 2010, 23(1): 161-183.

151. Lubell M, Schneider M, Scholz J T, et al. Watershed partnerships and the emergence of collective action institutions[J]. American journal of political science, 2002: 148-163.

152. Fabinyi M. Environmental fixes and historical trajectories of marine resource use in Southeast Asia[J]. Geoforum, 2018, 91: 87-96.

153. Lamers M, Pristupa A, Amelung B, et al. The changing role of environmental information in Arctic marine governance[J]. Current Opinion in Environmental Sustainability, 2016, 18: 49-55.

154. Landon-Lane M. Corporate social responsibility in marine plastic debris governance[J]. Marine pollution bulletin, 2018, 127: 310-319.

155. Lange M, Page G and Cummins V. Governance challenges of marine renewable energy developments in the US-Creating the enabling conditions for successful project development[J]. Marine Policy, 2018, 90: 37-46.

156. March J G and Olsen J P. Institutional perspectives on political institutions [J]. Governance, 1996, 9(3): 247-264.

157. March J G and Olsen J P. The institutional dynamics of international political orders[J]. International organization, 1998: 943-969.

158. March J G. Democratic governance[M]. The Free Press, 1995.

159. Marcos D T and Juan C S R. Cooperation and non-cooperation in the Ibero-atlantic sardine shared stock fishery[J]. Fisheries Research, 2007, 83(1): 1-10.

160. Margoluis R and Salafsky N. Measures of Success: Designing, Managing, and Monitoring Conservation and Development Projects by Richard Margoluis and Nick Salafsky[J]. 1999.

161. Marin B and Mayntz R. Policy networks: Empirical evidence and theoretical considerations[M]. Frankfurt a. M. : Campus Verlag, 1991.

162. Marsh D and Rhodes R A W. Policy networks in British government[M]. Clarendon Press, 1992.

163. Mason C F and Polasky S. Entry Deterrence in the Commons[J]. International Economic Review, 1994, 35: 507-525.

164. Mason C F and Polasky S. Strategic Preemption in a Common Property Resource: A Continuous Time Approach[J]. Environmental and Resource Economics, 2002, 23: 255-278.

165. Mayntz R. Governing failures and the problem of governability: some comments on a theoretical paradigm[M]//Modern governance: New government-society interactions. Sage, 1993: 9-20.

166. Mazé C, Dahou T, Ragueneau O, et al. Knowledge and power in integrated coastal management. For a political anthropology of the sea combined with the sciences of the marine environment[J]. Comptes Rendus Geoscience, 2017, 349(6-7): 359-368.

167. Mcginnis M D and Ostrom E. Social-Ecological System Framework: Initial Changes and Continuing Challenges[J]. Ecology and Society, 2014, 19(2): 30.

168. Mcginnis M D. Polycentricity and Local Public Economies: Readings from the Workshop in Political Theory and Policy Analysis[M]. Ann Arbor, MI: The University of Michigan Press, 1999.

169. Mcglade J M and Price A R G. Multi-disciplinary modelling: an overview and practical implications for the governance of the Gulf region[J]. Marine Pollution Bulletin, 1993, 27(93): 361-375.

170. Meier K J, O'Toole Jr L J, Boyne G A, et al. Strategic management and the performance of public organizations: Testing venerable ideas against recent theories[J]. Journal of public administration research and theory, 2007, 17(3): 357-377.

171. Miller K A, Munro G R, Sumaila U R, et al. Governing Marine Fisheries in a Changing Climate: A Game Theoretic Perspective[J]. Canadian Journal of Agricultural Economics/Revue canadienne d'agroeconomie, 2013, 61(2).

172. Myrna M and Toddi S. Understanding what can be accomplished through interorganizational innovations The importance of typologies, context and management strategies[J]. Public Management Review, 2011, 5(2): 197-224.

173. Myron M. Current maritime issues and the international maritime organization [M], The Hague: Nijhoff, 1999.

174. Nielsen K and Pedersen O K. The negotiated economy: Ideal and history[J]. Scandinavian Political Studies, 1988, 11(2): 79-102.

175. Nina M and Till M. Dividing the common pond: regionalizing EU ocean governance[J]. Marine Pollution Bulletin, 2013, 67: 66-74.

176. Oates W E. Searching for Leviathan: An Empirical Study[J]. The American Economic Review, 1985, 75(4): 748-757.

177. O'Connell B D P and Shear E B I A. The international law of the sea[M].

Clarendon Press，1982.

178. Olsen E，Fluharty D，Hoel A H，et al. Integration at the round table：marine spatial planning in multi-stakeholder settings[J]. PloS one，2014，9(10)：e109964.

179. Olvera G J and Neil S. Examining how collaborative governance facilitates the implementation of natural resource planning policies：A water planning policy case from the Great Barrier Reef[J]. Environmental Policy and Governance，2020，30(3)：115-127.

180. Ostrom E，Schroeder L and Wynne S. Institutional in-centives and Sustainable Development：Infrastructure Policies in Perspective[M]. Boulder，CO：Westview Press,1993.

181. Ostrom E. Beyond Markets and States：Polycentric Governance of Complex Economic Systems[J]. The American Economic Review,2010,100(3)：641-672.

182. Ostrom E. Governing the commons [M]. Cambridge University Press，1990.

183. Ostrom E. Governing the commons：The evolution of institutions for collective action[M]. Cambridge university press，1990.

184. Ostrom E. Polycentric systems for coping with collective action and global environmental change [J]. Global Environmental Change，2010，20(4)：550-557.

185. Ostrom E. Understanding Institutional Diversity[M]. Prin-ceton，New Jersey：Princeton University Press,2005.

186. Ostrom E. A Diagnostic Approach for Going beyond Panacea[J]. Proceedings of the National Academy of Sciences,2007,104(39)：15181-15187.

187. Ostrom E. Governing the commons：The evolution of institutions for collective action[M]. Cambridge：Cambridge University Press，1990.

188. Ostrom E. Governing the Commons：The Evolution of Institutions for Collective Action[M]. New York,NY：Cambridge University Press,1990.

189. Ostrom E. Polycentricity, Complexity, and the Commons[J]. Good Society, 1999,9(2)：37-41.

190. Ostrom V and Ostrom E. Public Choice：A Different Approach to the Study of Public Administration[J]. Public Admin Rev,1971,31：203-216.

191. Ostrom V, Tiebout C M and Warren R. The Organization of Government in Metropolitan Areas：A Theoretical Inquiry[J]. American Political Science Review,1961, 55(4)：831-842.

192. Ostrom V. Polycentricity[M]//MCGINNIS M D. Polycentricity and Local Public Economies. Ann Arbor,MI：University of Michigan Press,1999：52-74.

193. Ostrom E. Background on the institutional analysis and development frame-

work[J]. Policy Studies Journal, 2011, 39(1): 7-27.

194. Dauvergne P. Why is the global governance of plastic failing the oceans? [J]. Global Environmental Change, 2018, 51: 22-31.

195. Packer H, Schmidt J and Bailey M. Social networks and seafood sustainability governance: Exploring the relationship between social capital and the performance of fishery improvement projects[J]. People and Nature, 2020, 2(3): 797-810.

196. Pahl-Wostl C. A conceptual framework for analysing adaptive capacity and multi-level learning processes in resource governance regimes[J]. Global Environmental Change, 2009, 19(3): 354-365.

197. Partelow S and Nelson K. Social networks, collective action and the evolution of governance for sustainable tourism on the Gili Islands, Indonesia[J]. Marine Policy, 2020, 112.

198. Perri P, Longo L, Cusano R, et al. Weak linkage at 4p16 to predisposition for human neuroblastoma[J]. Oncogene, 2002, 21(54): 8356-8360.

199. Pierre J and Peters B G. Governance, politics and the state[J]. New York: St. Martin's, 2000.

200. Pollnac R, Christie P, Cinner J E, et al. Marine reserves as linked social-ecological systems[J]. Proceedings of the National Academy of Sciences of the United States of America, 2010, 107(43): 18262-18265.

201. Pomeroy, Robert S. , John E. Parks, and Lani M. Watson. How is your MPA doing?: a guidebook of natural and social indicators for evaluating marine protected area management effectiveness. IUCN, 2004.

202. Powell W. Expanding the scope of institutional analysis[J]. The new institutionalism in organizational analysis, Chicago, 1991: 183-203.

203. Rustinsyah R. The power and interest indicators of the stakeholders of a Water User Association around Bengawan Solo River, Indonesia. Data in brief 19 (2018): 2398-2403.

204. Rapoport and Anatol. Game Theory as a Theory of Conflict Resolution[M]. USA: D. Reidel Publishing Company, 1974

205. Raufflet E, Berkes F and Folke C. Linking Social and Ecological Systems: Management Practices and Social Mechanisms for Building Resilience[M]. New York: Cambridge University Press, 1998.

206. Rhodes R A W and Marsh D. New directions in the study of policy networks [J]. European Journal of Political Research, 1992, 21(1-2): 181-205.

207. Rhodes R A W. Beyond Westminster and Whitehall: The sub-central govern-

ments of Britain[M]. Taylor & Francis, 1988.

208. Rhodes R A W. The new governance: governing without government[J]. Political studies, 1996, 44(4): 652-667.

209. Rhodes R A W. Understanding governance: Policy networks, governance, reflexivity and accountability[M]. Open University, 1997.

210. Ribot J C, Agrawal A. and Larson A M. Recentralizing While Decentralizing: How National Governments Reappropriate Forest Resources[J]. World Development, 2006,34(11): 1864-1886.

211. Friedheim R L. Ocean governance at the millennium: where we have been-where we should go [J]. Ocean & Coastal Management, 1999, 42(9): 747-765.

212. Roger A M. Game Theory and Public Policy, Second Edition[M]. Edward Elgar Publishing Limited, 2015.

213. Ronald S B. The network structure of social capital[J]. Research in organizational behavior 22 (2000): 345-423.

214. Rose N and Miller P. Political power beyond the state: Problematics of government[J]. British journal of sociology, 1992: 173-205.

215. Rosenne S. League of nations conference for the codification of international law (1930)[J]. American Journal of International Law, 1975, 70(4): 894.

216. Roy G, Ostrom E and Walker J. The Nature of Common-Pool Resource Problems[J]. Rationality and Society, 1990, 2(03): 335-358

217. Ruiz-Frau A, Possingham H P, Edwards-Jones G, et al. A multidisciplinary approach in the design of marine protected areas: Integration of science and stakeholder based methods[J]. Ocean & Coastal Management, 2015, 103(43): 86-93.

218. Raum S. A framework for integrating systematic stakeholder analysis in ecosystem services research: Stakeholder mapping for forest ecosystem services in the UK [J]. Ecosystem Services, 2018, 29: 170-184.

219. Satumanatpan S, Moore P, Lentisco A, et al. An assessment of governance of marine and coastal resources on Koh Tao, Thailand[J]. Ocean & Coastal Management, 2017, 148: 143-157.

220. Tonin S. Citizens' perspectives on marine protected areas as a governance strategy to effectively preserve marine ecosystem services and biodiversity[J]. Ecosystem services, 2018, 34: 189-200.

221. Sabatier P A. The Need for Better Theories[M]//SABATIER P A. Theories of the Policy Process(2nd ed.). Boulder,CO: Westview Press,2007: 3-17.

222. Salazar-De la Cruz C C, Zepeda-Domínguez J A, Espinoza-Tenorio A, et al. G

overnance networks in marine spaces where fisheries and oil coexist: Tabasco, México [J]. The Extractive Industries and Society, 2020, 7(2): 676-685.

223. Sandström A, Bodin Ö and Crona B. Network Governance from the top-The case of ecosystem-based coastal and marine management[J]. Marine Policy, 2015, 55: 57-63.

224. Scharpf F W. Economic integration, democracy and the welfare state[J]. Journal of European public policy, 1997, 4(1): 18-36.

225. Scharpf F W. Games real actors could play: positive and negative coordination in embedded negotiations[J]. Journal of theoretical politics, 1994, 6(1): 27-53.

226. Scharpf F W. Governing in Europe: Effective and democratic? [M]. Oxford University Press, 1999.

227. Schelling T. The Strategy of Conflict[M], Cambridge, MA: Harvard University Press, 1960.

228. Schneider M, Scholz J, Lubell M, et al. Building consensual institutions: networks and the National Estuary Program[J]. American journal of political science, 2003, 47(1): 143-158.

229. Scholz J T, Berardo R and Kile B. Do networks solve collective action problems? Credibility, search, and collaboration[J]. The Journal of Politics, 2008, 70(2): 393-406.

230. Scholz J T and Wang C L. Cooptation or Transformation? Local Policy Networks and Federal Regulatory Enforcement[J]. American Journal of Political Science, 2006, 50(1): 81-97.

231. Shaw J. Environmental governance of coasts[J]. Metabolomics Official Journal of the Metabolomic Society, 2014, 11(4): 1-16.

232. Sjöblom S and Godenhjelm S. Project proliferation and governance-implications for environmental management[J]. Journal of Environmental Policy & Planning, 2009, 11(3): 169-185.

233. Sjöblom S. Administrative short-termism-A non-issue in environmental and regional governance[J]. 2009.

234. Smith Z A. The environmental policy paradox[M]. Routledge. 2017.

235. Smythe T C. Marine spatial planning as a tool for regional ocean governance?: An analysis of the New England ocean planning network[J]. Ocean & Coastal Management, 2017, 135: 11-24.

236. Sørensen E and Torfing J. Network governance and post-liberal democracy [J]. Administrative theory & praxis, 2005, 27(2): 197-237.

237. Sørensen E and Torfing J. Network politics, political capital, and democracy [J]. International journal of public administration, 2003, 26(6): 609-634.

238. Stein C, Ernstson H and Barron J. A social network approach to analyzing water governance: The case of the Mkindo catchment, Tanzania[J]. Physics and Chemistry of the Earth, Parts A/B/C, 2011, 36(14-15): 1085-1092.

239. Straffin PD. Game Theory and Strategy[M]. Washington, DC: The Mathematical Association of America, 1993

240. Sumaila U R. A Review of Game-theoretic Models of Fishing[J]. Marine Policy, 1999, 23(1): 1-10.

241. Sung G K. The impact of institutional arrangement on ocean governance: International trends and the case of Korea [J]. Ocean & Coastal Management, 2012, 64: 47-55.

242. Smythe T C and McCann J. Lessons learned in marine governance: Case studies of marine spatial planning practice in the US[J]. Marine Policy, 2018, 94: 227-237.

243. Tsorensen E and Jacob T. Theories of democratic network governance[M]. Springer, 2016.

244. Tiffany C S. Marine spatial planning as a tool for regional ocean governance? An analysis of the New England ocean planning network [J]. Ocean & Coastal Management, 2017, 135: 11-24.

245. Tone K. A slacks-based measure of super-efficiency in data envelopment analysis[J]. European Journal of Operational Research, 2002, 143(1): 32-41.

246. Trisak J. Applying Game Theory to Analyze the Influence of Biological Characteristics on Fishers' Cooperation in Fisheries Co-management[J]. Fisheries Research, 2005, 75: 164-174.

247. UNEP (2008). International environmental governance and the reform of the United Nations. Meeting of the forum of environment ministers of Latin America and the Caribbean, Santo Domingo, Dominican republic: http: / / www. pnuma. org/forumofministers/16-dominicanrep/rdm07 tri _International Environmental Governance_29 Oct2007. pdf.

248. Van Heffen O and Klok P J. Institutionalism: state models and policy processes[M]//Governance in Modern Society. Springer, Dordrecht, 2000.

249. Van Leeuwen J and Van Tatenhove J. The triangle of marine governance in the environmental governance of Dutch offshore platforms[J]. Marine Policy, 2010, 34(3): 590-597.

250. Van Tatenhove J. Integrated marine governance: questions of legitimacy[J]. Mast, 2011, 10(1): 87-113.

251. Vignola R and McDaniels T L. Governance structures for ecosystem-based adaptation: Using policy-network analysis to identify key organizations for bridging information across scales and policy areas[J]. Environmental science & policy, 2013, 31: 71-84.

252. Vince J and Hardesty B D. Plastic pollution challenges in marine and coastal environments: from local to global governance[J]. Restoration Ecology, 2017, 25(1): 123-128.

253. Vousden D. Large marine ecosystems and associated new approaches to regional, transboundary and 'high seas' management[M]//Research Handbook on International Marine Environmental Law. Edward Elgar Publishing, 2015.

254. Waarden F V. Dimensions and types of policy networks[J]. European Journal of Political Research, 1992, 21(1-2): 29-52.

255. Wang Y. Towards a New Science of Governance[J]. Transnational Corporations Review, 2010, 2(02): 87-91.

256. Warhurst A. Sustainability indicators and sustainability performance management[J]. Mining, Minerals and Sustainable Development [MMSD] project report, 2002, 43: 129.

257. Wasserman S and Faust K. Social network analysis: Methods and applications [M]. Cambridge university press, 1994.

258. Weiss K, Hamann M, Kinney M, et al. Knowledge exchange and policy influence in a marine resource governance network[J]. Global Environmental Change, 2012, 22(1): 178-188.

259. Whetten D A and Rogers D L. Interorganizational coordination: Theory, research, and implementation[M]. Iowa State University Press, 1982.

260. Wright K L and Thompsen J A. Building the people's capacity for change[J]. The TQM Magazine, 1997.

261. Tao X, Li G, Sun D, et al. A game-theoretic model and analysis of data exchange protocols for Internet of Things in clouds[J]. Future Generation Computer Systems, 2017, 76: 582-589.

262. Chang Y C, Gullett W and Fluharty D L. Marine environmental governance networks and approaches: Conference report[J]. Marine Policy, 2014, 46: 192-196.

263. Yang L. Scholar-participated governance: Combating desertification and other dilemmas of collective action[J]. Journal of Policy Analysis & Management, 2009, 29

(3)：672-674.

264. Tanaka Y. Zonal and integrated management approaches to ocean governance: reflections on a dual approach in international law of the sea[J]. The International Journal of Marine and Coastal Law，2004，19(4)：483-514.

265. 360百科. 1·6东海船只碰撞事故. http://www.chinadaily.com.cn/interface/yidian/1120781/2018-01-17/cd_35520284.html.

266. [英]迈克尔·博兰尼. 自由的逻辑[M]. 长春：吉林人民出版社，2002.

267.《2016年浙江省海洋环境公报》，http://www.zjepb.gov.cn/art/2017/6/2/art_1201912_13471748.html (2017/06.02)

268.《2017年12月25日中央环保督察相关新闻汇总》，http://www.zjepb.gov.cn/art/2017/12/25/art_1385859_15043124.html (2017/12/25)

269.《2017年浙江省海洋环境公报》，http://www.zjepb.gov.cn/art/2018/6/4/art_1201499_18444486.html (2018/06.04)

270. [美]埃莉诺·奥斯特罗姆，罗伊·加德纳，詹姆斯·沃克. 规则、博弈与公共池塘资源[M]. 王巧玲，任睿，译. 西安：陕西人民出版社，2011.

271. [美]文森特·奥斯特罗姆. 民主的意义及民主制度的脆弱性——回应托克维尔的挑战[M]. 李梅，译. 西安：陕西人民出版社，2011.

272. [英]迈克尔·博兰尼. 自由的逻辑[M]. 长春：吉林人民出版社，2002.

273. "全球海洋治理与'蓝色伙伴关系'"学术研讨会在青岛顺利举办[J]. 太平洋学报，2018，26(09)：2.

274.《象山港区域空间保护和利用规划2013-2030》，http://ghj.ningbo.gov.cn/art/2015/10/30/art_18283_1290768.html. 2015-10-30

275. 奥斯特罗姆. 公共事务的治理之道[M]. 上海：上海译文出版社，2012.

276. 白福臣，吴春萌，刘伶俐. 基于整体性治理的海洋生态环境治理困境与应用建构——以雷州半岛为例[J]. 环境保护，2020，48(Z2)：65-69.

277. 鲍基斯，M. B，孙清. 海洋管理与联合国[M]. 北京：海洋出版社，1996.

278. 蔡先凤，张式军. 我国海洋生态安全法律保障体系的建构[J]. 宁波经济：三江论坛，2006(3)：40-42.

279. 曾维和. 当代西方政府治理的理论化系谱——整体政府改革时代政府治理模式创新解析及启示[J]. 湖北经济学院学报，2011，8(1)：72-79.

280. 陈国勇. 象山将投资8亿花3年时间彻底治理大米草受害区域[N]，宁波日报，2013(9)：1.

281. 陈洁，胡丽. 海洋公共危机治理下的国际合作研究[J]. 海洋开发与管理，2013，30(11)：39-43.

282. 陈莉莉，景栋. 海洋生态环境治理中的府际协调研究——以长三角为例[J]. 浙江海洋学院学报(人文科学版),2011,28(2):1-5.

283. 陈莉莉,王勇.论长三角海域生态合作治理实现形式与治理绩效[J]. 海洋经济,2011,01(4):48-52.

284. 陈莉莉,詹益鑫,曾梓杰,陈佳敏,何显涛.跨区域协同治理:长三角区域一体化视角下"湾长制"的创新[J].海洋开发与管理,2020,37(04):12-16.

285. 陈莉莉.长三角海域海洋环境合作治理之道及制度安排[J].浙江海洋学院学报(人文科学版),2013,30(03):17-22.

286. 陈那波,卢施羽. 场域转换中的默契互动——中国"城管"的自由裁量行为及其逻辑[J]. 管理世界,2013(10):62-80.

287. 陈瑞莲,秦磊.关系契约的缔结与海洋分割行政治理——以珠江口河海之争为例[J].学术研究,2016(05):49-56

288. 陈艳敏.多中心治理理论:一种公共事物自主治理的制度理论[J].新疆社科论坛,2007(3):35-38.

289. 初建松,朱玉贵.中国海洋治理的困境及其应对策略研究[J]. 中国海洋大学学报(社会科学版),2016(5):24-29.

290. 戴瑛. 论跨区域海洋环境治理的协作与合作[J]. 经济研究导刊,2014,(07):109-110.

291. 邓绶林.地学辞典[M].石家庄:河北教育出版社,1992.

292. 洞头区人民政府:关于印发《洞头区湾(滩)长制实施意见》的通知,http://www.dongtou.gov.cn/art/2017/10/21/art_1254247_11961775.html. 2017-10-21

293. 杜常春.环境管理治道变革——从部门管理向多中心治理转变[J].理论与改革,2007(03):22-24.

294. 杜辉.论制度逻辑框架下环境治理模式之转换[J]. 法商研究,2013(1):69-76.

295. 范仓海,周丽菁.澳大利亚流域水环境网络治理模式及启示[J]. 科技管理研究,2015,35(22):246-252.

296. 冯贵霞.大气污染防治政策变迁与解释框架构建——基于政策网络的视角[J].中国行政管理,2014(9).

297. 冯增哲.多寡太库诺特和斯坦克尔伯格竞争模型的博弈分析[J].电脑知识与技术,2007,9:1669,1672.

298. 高尔丁.渤海海域生态修复工程绩效评估及管理研究[D]. 长春:吉林大学,2016.

299. 龚虹波. 海洋环境治理研究综述[J]. 浙江社会科学,2018 (01):102-111.

300. 龚虹波. 海洋政策与海洋管理概论[M]. 北京:海洋出版社,2015.

301. 顾湘.海洋环境污染治理府际协调研究:困境、逻辑、出路[J].上海行政学院学报,2014,15(02):105-111.

302. 关道明，梁斌，张志锋. 我国海洋生态环境保护：历史，现状与未来[J]. 环境保护，2019(17)：29-33.

303. 郭其友，张晖萍. 罗伯特·奥曼的博弈论及其经济理论述评[J]. 国外社会科学，2002(05)：75-78.

304. 韩德培. 环境保护法教程[M]. 北京：法律出版社，2005.

305. 胡象明，唐波勇. 整体性治理：公共管理的新范式[J]. 华中师范大学学报(人文社会科学版)，2010，49(01)：11-15.

306. 黄芳，石岿然，赵麟. 一个多阶段双寡头 Stackelberg 博弈模型[J]. 南京工业大学学报(社会科学版)，2008，7(1)：90-93.

307. 黄任望. 全球海洋治理问题初探[J]. 海洋开发与管理，2014，31(3)：48-56.

308. 黄舒舒，张婕. 海洋资源开发项目中生态补偿的博弈分析[J]. 项目管理技术，2013，11(08)：83-86.

309. 霍沛军，宣国良. 基于持续高产的近海渔业双寡头捕捞策略[J]. 生物数学学报，2001，16(1)：85-89.

310. 纪玉俊. 资源环境约束、制度创新与海洋产业可持续发展——基于海洋经济管理体制和海洋生态补偿机制的分析[J]. 中国渔业经济，2014，32(4)：20-27.

311. 季小梅，张永战，朱大奎. 人工海滩研究进展[J]. 海洋地质前沿，2006，22(07)：21-25.

312. 江必新. 管理与治理的区别[J]. 山东人大工作，2014(1)：60.

313. 蒋静. 泛珠三角区域跨界水污染治理地方政府合作模式研究[D]. 贵州大学，2009.

314. 金羊网. "桑吉"号大火熄灭后如何治理污染亟待关注. http://www.sohu.com/a/217175442_119778. 2018-1-17

315. 孔繁斌. 多中心治理诠释——基于承认政治的视角[J]. 南京大学学报：哲学·人文科学·社会科学版，2007，44(6)：31-37.

316. 孔繁斌. 社会治理的多中心场域构建——基于共和主义的一项理论解释[J]. 湘潭大学学报(哲学社会科学版)，2009(2)：11-16.

317. 黎昕. 社会结构转型与我国生态安全体系的构建[J]. 福建论坛(人文社会科学版)，2004(12)：108-113.

318. 李凡，张秀荣. 人类活动对海洋大环境的影响和保护策略[J]. 海洋科学，2000，24(3)：6-8.

319. 李良才. 气候变化条件下海洋环境治理的跨制度合作机制可能性研究[J]. 太平洋学报，2012，20(06)：71-79.

320. 李明强，王一方. 多中心治理：内涵、逻辑和结构[J]. 中共四川省委省级机关党校学报，2013(6)：86-90.

321. 李平原，刘海潮. 探析奥斯特罗姆的多中心治理理论——从政府、市场、社会多元共治的视角[J]. 甘肃理论学刊，2014(3)：127-130.

322. 李萍，李培英，徐兴永，杜军，刘乐军. 人类活动对海岸带灾害环境的影响[J]. 海岸工程，2004，3(4)：45-49.

323. 李瑞昌. 理顺我国环境治理网络的府际关系[J]. 广东行政学院学报，2008，20(6)：28-32.

324. 李松林. 政策场域：一个分析政策行动者关系及行动的概念[J]. 西南大学学报(社会科学版)，2015，41(5)：40-46.

325. 李天杰，宁大同，薛纪渝，等. 环境地学原理[M]. 北京：化学工业出版社，2004.

326. 李小苹. 生态补偿的法理分析[J]. 西部法学评论，2009(5)：13-16.

327. 梁松，钱宏林. 人类与海洋——讨论海洋生态环境的有关问题[J]. 生态科学，1992 (01)：170-173.

328. 林千红，洪华生. 构建海洋综合管理机制的框架[J]. 发展研究，2005(9)：40-41.

329. 林雪萍，李昌达，姜德刚，刘建辉，黄博，吾娟佳. 蓝色海湾评估体系构建及初步应用研究——以温州市洞头区为例[J]. 海洋开发与管理，2020，37(05)：46-51.

330. 刘超，崔旺来. 基于演化博弈的无居民海岛生态补偿机制研究[J]. 浙江海洋学院学报(人文科学版)，2016，33(04)：24-32.

331. 刘聪. 环渤海水域污染及其治理研究[A]. 辽宁省法学会海洋法学研究会. 辽宁省法学会海洋法学研究会 2016 年学术年会论文集[C]辽宁省法学会海洋法学研究会，2017：9.

332. 刘钢，王开，魏迎敏，等. 基于网络信息的最严格水资源管理制度落实困境分析[J]. 河海大学学报(哲学社会科学版)，2015，17(4)：75-81.

333. 刘桂春，张春红. 基于多中心理论的辽宁沿海经济带环境治理模式研究[J]. 资源开发与市场，2012，28(1)：75-79.

334. 刘红丹，金信飞，焦海峰. 海洋生态示范区建设中开展海洋漂浮垃圾综合管控的探索——以浙江省宁波市为例[J]. 环境与可持续发展，2018，43(03)：82-85.

335. 刘家沂. 生态文明与海洋生态安全的战略认识[J]. 太平洋学报，2009(10)：68-74.

336. 刘军. 整体网分析[M]. 上海：格致出版社，2019.

337. 刘军. 整体社会网分析[M]. 上海：上海人民出版社，2009.

338. 刘峻华. 国际海洋综合治理的立法研究[D]. 济南：山东大学，2016.

339. 刘乃忠. 跨区域海洋环境治理的法律论证维度[J]. 中外企业家，2015(34)：215-216.

340. 刘曙光. 海洋产业经济国际研究进展：一个文献综述[A]. 海洋产业经济前沿问

题探索. 北京:经济科学出版社,2006.

341. 刘爽,徐艳晴. 海洋环境协同治理的需求分析:基于政府部门职责分工的视角[J/OL]. 领导科学论坛,2017,(11):21-23.

342. 刘湘洪.海南省海洋环境协同治理分析[J].改革与开放,2017(07):27-28+31.

343. 刘雅奇,郭兴华. 桑吉轮事故与情境意识培养[J]. 世界海运,2018,41(07):18-21.

344. 刘亚文,于洪波. 新体制下海洋环境治理的逻辑探析[J]. 青岛行政学院学报. 2020(05): 39-46.

345. 娄成武,王晓梅,同春芬.基于治理理论的海水养殖多元主体治理模式初探[J]. 中国海洋大学学报(社会科学版),2015(03):1-5.

346. 鲁先锋. 网络条件下非政府组织影响政策议程的场域及策略[J]. 理论探索,2013(3):78-82.

347. 陆州舜,卢静,张元和. 浙江海洋环境保护与管理中存在的问题及对策初探[J]. 海洋开发与管理,2003,020(006):75-78.

348. 鹿守本.海洋管理通论[M].北京:海洋出版社,1997:106.

349. 罗汉高. 关于构建海洋环境保护中生态补偿法律机制的思考[J]. 中共山西省直机关党校学报,2015(2):63-67.

350. 罗华明. 海洋环境与人类活动[J]. 地理教育,2004.

351. 罗鹏. 渔民转产转业政策绩效评估研究[D]. 湛江:广东海洋大学,2010.

352. 罗奕君,陈璇. 我国东部沿海地区海洋环境绩效评价研究[J]. 海洋开发与管理,2016,33(8):51-54.

353. 吕光洙,姜华. 基于政策网络视角的博洛尼亚进程研究[J]. 现代教育管理,2015(9):60-65.

354. 吕建华,罗颖. 我国海洋环境管理体制创新研究[J]. 环境保护,2017(21):36-41.

355. 吕建华,高娜. 整体性治理对我国海洋环境管理体制改革的启示[J]. 中国行政管理,2012,000(005):19-22.

356. 吕建华,高娜.整体性治理对我国海洋环境管理体制改革的启示[J].中国行政管理,2012(05):19-22.

357. 吕建华,罗颖.我国海洋环境管理体制创新研究[J].环境保护,2017,45(21):32-37.

358. 马捷,锁利铭. 区域水资源共享冲突的网络治理模式创新[J]. 公共管理学报,2010,7(2):107-114.

359. 马龙,于洪军,王树昆,姚菁. 海岸带环境变化中的人类活动因素[J]. 海岸工程,2006,4(25):29-3.

360. 马汀·齐达夫,蔡文彬. 社会网络与组织[M]. 北京:中国人民大学出版社,2007.

361. 马午萱. 海洋环境治理基本问题研究[J]. 世界环境,2020(04):87.

362. 毛丹. 美国高等教育绩效拨款政策的形成过程及政策网络分析——以田纳西州为个案[J]. 北京大学教育评论,2015,13(1):148-165.

363. 毛龙江,张永战,张振克等. 人类活动对海岸海洋环境的影响——以海南岛为例[J]. 海洋开发与管理,2009,26(7):96-100.

364. 毛显强,钟瑜,张胜. 生态补偿的理论探讨[J]. 中国人口·资源与环境,2002,12(4):38-41.

365. 慕永通,韩立民. 渔业问题及其根源剖析[J]. 中国海洋大学学报(社会科学版),2003(6):66-74.

366. 聂红涛,陶建华. 渤海湾海岸带开发对近海水环境影响分析[J]. 海洋工程,2008,26(3):44-50.

367. 宁波人大.《宁波市象山港海洋环境和渔业资源保护条例》立法后评估报告[EB/OL]. http://www. nbrd. gov. cn/art/2014/8/28/art_2767_658537. html. 2014-08-28

368. 宁波市海洋与渔业局:《2017 年海洋环境报》,http://www. nbagri. gov. cn/nygbView /2901651. html. 2019-4-18

369. 宁波市海洋与渔业局:《宁波市海洋生态环境治理修复若干规定》(政府令〔2016〕231 号),https://www. ehs. cn/law/103774. html. 2019-4-19

370. 宁波市农业农村局. 宁波市农业农村局关于印发宁波市"中国渔政亮剑 2020"系列专项执法行动实施方案的通知[EB/OL]. http://www. ningbo. gov. cn/art/2020/4/20/art_1229095999_962581. html. 2020-04-20

371. 宁波市人民政府办公厅:《关于做好宁波市近岸海域海面漂浮垃圾监管处置工作的通知(甬政办发(2017)141 号)》,http://gtog. ningbo. gov. cn/art/2017/12/13/art_1711_863404. html. 2019-4-18

372. 宁凌,毛海玲. 海洋环境治理中政府、企业与公众定位分析[J]. 海洋开发与管理,2017,34(04):13-20.

373. 农业农村部. 农业农村部印发《"中国渔政亮剑 2020"系列专项执法行动方案》[EB/OL]. http://www. yyj. moa. gov. cn/gzdt/202003/t20200310_6338502. htm. 2020-03-10

374. 彭莹莹,燕继荣. 从治理到国家治理:治理研究的中国化[J]. 治理研究,2018(2):39-49.

375. 戚建刚,余海洋. 论作为运动型治理机制之"中央环保督察制度"——兼与陈海嵩教授商榷[J]. 理论探讨,2018(02):157-164.

376. 祁玲玲.定量与定性之辩：美国政治学研究方法的融合趋势[J].国外社会科学，2016(04)：130-137.

377. 秦磊. 我国海洋区域管理中的行政机构职能协调问题及其治理策略[J]. 太平洋学报，2016，24(4)：81-88.

378. 全永波，尹李梅，王天鸽. 海洋环境治理中的利益逻辑与解决机制[J]. 浙江海洋学院学报(人文科学版)，2017，34(1)：1-6.

379. 全永波. 海洋跨区域治理与“区域海”制度构建[J]. 中共浙江省委党校学报，2017(1)：108-113.

380. 全永波. 海洋污染跨区域治理的逻辑基础与制度建构[D]. 杭州：浙江大学，2017.

381. 全永波. 基于新区域主义视角的区域合作治理探析[J]. 中国行政管理，2012(4)：78-81.

382. 全永波. 区域合作视阈下的海洋公共危机治理[J]. 社会科学战线，2012(6)：175-179.

383. 全永波.海洋环境跨区域治理的逻辑基础与制度供给[J].中国行政管理，2017(01)：19-23.

384. 任恒. 埃莉诺·奥斯特罗姆自主治理思想研究[D].长春：吉林大学，2019.

385. 邵钰蛟. 论国际海洋环境污染治理立法的有效性[J]. 法制与社会，2016(32).

386. 沈满洪，何灵巧. 外部性的分类及外部性理论的演化[J]. 浙江大学学报(人文社会科学版)，2002，32(1)：152-160.

387. 沈满洪.海洋环境保护的公共治理创新[J].中国地质大学学报(社会科学版)，2018，18(02)：84-91.

388. 史宸昊，全永波.海洋生态环境“微治理”机制：功能、模式与路径[J].海洋开发与管理，2020，37(09)：69-75.

389. 孙吉亭，周乐萍. 新常态下我国海洋环境治理问题的若干思考[J]. 中国海洋大学学报(社会科学版)，2021(01)：32-39.

390. 孙倩，于大涛，鞠茂伟，等. 海洋生态文明绩效评价指标体系构建[J]. 海洋开发与管理，2017，34(7)：3-8.

391. 孙松.人类活动对海洋生态系统的影响[J]. 科学对社会的影响，2002(1)：22-26.

392. 孙永坤.基于生物完整性指数的胶州湾生态环境综合评价方法研究[D]. 北京：中国科学院大学，2013.

393. 孙悦民. 海洋治理概念内涵的演化研究[J]. 广东海洋大学学报，2015(2)：1-5.

394. 谭江涛，蔡晶晶，张铭.开放性公共池塘资源的多中心治理变革研究——以中国第一包江案的楠溪江为例[J].公共管理学报，2018，15(03)：102-116+158-159.

395. 谭莉莉. 网络治理模式探析[J]. 甘肃农业,2006(06):209-210.

396. 谭羚雁,娄成武. 保障性住房政策过程的中央与地方政府关系——政策网络理论的分析与应用[J]. 公共管理学报,2012,09(1):52-63.

397. 托尼·麦克格鲁. 走向真正的全球治理[J]. 马克思主义与现实,2002,(1):36.

398. 万邦法律. 海事审判专家解析"2018. 1. 6"东海船舶碰撞油污事件中桑吉轮的法律问题. https://mp. weixin. qq. com/s? __biz=MzAxODMxOTcxMA%3D%3D&idx=1&mid=2650645890&sn=6c9feb58050e2e2b89b4b38b93130c4c. 2018-1-26.

399. 汪劲. 环境法学[M]. 北京:北京大学出版社,2014.

400. 王琛伟. 我国行政体制改革演进轨迹:从"管理"到"治理"[J]. 改革,2014(6):52-58.

401. 王刚,毛杨. 海洋环境治理的注意力变迁:基于政策内容与社会网络的分析[J]. 中国海洋大学学报(社会科学版),2019,165(01):35-43.

402. 王刚,宋锴业. 中国海洋环境管理体制:变迁、困境及其改革[J]. 中国海洋大学学报(社会科学版),2017(2):22-31.

403. 王光厚,王媛. 东盟与东南亚的海洋治理[J]. 国际论坛,2017(1):14-19.

404. 王惠娜. 区域环境治理中的新政策工具[J]. 学术研究,2012(1):55-58.

405. 王姣. 海洋环境治理[J]. 世界环境,2020(04):34-35.

406. 王金南. 环境经济学:理论、方法、政策[M]. 北京:清华大学出版社,1994.

407. 王洛忠,刘金发. 中国政府治理模式创新的目标与路径[J]. 理论前言,2007(6):24-25。

408. 王培霞. 人类活动对海洋渔业环境及其生物影响[J]. 魅力中国,2014(13):44.

409. 王浦劬,藏雷振编译. 治理理论与实践:经典议题研究新解[M]. 北京:中央编译出版社,2017.

410. 王琪,崔野. 将全球治理引入海洋领域——论全球海洋治理的基本问题与我国的应对策略[J]. 太平洋学报,2015(6):17-27.

411. 王琪,何广顺. 海洋环境治理的政策选择[J]. 海洋通报,2004,23(3):73-80.

412. 王琪,刘芳. 海洋环境管理:从管理到治理的变革[J]. 中国海洋大学学报(社会科学版),2006(4):1-5.

413. 王琪,何广顺. 海洋环境治理的政策选择[J]. 海洋通报,2004,(03):73-80.

414. 吴玮林. 中国海洋环境规制绩效的实证分析[D]. 杭州:浙江大学,2017.

415. 王琪,刘芳. 海洋环境管理:从管理到治理的变革[J]. 中国海洋大学学报(社会科学版),2006(04):1-5.

416. 王琪,辛安宁. "湾长制"的运作逻辑及相关思考[J]. 环境保护,2019,47(08):31-33.

417. 王琪，赵海. 基于复合生态系统的渤海环境管理路径研究[J]. 海洋环境科学，2014，33(04)：619-623.

418. 王琪，赵璟. 海洋环境突发事件应急管理中的政府协调问题探析[J]. 海洋信息，2009，(04)：27-30.

419. 王琪. 海洋环境问题及其政府管理[J]. 中国海洋大学学报(社会科学版)，2002(04)：91-96.

420. 王琪. 公共治理视域下海洋环境管理研究[M]. 北京：人民出版社，2015.

421. 王兴伦. 多中心治理：一种新的公共管理理论[J]. 江苏行政学院学报，2005(1)：96-100.

422. 王亚华. 对制度分析与发展(IAD)框架的再评估[M]//巫永平. 公共管理评论[M].. 北京：社会科学文献出版社，2017(1)：20.

423. 王亚华. 增进公共事物治理：奥斯特罗姆学术探微与应用[M]. 北京：清华大学出版社，2017：179-192

424. 王亚华. 诊断社会生态系统的复杂性：理解中国古代的灌溉自主治理[J]. 清华大学学报(哲学社会科学版)，2018(2)：179.

425. 王飚. 奥氏多中心理论及实践分析[J]. 北京交通大学学报(社会科学版)，2010(4)：90-94.

426. 王印红，刘旭. 我国海洋治理范式转变：特征及动因[J]. 中国海洋大学学报(社会科学版)，2017(6).

427. 王愚，达庆利. 一个多目标的斯坦克尔伯格模型[J]. 管理工程学报，2003，17(1)：17-19.

428. 王震，李宜良，赵鹏. 环渤海地区海洋渔业经济可持续发展对策研究[J]. 中国渔业经济，2015，33(01)：38-43.

429. 王志刚. 多中心治理理论的起源、发展与演变[J]. 东南大学学报(哲学社会科学版)，2009(12)：35-37.

430. 温源远. 借鉴国际经验技术加强我国海洋环境治理[J]. 世界环境，2016 (01)：72-73.

431. 吴敏. 浅谈我国海洋发展利用中的环境问题与对策[J]. 前进论坛，2012(08)：54-55.

432. 吴玉宗. 简论加强海洋经济发展中的环境监管[J]. 宁波大学学报(人文科学版)，2012，25(01)：66-70.

433. 象山港网站. 查获 2 艘“三无”船舶！象山渔政执法部门开展海上巡航检查[EB/OL]. http://www.cnxsg.cn/8854160.html. 2021-06-22

434. 象山港网站. 中国渔政亮剑 2020！伏休将至，象山海陆联动严打各类涉渔违法行为[EB/OL]. http://www.cnxsg.cn/6302903.html. 2020-04-30

435. 象山县海洋与渔业局. 袁荣祥来象调研“一打三整治”等工作[EB/OL]. http://www. xiangshan. gov. cn/art/2016/8/29/art_1229044846_45267311. html. 2016-08-29

436. 象山县人民政府. 2021 年上半年象山农业经济运行情况简析. http://www. xiangshan. gov. cn/art/2021/8/27/art_1229044846_58960587. html. 2021-08-27

437. 象山县水利和渔业局. 全市第一！象山获评浙江渔场修复振兴暨“一打三整治”行动优秀单位[EB/OL]. . http://www. xiangshan. gov. cn/art/2021/2/25/art_1229056258_58942775. html. 2021-02-25

438. 许阳，胡春兰，陈瑶. 环境跨域治理：破解我国环境碎片化治理之道——研究现状及展望[J]. 治理现代化研究，2020，36(06)：84-92.

439. 许阳. 中国海洋环境治理政策的概览，变迁及演进趋势——基于 1982-2015 年 161 项政策文本的实证研究[J]. 中国人口·资源环境，2021(2018-1)：165-176.

440. 许阳. 中国海洋环境治理的政策工具选择与应用——基于 1982-2016 年政策文本的量化分析[J]. 太平洋学报，2017，(10)：49-59.

441. 薛旭初. 有效保护象山港海洋渔业资源[N]. 宁波日报，2017-05-11(010).

442. 杨立华. 构建多元协作性社区治理机制解决集体行动困境——一个“产品—制度”分析(PIA)框架[J]. 公共管理学报，2007，4(2)：6-23.

443. 杨立敏，刘群. 利用博弈模型分析和评价日本渔业管理[J]. 中国海洋大学学报(自然科学版)，2007，37(003)：372-376.

444. 杨娜. 海岸带溢油生态补偿保证金核算及实施研究[D]. 大连：大连理工大学，2014.

445. 杨锐. 广东省近海海洋环境变化及其集成管理研究[D]. 湛江：广东海洋大学，2016.

446. 杨妍，黄德林. 论海洋环境的协同监管[J]. 东华理工大学学报(社会科学版)，2013，32(04)：454-458.

447. 杨振东，闫海楠，杨振姣. 中国海洋生态安全治理现代化的微观层面治理体系研究[J]. 海洋信息，2016(4)：46-53.

448. 杨振姣，刘雪霞，冯森，等. 海洋生态安全现代化治理体系的构建[J]. 太平洋学报，2014(12)：96-103.

449. 杨振姣，孙雪敏，罗玲云. 环保 NGO 在我国海洋环境治理中的政策参与研究[J]. 海洋环境科学，2016，35(3)：444-452.

450. 杨振姣，闫海楠，王斌. 中国海洋生态环境治理现代化的国际经验与启示[J]. 太平洋学报，2017，(04)：81-93.

451. 杨振姣. 我国海洋环境突发事件应急管理中存在的问题及对策[J]. 山东农业大学学报(自然科学版)，2010，041(003)：420-423.

452. 姚幸颖，孙翔，朱晓东. 中国海岛生态系统保护与开发综合权衡方法初探[J]. 海洋环境科学，2012，31(01)：114-119.

453. 叶慧. 决胜大渔场——浙江渔场修复振兴暨"一打三整治"行动综述[EB/OL]. http://cpc.people.com.cn/n/2015/1116/c162854-27820367.html. 2015-11-16

454. 於世成，张阳. "桑吉号"油污损害赔偿适用海事赔偿责任限制的分析[J]. 上海对外经贸大学学报，2018，25(03)：61-70.

455. 于春艳等. 陆源入海污染物总量控制绩效评估指标体系的建立——以天津海域为例[J]. 海洋开发与管理，2016，33(12)：61-66.

456. 于谨凯，杨志坤. 基于模糊综合评价的渤海近海海域生态环境承载力研究[J]. 经济与管理评论，2012(3)：54-60.

457. 余建文. 今年宁波施放无人机巡查 149 个无居民海岛[N]. 宁波日报，2017(3)：2.

458. 俞越鸿. 试论非政府组织在海洋综合治理中的作用[J]. 法制与社会，2015(32).

459. 郁建兴，吴宇. 中国民间组织的兴起与国家-社会关系理论的转型[J]. 人文杂志，2003(4)：142-148.

460. 郁建兴. 跨区域治理：海洋环境治理的范式创新——评全永波等著《海洋环境跨区域治理研究》[J]. 海洋开发与管理，2020，37(07)：70.

461. 郁俊莉，姚清晨. 多中心治理研究进展与理论启示：基于 2002-2018 年国内文献[J]. 重庆社会科学，2018(11)：36-46.

462. 张海柱. 国家海洋局重组的制度逻辑：基于历史制度主义的分析[J]. 中国海洋大学学报(社会科学版)，2017(1)：9-15.

463. 张继平，熊敏思，顾湘. 中澳海洋环境陆源污染治理的政策执行比较[J]. 上海行政学院学报，2013(3)：64-69.

464. 张继平，黄嘉星，郑建明. 基于利益视角下东北亚海洋环境区域合作治理问题研究[J]. 上海行政学院学报，2018，19(05)：92-100.

465. 张继平，彭馨茹，郑建明. 海洋环境排污收费的利益主体博弈分析[J]. 上海海洋大学学报，2016，25(06)：894-899.

466. 张继伟，黄歆宇. 海洋环境风险的生态补偿博弈分析[J]. 海洋开发与管理，2009，26(05)：58-62.

467. 张江海. 整体性治理理论视域下海洋生态环境治理体制优化研究[J]. 中共福建省委党校学报，2016(02)：58-64.

468. 张克中. 公共治理之道：埃莉诺·奥斯特罗姆理论述评[J]. 政治学研究，2009(6)：83-93.

469. 张式军. 海洋生态安全立法研究[J]. 山东大学法律评论，2004(00)：106-116.

470. 张玉林. 环境与社会[M]. 北京：清华大学出版社，2013.

471. 赵淑玲,张丽莉. 外部性理论与我国海洋环境管理的探讨[J]. 海洋开发与管理,2007,24(4):84-91.

472. 赵志燕. 生态文明视阈下海洋环境治理模式变革研究[D]. 青岛:中国海洋大学,2015.

473. 赵宗金,谢玉亮. 我国涉海人类活动与海洋环境污染关系的研究[J]. 中国海洋社会学研究,2015,000(001):89-98.

474. 郑冬梅.海洋环境责任相关者的博弈分析[J].保险研究,2008(10):31-37.

475. 郑苗壮,刘岩,裘婉飞.论我国海洋生态环境治理体系现代化[J].环境与可持续发展,2017,42(01):37-40.

476. 郑晓梅. 欧洲水协会(EWA)建立水污染控制网络(EWPCN)[J]. 环境工程学报,2001(3):6-16.

477. 郑奕. 中国沿海地区海洋经济与环境的综合评价方法与实证分析[C]. 2014 中国环境科学学会学术年会, 2014.

478. 中国自然资源报:《浙江温州:蓝色海湾保卫战》,http://thepaper. cn/newsDetail_forward_3939625. 2019-07-17

479. 周恩毅,胡金荣. 网络公民参与:政策网络理论的分析框架[J]. 中国行政管理,2014(11).

480. 周文丹. 4 万滩涂变绿油油草原围剿甬江大米草. http://www. zjnews. zjol. com. cn/system/2014/11/05/020341264. shtml. 2019-4-18.

481. 周亚权,孔繁斌.从保护型民主到自主治理——一个多中心治理生成的政治理论阐释[J].政治学研究,2007(9):70-76.

482. 周莹. 广东海洋环境政策绩效评价研究[D]. 湛江:广东海洋大学,2014.

483. 朱春奎,沈萍. 行动者、资源与行动策略:怒江水电开发的政策网络分析[J]. 公共行政评论,2010,03(4):25-46.

484. 朱晖. 论美国海洋环境执法对我国的启示[J]. 法学杂志,2017(1):72-83.

485. 竺乾威.从新公共管理到整体性治理[J].中国行政管理,2008(10):52-58.